虚拟现实技术专业新形态教材

增强现实引擎技术

谢建华 主编 / 皮添翼 副主编

清华大学出版社
北京

内 容 简 介

本书主要介绍了增强现实技术的定义、特点、发展和关键技术及其应用领域，对增强现实技术主流硬件设备和开发软件进行了阐述，重点介绍了三维建模技术以及如何利用 EasyAR 进行应用开发。

本书可作为高职院校虚拟现实技术应用专业学生的教学用书，也可作为从事增强现实技术应用开发的从业者和爱好者的参考用书。

图书在版编目（CIP）数据

增强现实引擎技术 / 谢建华主编 . -- 北京 : 清华大学出版社 , 2024. 8. -- (虚拟现实技术专业新形态教材). -- ISBN 978-7-302-67005-6

Ⅰ. TP391.98

中国国家版本馆 CIP 数据核字第 2024ZA1079 号

责任编辑：郭丽娜
封面设计：常雪影
责任校对：李　梅
责任印制：沈　露

出版发行：清华大学出版社
网　　址：https://www.tup.com.cn，https://www.wqxuetang.com
地　　址：北京清华大学学研大厦 A 座　　**邮　　编：**100084
社 总 机：010-83470000　　**邮　　购：**010-62786544
投稿与读者服务：010-62776969, c-service@tup.tsinghua.edu.cn
质量反馈：010-62772015, zhiliang@tup.tsinghua.edu.cn
课件下载：https://www.tup.com.cn,010-83470410
印 装 者：三河市龙大印装有限公司
经　　销：全国新华书店
开　　本：185mm × 260mm　　**印　　张：**12.25　　**字　　数：**293 千字
版　　次：2024 年 8 月第 1 版　　**印　　次：**2024 年 8 月第 1 次印刷
定　　价：49.00 元

产品编号：101589-01

丛书序

近年来信息技术快速发展，云计算、物联网、3D打印、大数据、虚拟现实、人工智能、区块链、5G通信、元宇宙等新技术层出不穷。国务院副总理刘鹤在南昌出席2019年“世界虚拟现实产业大会”时指出：“当前，以数字技术和生命科学为代表的新一轮科技革命和产业变革日新月异，虚拟现实是其中最为活跃的前沿领域之一，呈现出技术发展协同性强、产品应用范围广、产业发展潜力大等鲜明特点”。新的信息技术处于快速发展时期，总体表现还不够成熟，但同时也提供了很多可能性。最近的数字孪生、元宇宙也是这样，总能给我们惊喜，并提供新的发展机遇。

在这日新月异的产业发展中，虚拟现实是最活跃的新技术产业之一。其一，虚拟现实产品应用范围很广，在科学研究、文化教育，以及日常生活中，都有很好的应用，有广阔的发展前景；其二，虚拟现实的产业链长，涉及的行业广泛，可以带动国民经济的许多领域协作，驱动多个行业的发展；其三，虚拟现实开发技术复杂，涉及“声光电磁波、数理化机（械）生（命）”多学科，需要多学科协同努力、融合支持，形成综合成果。所以，虚拟现实人才培养就成为有难度、有高度，既迫在眉睫，又错综复杂的任务。

虚拟现实技术诞生已近50年了，其发展过程中，技术的日积月累，尤其是近年在多模态交互、三维呈现等关键技术的突破，推动了2016年“虚拟现实元年”高潮的发生，使得虚拟现实为人们所认识，行业发展呈现出前所未有的新气象。在行业的井喷式发展后，新技术跟不上，人才队伍欠缺，使得虚拟现实又漠然回落。

产业要发展，技术是关键。虚拟现实的发展高潮，是建立在多年的研究基础上，技术成果的长期积累上，厚积薄发而致。虚拟现实的人才培养是行业兴旺发达的关键。行业发展离不开技术革新，技术革新来自人才，人才需要培养，人才的水平决定了技术的水平，技术的水平决定了产业的高度。未来虚拟现实发展取决于今天我们人才的培养。只有我们培养出千千万万深耕理论、掌握技术、擅长设计、拥有情怀的虚拟现实人才，我们领跑世界虚拟现实产业的中国梦，才可能变为现实！

产业要发展，人才是基础。我们必须协调各方力量，尽快组织建设虚拟现实的专业人才培养体系。今天我们对专业人才培养的认识高度，决定了我国未来虚拟现实产业的发展高度。我们对虚拟现实新技术的人才培养支持的力度，也将影响未来我国虚拟现实产业在该领域的强度。我们要打造中国的虚拟现实产业，必须要有研究开发虚拟现实技术的关键人才和关键企业。这样的人才要基础好、技术全面，可独当一面，且有全局眼光。目前我国迫切需要建立虚拟现实人才培养的专业体系。这个体系需要有科学的学科布局、完整的知识构成、成熟的研究方法和有效的实验手段，还要符合国家教育方针，在德智体美劳全面发展，有完整的培养目标。在这个人才培养体系里，教材建设是基石，专业教材建设尤为重要。虚拟现实的专业教材，是理论与实际相结合的，需要学校和企业联合建设；是科学和艺术融汇的，需要多学科协同合作。

本系列教材以信息技术新工科产学研联盟2021年发布的《虚拟现实技术专业建设方案（建议稿）》为基础，围绕高校开设的“虚拟现实技术专业”的人才培养方案和专业设置进行展开，内容覆盖专业基础课、专业核心课及部分专业方向课的知识点和技能点，支撑了虚拟现实专业完整的知识体系，为专业建设服务。本系列教材编写方式与实际教学相结合，采用项目式、案例式的结构，配套丰富的图片、动画、视频、多媒体教学课件、源代码、VR/AR课件等数字化资源，方式多样，图文并茂。其中的案例，大部分是企业工程师与高校老师联合设计，体现了职业性和专业性并重。本系列教材依托于信息技术新工科产学研联盟虚拟现实教育工作委员会诸多专家，由全国多所普通高等教育本科院校、职业高等院校的教育工作者、虚拟现实知名企业的工程师联合编写而成，感谢同行们的辛勤努力！

虚拟现实技术是一项快速发展、不断迭代的新技术。基于虚拟现实技术，可能还会有更多新技术问世，新行业形成。教材的编写不可能一蹴而就，还需要编者在研发中改进，在教学中完善。如果我们想要虚拟现实更出彩，就要搞好虚拟现实人才培养，这样技术突破才有可能。我们要不忘初心，砥砺前行。初心，就是志存高远，持之以恒，需要我们积跬步，行千里。所以，我们意欲在明天的虚拟现实领域领风骚，必须做好今天的虚拟现实人才培养。

周明全

2022年5月

前　言

党的二十大报告指出，我国应加快实现高水平科技自立自强，推动科技体制改革，培育新型科技专业人才。本书在编写过程中，坚持立德树人，将知识、能力和正确的价值观培养有机结合，引导学生认识到科学技术的发展要服务国家战略的需要，树立正确的科技道德观和社会责任观。

近年来，随着增强现实技术的快速发展，其在诸多领域得到了广泛的应用。增强现实地图导航、增强现实购物等应用早已进入人们的日常生活，其业务涉及教育、医院、旅游、工业、房地产、装饰、休闲娱乐等行业，与人们的日常生活紧密联系起来。

2018 年 9 月教育部将“虚拟现实应用技术”专业列入《普通高等学校高职高专（专科）专业目录》，自 2019 年起执行，归属于电子信息大类，专业类为计算机类。2021 年 3 月，教育部公布了职业教育专业目录，在职业教育（专科）中，原“虚拟现实应用技术”专业变更为“虚拟现实技术应用”专业；在职业教育（本科）中，开设“虚拟现实技术”专业。增强现实技术相关课程的开设需要配套的教材，本书正是在该背景下编写的。本书力图通过全面介绍增强现实技术及其应用开发，结合职业教育规律，以“项目任务驱动式”模式进行编写，帮助高职学生尽快了解相关基本理论知识、应用方法和技巧。

本书内容图文并茂，结合项目案例，以实践活动为主线进行组织编排，将理论知识与实践项目有机结合；习题设计多样，题型丰富，并加强综合性的练习；实现“便于教，易于学”的目的。

本书有以下突出特点。

（1）采用“项目任务驱动式”模式进行编写。在内容编排上，改变了以知识点和能力点为体系的框架，而以实践活动为主线，采用“项目介绍”—“具体任务”—“项目总结”—“项目自测”的结构进行编排，将理论知识与实践项目有机结合。

（2）以学生为本，突出实践。使学生在项目实践中学习、在自主中创造，通过实践任务带给学生过程性体验，有效提升课堂的活跃程度，在一定程度上强化教学效果。

（3）理论适度，突出职业性。以“理论必需、够用为度，突出应用”为指导思想，注重培养学生的应用能力和创新能力，以及解决实际问题的能力，体现了“实用性”和“职业性”并举的高职教育特色。

（4）本书的编写团队采取校企合作方式搭建，既充分利用一线教师对高职教学及教学模式的丰富经验，又结合市场人才需求所需的实际企业项目，使内容相得益彰。

本书共 5 个项目，项目 1 主要介绍增强现实技术概述，阐述了其定义、特点、发展和关键技术及应用领域；项目 2 介绍了增强现实技术的主流硬件设备和开发引擎、开发工具等；项目 3 介绍了三维建模技术；项目 4 介绍了 EasyAR 基础应用开发；项目 5 主要介绍了 Easy Mega 大空间应用开发。

广州番禺职业技术学院谢建华编写了项目 1、项目 2、项目 4 和项目 5，广东科贸职业学院皮添翼编写了项目3。本书的编写还得到了视辰信息科技（上海）有限公司的支持，他们提供了相关素材资源和编写思路，在此表示衷心的感谢。

增强现实技术还在飞速发展过程中，新的技术、设备和产品不断涌现，加之编者水平有限，书中的疏漏在所难免，敬请读者批评指正。

编　者

2024 年 3 月

工程文件

目 录

认识增强现实技术

项目介绍

增强现实（Augmented Reality，AR）技术是一种将虚拟信息与真实世界巧妙融合的技术，它广泛运用了多媒体、三维建模、实时跟踪及注册、智能交互、传感等多种技术手段，将计算机生成的文字、图像、三维模型、音乐、视频等虚拟信息模拟仿真后，应用到真实世界中，使得虚拟信息和真实世界信息互为补充，从而实现对真实世界的“增强”。

增强现实技术在医疗、教育、工业上的各种实际应用，已经证明了该技术作为一种独特且重要的工具对人类社会产生了深远影响。有学者认为增强现实技术将会成为“更加日常化的移动设备应用的一部分”。同时，移动增强现实技术的普及和低成本也有助于企业采用增强现实技术来实现稳定增长。增强现实技术将在制造/资源、科技、媒体、通信、政府（包括军事）、零售、建筑/房地产、医疗保健、教育、交通运输、金融服务、公共事业等各方面都得到应用。

通过本项目的学习，学生可以了解增强现实技术在国内外发展的概况及其核心组成技术，了解增强现实技术的应用领域及其发展趋势，对增强现实技术建立起一个较为完整的知识框架。

知识目标

- 了解增强现实技术的定义。
- 了解增强现实技术的特点。
- 了解增强现实技术在国内外发展的状况。
- 了解增强现实技术和虚拟现实技术的区别。
- 了解增强现实技术的核心技术。
- 熟悉增强现实技术的应用领域。

职业素养目标

- 培养学生对新技术、新知识的探索精神。
- 培养学生利用新技术服务社会的职业意识。
- 培养学生的创造力，使其善于发现和挖掘身边的技术应用场景。

职业能力目标

- 建立增强现实技术知识框架。
- 能够熟练阐述增强现实技术应用场景。

项目重难点

项目内容	工作任务	建议学时	知识点	重难点	重要程度
认识增强现实技术	探索增强现实技术	4	增强现实技术概述	增强现实技术的特点以及核心技术	★★★★★
	探索增强现实技术的应用场景	4	增强现实技术在不同行业领域的应用	增强现实技术的应用领域	★★★★☆

任务 1.1 探索增强现实技术

任务要求

本任务主要是通过支付宝 AR 扫“福”活动操作对增强现实技术进行探索，从而理解增强现实技术的概念和特点，理解增强现实技术与虚拟现实技术的区别，熟悉国内外增强现实技术发展过程，理解其核心技术。

建议学时

4 课时。

任务知识

知识点 1　增强现实技术概述

一般认为，增强现实技术的出现源于虚拟现实（Virtual Reality，VR）技术的发展，但二者存在明显的差别。传统 VR 技术给予用户一种在虚拟世界中完全沉浸的效果，是另外创造一个世界；而 AR 技术则把计算机带入用户的真实世界中，通过听、看、摸、闻虚拟信息，来增强对现实世界的感知，实现了从“人去适应机器”到“技术以人为本”的转变。

支付宝于 2017 年春节首次推出的红包活动是“扫福集福”。每年到了春节时期，支付宝都会发起集福活动，给全国人民和海内外华人带来浓浓的中国年味道，深受广大网民的喜爱，人们的参与度非常高。该活动至今已举办了 7 年，也增加了不少新的玩法，但通过 AR 扫福获取福卡的活动一直保留至今。

1. 增强现实基本概念

增强现实是将计算机生成的虚拟对象、场景或系统提示信息叠加到真实场景中，从而实现对现实信息的“增强”。增强现实技术是促使真实世界信息和虚拟世界信息进行综合的一种较新的技术，力图在计算机等技术的基础上，对原本在真实世界中比较难以体验的实体信息实施模拟仿真处理，然后将虚拟信息内容叠加在真实世界的信息上，并加以有效应用，由于虚拟信息在这一过程中能够被人类感官所感知，从而实现了一定程度上超越现实的感官体验。真实环境和虚拟对象之间重叠之后，能够在同一画面及空间中同时存在。由此，增强现实可以给真实环境提供补充信息，而不是取代真实环境。在一定程度上，增强现实可以被视作一种混合现实（Mixed Reality，MR），介于完全虚拟与完全真实之间。本书所讲的增强现实是广泛意义上的概念，其中也包含了混合现实。

增强现实技术不仅能够有效地体现真实世界的内容，也能够显现虚拟信息内容，这些内容是相互补充和叠加的。在视觉化的增强现实应用中，用户需要借助头盔显示器才能体验到真实世界和计算机图形的融合。增强现实技术中主要包括多媒体、三维建模以及场景融合等多种技术，它所提供的信息内容能在多个方面增强人类能够感知的信息。

2. 增强现实技术的特点

增强现实技术的特点主要有以下三个方面。

1）虚实融合

增强现实技术的目标就是要使用户感受到虚拟对象呈现的时空与真实世界是一致的，做到虚中有实，实中有虚。

虚实融合中的“虚”，指的是用于增强的信息，它可以是在融合后的场景中与真实环境共存的虚拟对象。如图 1-1 所示，可以看到虚拟重构的咖啡杯碟、蜡烛、台灯等对象，也可以看到真实场景中的桌面、人物等元素，而且虚实对象融合得非常自然。

图 1-1　AR 技术塑造的虚实融合的场景

2）实时交互

实时交互是指用户与附加在真实世界之上的虚拟信息间能够产生自然交互。增强现实中的虚拟元素可以通过计算机的控制，实现与真实场景的互动。首先，虚拟对象可以随着真实场景的物理属性变化而变化，增强的信息不是独立出来的，而是与用户当前的状态融为一体。其次，实时交互是用户与虚拟元素的实时互动，也就是说，不管用户身处何地，增强现实都能迅速识别现实世界的事物，然后在设备中进行合成，并通过传感技术将可视化的信息反馈给用户。换言之，实时交互使得用户能在真实环境中借助交互工具与增强信息进行互动。

3）三维注册

三维注册是指计算机生成的虚拟信息合理地叠加到摄像机捕捉的真实环境的图像或视频上，以保证用户可以得到准确的增强信息。

三维注册需要定位计算机生成的虚拟对象在真实环境中呈现的位置和方向，相当于虚拟现实系统中跟踪器的作用，主要强调虚拟对象和现实环境一一对应，维持正确的定位。计算机首先得到用户在真实三维空间中的位置信息，然后实时创建和调整虚拟信息所要呈现的位置，当用户位置发生变化时，计算机也要实时地获取变化后的位置信息，再次计算出虚拟信息应该呈现的正确位置。

三维注册技术的本质就是根据用户在真实三维空间中的位置信息，实时创建和调整计算机生成的增强信息。信息的精准性取决于传感器在真实世界中所获取的信息。借助三维注册技术，虚拟信息能够实时且正确地显示在终端设备上，从而增强用户的感知能力。

3. 增强现实技术与虚拟现实技术的区别

增强现实技术发展自虚拟现实技术，两者有一定的共同点，但又有着明显区别。

虚拟现实技术强调把用户与真实环境完全隔离开来，从而使用户完全沉浸于计算机生成的虚拟环境中；而增强现实技术则强调虚拟物体与真实环境之间的相互融合，它强调通过虚拟信息对真实环境进行补充，以增强用户对真实环境的感知。

在虚拟现实系统中，注册精度主要是指虚拟环境与用户实际感官知觉的匹配程度；而在增强现实系统中，注册精度则主要是指虚拟物体与真实环境之间的全方位配准程度。例如，一位新手在马场以 20km/h 的速度练习骑马，在虚拟现实系统中，可以让他感觉到自己是以 80km/h 的速度疾驰，而在增强现实系统中，却只能让他感受到实际的运动速度是 20km/h 的速度。也就是说，虚拟现实系统仅强调感官上的匹配，用户进行了骑行的动作，在虚拟现实系统中可以实现飞奔的感觉，但在速度上却并不要求与真实情况一致，而增强现实系统则要求所有维度必须一致。

增强现实技术就是在现实世界里增加虚拟信息，借助计算机图形技术和可视化技术产生现实环境中不存在的虚拟对象，并通过传感技术将虚拟对象准确“放置”在真实环境中，再借助显示设备将虚拟对象与真实环境融为一体，从而呈现给用户一种感官效果真实且得到增强的新环境。虚拟现实技术则是一种被完全虚拟出来的世界，只是尽量给用户真实的感受。从字面上来看，虽说都有“现实”两个字，但是两者的核心技术大不相同，增强现实技术是将虚拟信息与场景结合，虚拟现实技术的核心则是运算技术。

简单来说，虚拟现实技术所呈现的是完全虚拟的环境，需要借助智能设备来体验；而增强现实技术是在现实环境中添加虚拟元素，让用户能够在真实环境中看到它们。

知识点 2 增强现实技术的发展

2021 年，元宇宙热潮席卷全球。很多人也将 2021 年定义为“元宇宙发展元年”。所谓元宇宙，目前仍没有一个公认的定义，比较有代表性的看法认为，它应该是一种平行于现实世界而又独立于现实世界的虚拟空间，是映射现实世界的在线虚拟世界，是越来越真实的数字虚拟世界。

随着元宇宙概念的爆火，作为其沉浸式体验的一种终端设备，AR 眼镜也受到了国内外各大科技巨头以及风险投资公司的青睐。未来，随着 6G、衍射光波导、SLAM 等 AR 核心技术的迭代升级，人类也将迎来虚实结合的数字生活空间，AR 眼镜作为新一代移动智能终端，将为人们开启前所未有的生活方式，为世界带来更多可能性。

1. 国外发展状况

如同元宇宙概念一样，很多新兴事物都源自于小说，AR 技术也不例外。

1901 年，美国作家莱曼·弗兰克·鲍姆（Lyman Frank Baum）在科幻小说 *The Master Key* 中，首次描绘出了 AR 应用场景。在这部小说中，一位叫罗伯特的小男孩偶然触碰到了“电之万能钥匙”，由此他可以得到三件礼物，其中一件是一副神奇的眼镜。戴上这副眼镜之后，眼前看到的人的额头上就会显现一个用以标识该人品行的标记：如果是好人，会显示 G（Good）；如果是坏人，则会显示 E（Evil）。

这部小说描绘的场景就是现在的 AR 应用场景，那副神奇的眼镜不仅能够在现实中叠加虚拟信息，而且还能进行物体识别，甚至还能实现至今都无法做到的品行识别。

1996 年，暦本纯一（Jun Rekimoto）开发了 NaviCam 增强现实原型系统，并且改进了二维矩阵标识的设计思想。标识是一种用于虚实场景融合的真实物体，计算机可以通过该物体确定数字信息的呈现位置。这种二维矩阵标识是第一种能够实现摄像机六自由度跟踪的标识物，至今仍在使用，如图 1-2 所示。

图 1-2 常见的二维标识

2009 年 12 月，平面媒体杂志 *Esquire* 首次应用 AR 技术，当把这一期杂志的封面对准笔记本电脑的摄像头时，封面上的小罗伯特·唐尼就会跳出来和读者聊天，并开始推广自己即将上映的电影《大侦探福尔摩斯》，如图 1-3 所示。这是平面媒体第一次尝试 AR 技术来进行营销，期望能够让更多人重新青睐纸媒。

2015 年，现象级 AR 手游 *Pokémon GO* 是由任天堂公司、Pokémon 公司授权，Niantic 负责开发和运营的一款 AR 手游。在这款 AR 类的宠物养成对战游戏中，玩家需要捕捉现实世界中出现的宠物小精灵，进行培养、交换以及战斗，如图 1-4 所示。

Magic Leap 是 AR 领域内一家著名的创业公司，曾于 2015 年在 YouTube 上发布了一条视频，迄今为止也是 AR 领域内最火爆的视频之一。在该视频中，空旷的篮球场上，一条巨大的鲸鱼自地板一跃而出，溅起的水花似乎都能触摸得到，而围观的学生们则惊恐地尖叫，视频截图如图 1-5 所示。

图 1-3　应用 AR 技术的 Esquire 杂志封面

图 1-4　AR 手游 Pokémon GO

图 1-5　Magic Leap 发布的视频截图

2021 年 10 月 28 日，美国著名社交媒体平台 Facebook 在 Connect 大会上宣布，Facebook 正式宣布公司改名为 Meta，将业务聚焦于发展元宇宙。此举在全球科技界引起广泛的关注。

苹果 CEO 库克在 2023 年的苹果全球开发者大会（WWDC）上发表演讲提出："Mac 将我们带入个人计算时代（Personal Computing），iPhone 将我们带入移动计算时代（Mobile Computing），Apple Vision Pro 将带我们进入空间计算时代（Spatial Computing）。"空间计算将带来一种全新的人机交互模式，即在真实 3D 空间中的人机交互。空间计算拥有引发新一轮应用浪潮的潜力，就像当初各种程序自 PC 端向智能移动设备迁移那样。当人机交互方式发生改变之后，应用也会随之而变。基于 Vision Pro 空间计算能力加持下的全新交互方式，应用开发将迎来革命性的创新时刻，进而使得多个领域的工作流程得以优化升级。

2. 国内发展状况

党的二十大报告指出，加快实施创新驱动发展战略，加快实现高水平科技自立自强，以国家战略需求为导向，集聚力量进行原创性引领性科技攻关，坚决打赢关键核心技术攻坚战，加快实施一批具有战略性全局性前瞻性的国家重大科技项目，增强自主创新能力。

国内有关增强现实技术的研究比国外起步晚，不少科研院所也加入了研究行列，经过多年的发展，取得了长足的进展。北京航空航天大学、北京理工大学光电信息技术与颜色工程研究所、浙江大学计算机辅助设计与图形学国家重点实验室、电子科技大学移动计算机研究中心、国防科技大学等高校开展了增强现实技术的系统研究，在增强现实技术、摄像机校准算法、跟踪注册算法等方面取得了一定成果。其中，北京理工大学很早就将增强现实技术应用到文物复原中，并在 2002 年提出，2006 年正式实施完成运用增强现实技术重建圆明园的计划，在之后的研究中，北京理工大学还将增强现实技术应用到模拟军事演练中；国防科技大学对基于增强现实技术的虚拟实景空间的研究与实现；华中科技大学对基于增强现实的遥控操作关键技术进行了研究，提出了一种基于视觉的增强现实跟踪注册方法和基于实时标定策略的虚实配准方法，设计了一种基于标识焦点与全局单应性矩阵相结合的三维注册方法；浙江大学以基于定位标记的视频检查为基础，从增强现实环境中的阴影生成方法和光线检测算法入手，提出以场景管理为核心的增强现实软件框架 ARSGF。

我国高度重视虚拟现实、增强现实的技术产业发展，结合产业发展的客观规律，在产业布局、顶层设计、应用发展和核心技术攻关等阶段，通过一系列相关政策的制定，不断支持鼓励虚拟现实赋能各产业和重点场景，为我国增强现实产业的发展保驾护航。在“十四五”期间，虚拟现实和增强现实产业被列为数字经济重点产业，继续释放政策红利。2016 年被称为虚拟现实“元年”，国家为支持虚拟现实和增强现实技术为代表的新一代信息技术的发展，出台了诸多政策，来促进我国增强现实、虚拟现实产业的发展。其相关政策和主要内容见表 1-1 所示。

表 1-1 我国发布的增强现实方面的相关政策

时间	文件名称	主要内容
2016 年	《国民经济和社会发展第十三个五年规划纲要》	大力推进虚拟现实等新兴领域创新和产业化
	《“十三五”国家战略性新兴产业发展规划》	加快虚拟现实、增强现实、全息成像、裸眼 3D、交互娱乐引擎开发等核心技术研发，通过专利布局保护创新
2017 年	《产业关键共性技术发展指南（2017 年）》	该指南将虚拟现实领域的近眼显示技术、GPU 渲染技术、感知交互技术、通信传输技术、内容生产技术列入其中
2018 年	《关于加快推进虚拟现实产业发展的指导意见》	分 2020 年和 2025 年两个阶段提出了我国虚拟现实产业的发展目标，到 2020 年建立比较健全的虚拟现实产业链条，到 2025 年使我国虚拟现实产业整体实力进入全球前列。从核心技术、产品供给、行业应用、平台建设、标准构建和安全保障等 6 大方面提出了发展虚拟现实产业的重点任务
2019 年	《2019 年教育信息化和网络安全工作要点》	推动大数据、虚拟现实、人工智能等新技术在教育教学中的深入应用

续表

时 间	文 件 名 称	主 要 内 容
2021 年	《中华人民共和国国民经济和社会发展第十四个五年规划和 2035 年远景目标纲要》	虚拟现实和增强现实产业被列为数字经济重点产业，具体表现在：推动三维图形生成、动态环境建模、实时动作捕捉快速渲染处理等技术创新，发展虚拟现实整机，感知交互、内容采集制作等
	《职业教育示范性虚拟仿真实训基地建设指南》	旨在指导职业教育示范性虚拟仿真实训基地培育项目单位高效率、高质量开展建设工作，切实推进虚拟现实技术与职业教育教学的深度融合，赋能职业教育高质量发展。明确提出虚拟仿真实训环境的建设要求，要基于先进行业企业的生产环境和生产设备，吸收新理念、新技术、新工艺、新规范、新标准，建设与实际职业情境对接的虚拟仿真实训环境
2022 年	《虚拟现实与行业应用融合发展行动计划（2022—2026 年）》	到 2026 年，三维化、虚实融合沉浸影音关键技术重点突破，新一代适人化虚拟现实终端产品不断丰富，产业生态进一步完善，虚拟现实在经济社会重要行业领域实现规模化应用，形成若干具有较强国际竞争力的骨干企业和产业集群，打造技术、产品、服务和应用共同繁荣的产业发展格局。提出五大重点任务：推进关键技术融合创新、提升全产业链条供给能力、加速多行业多场景应用落地、加强产业公共服务平台建设、构建融合应用标准体系
2023 年	《元宇宙产业创新发展三年行动计划（2023—2025 年）》	主要内容可以简要概括为：五大任务、14 项具体措施和四项工程。 五大任务："构建先进元宇宙技术和产业体系""培育三维交互的工业元宇宙""打造沉浸交互数字生活应用""构建系统完备产业支撑""构建安全可信产业治理体系"； 14 项具体措施包括："加强关键技术集成创新""丰富元宇宙产品供给""构筑协同发展产业生态""探索推动工业关键流程的元宇宙化改造"等，它们紧紧围绕五大任务，进一步明确细化了各自的发力方向和突破点； 四项工程："提升关键技术""培育产业生态""工业元宇宙赋能""强化产业基础"，它们从技术、生态、赋能、产业基础等不同维度，进一步谋划布局产业突破口，为带动示范任务一、二、三、四的实践落地提供了重要的支撑平台

党的二十大报告指出，我们要坚持教育优先发展、科技自立自强、人才引领驱动，加快建设教育强国、科技强国、人才强国，坚持为党育人、为国育才，全面提高人才自主培养质量，着力造就拔尖创新人才，聚天下英才而用之。以腾讯、华为、字节跳动、小米、商汤科技为代表的中国知名企业也纷纷加入增强现实技术的研究行列，组织专门机构或部门来探索相关技术、算法和行业应用解决方案。以雷鸟创新、Rokid、Nreal 为代表的 AR 眼镜硬件提供商也不断推出新的产品，不仅在国内取得不错的行业应用和销售业绩，也把业务推广到海外，这也是中国科技力量提升的体现。

在国内增强现实技术的应用也得到快速发展，以央视春晚为代表的科技感和观赏性十足的舞台效果让亿万观众有了一个全新的体验，其中增强现实等 3D 互动技术的应用，使舞台空间变化、意向环境等呈现在电视屏幕上，给电视观众带来了前所未有的视觉冲击。2023 年杭州第 19 届亚运会则成为增强现实技术应用的理想舞台。通过将虚拟世界与现实世界的元素相结合，增强现实技术在亚运会中的应用不仅提升了观众的观赛体验，也开创了体育赛事的新时代。在本届亚运会中，增强现实技术的应用让观众能够更加轻松地参观场馆。通过手机或其他智能设备，观众可以获取场馆的3D模型，并根据增强现实导航指引找到自己的座位。同时，观众还可以实时获取比赛信息、运动员数据等，以便更好地了解赛事情况。除了在现场观赛之外，观众还可以通过增强现实技术与社交媒体进行互动。通过扫描二维码或使用特定的AR应用程序，观众可以在手机或智能设备上参与各种增强现实游戏和互动活动。这不仅增加了观众的参与感，还为亚运会增添了趣味性。

知识点3 增强现实系统的核心技术

增强现实技术是将原本在真实世界中的实体信息，通过计算机技术叠加到真实世界中，被人类感官所感知，从而达到超越现实的感官体验。为了获得更好的感官体验，必须由各种各样技术来支持，增强现实系统的核心技术主要有显示技术、跟踪注册技术、标定技术和人机交互技术等。

1. 显示技术

人类从周围环境中获取的信息80%是从视觉中获取的，视觉是最直观的交互方式，增强现实技术的最终目标是为用户呈现一个虚实融合的世界。因此，显示技术在增强现实系统的关键技术中占有非常重要的地位。增强现实的目的就是通过虚拟信息与真实场景的融合，使用户获得丰富的信息和感知体验。想要将虚实融合后的效果逼真地展示出来，必须要有高效率的显示技术。

目前，根据显示设备的不同，增强现实系统的显示技术分为头盔显示器显示技术、计算机屏幕显示技术、手持式移动显示技术、投影显示技术。

1）头盔显示器显示技术

由于虚拟现实系统需要用户可以沉浸体验虚幻世界，所采用的显示设备主要是头盔显示器（Head-Mounted Display，HMD），用以增强用户的视觉沉浸感。增强现实技术的研究者也采用了类似的显示技术，这就是广泛应用的透视型HMD。透视型HMD由三个部分组成，即真实环境显示通道、虚拟环境显示通道和图像融合显示通道。虚拟环境显示通道和沉浸式头盔显示器的显示原理是一样的，而图像融合显示通道主要与用户交互，它和周围真实世界的表现形式有关。增强现实中的头盔显示器与虚拟现实中的头盔显示器不同，虚拟现实中的头盔显示器将现实世界隔离，只能看到虚拟世界中的信息，而增强现实中的头盔显示器将现实世界和虚拟信息两个通道的画面叠加后显示给用户。

这类设备的主要功能是将用户所在环境中的真实信息与计算机生成的虚拟信息融合，根据具体实现原理又划分为两大类，分别是基于视频合成技术的透视型头盔式显示器（Video See-Through HMD，VST-HMD）和基于光学原理的透视型头盔式显示器（Optical See-Through HMD，OST-HMD）。

视频透视型头盔显示器通过头盔上一个或多个摄像机来获取真实世界的实时影像，利用其中的图像处理模块和虚拟渲染模块进行融合，最终将虚实融合后的效果在头盔显示器上显示出来，其结构示意图如图1-6所示。

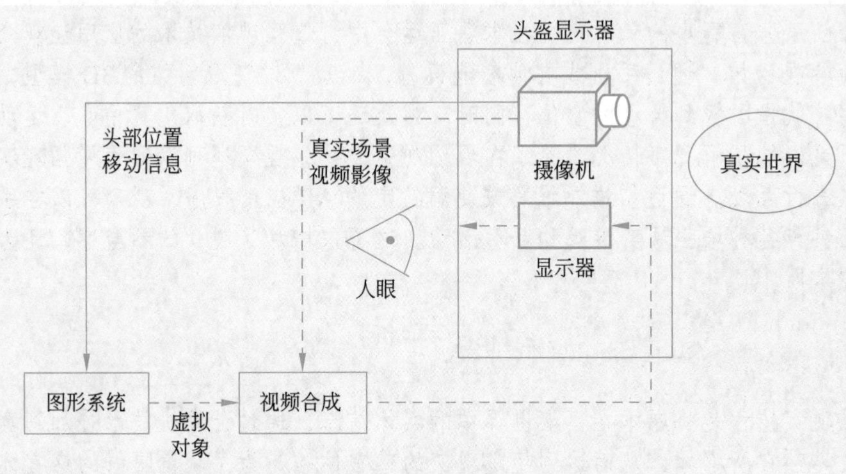

图 1-6　视频透视型头盔显示器结构示意图

在视频透视型头盔显示器中，摄像机与人眼的实际视点在物理上不可能完全一致，可能导致用户看到的视频影像与真实影像会存在偏差，因此，对于视频透视型头盔显示器来说，最大的难点在于摄像机与用户观察视点的匹配。

光学透视型头盔显示器根据光的反射原理，通过在用户的眼前放置一块光学融合器完成虚实场景的融合，为用户产生虚拟物体和真实场景相互融合的画面，其结构示意图如图 1-7 所示。与视频透视型头盔显示器相比，光学透视型头盔显示器在显示增强画面时，不需要经过图像融合的过程，用户看到的影像就是当前的真实场景与虚拟信息的叠加。

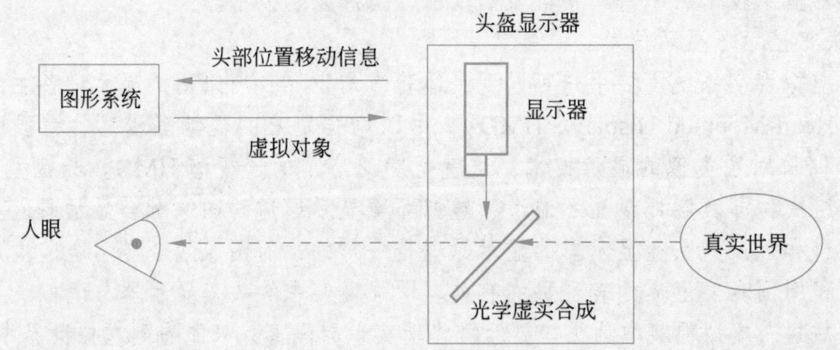

图 1-7　光学透视型头盔显示器结构示意图

光学透视型头盔显示器的缺点是虚实融合得到的真实感较差，因为光学融合器既允许真实环境中的光线通过，又允许虚拟环境中的光线通过，这导致计算机生成的虚拟物体不能够完全遮挡住真实场景中的物体，使注册的虚拟物体呈现出半透明的状态，从而破坏了真实场景与虚拟场景融合的真实感。光学透视型头盔显示器也有许多优点，如结构简单、价格低廉、安全性好，以及不需要视觉误差补偿等。

头盔显示器能够呈现出很好的视觉体验，但由于其佩戴在用户头部，体积大，较笨重，长时间佩戴会令佩戴者感觉不适。

2）计算机屏幕显示技术

计算机屏幕显示设备作为传统的输出设备，一般具有较高的分辨率，且体积较大。在增强现实应用中，这类设备更适用于将虚拟物体精细渲染并叠加于室内或大范围场景中。由于这类设备沉浸感较弱，但价格较低，故此一般适用于低端或多用户的增强现实系统。

在基于计算机屏幕的增强现实实现方案中，会将采集自摄像机的真实世界影像输入计算机，与计算机图形系统产生的虚拟影像进行合成，并输出到屏幕，用户从屏幕上就可以看到最终的增强现实场景图，其结构示意图如图 1-8 所示。它虽然不能带给用户多少沉浸感，但它是一套最简单实用的增强现实实现方案。由于这种方案的硬件要求很低，因此常被实验室中的增强现实系统研究者大量采用。

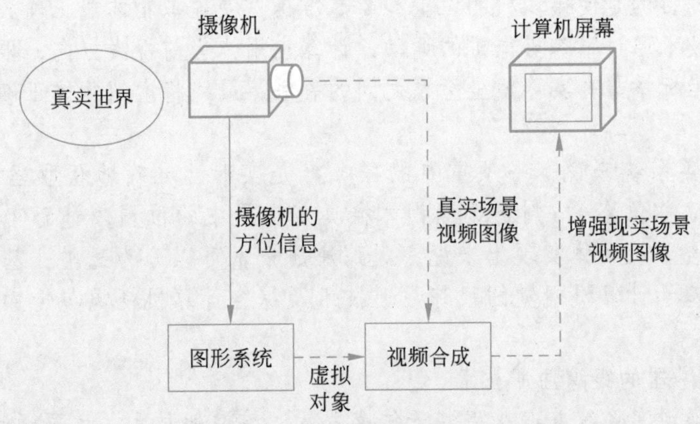

图 1-8　基于计算机屏幕的增强现实实现方案结构示意图

3）手持式移动显示技术

手持式移动显示设备是一种允许用户手持的显示设备。由于近年来智能移动终端发展迅速，现有的智能手持设备大都配备了摄像头、全球定位系统（GPS）和陀螺仪、加速度计等多种传感器，更具备了高分辨率的大显示屏，这为移动增强现实提供了良好的开发平台。与头盔显示器相比，手持式移动显示设备一般体积较小，重量较轻，便于携带，但沉浸感较弱，同时由于硬件限制，不同设备的计算性能也参差不齐。目前，随着 iOS 系统下的增强现实平台 ARKit 和 Android 系统下的增强现实平台 ARCore 的发布，后续多数的新款智能移动终端将支持增强现实技术。

增强现实技术在手持式移动设备中的应用主要分为两种：一种是与定位服务有关，如 Layar Reality Browser，这是全球第一款利用增强现实技术实现的手机浏览器，当用户将其对准某个方向时，软件会根据 GPS、磁力计的定位等信息，显示给用户环境的详细信息，并且可以看到周边服务信息、酒店及餐厅的折扣信息等；另一种主要是与各种识别技术有关，如 TAT Augmented ID，它会应用人脸识别技术来确认被拍摄者的具体身份，然后通过互联网搜索获取更多该人的信息。

4）投影显示技术

投影显示技术将由计算机生成的虚拟信息直接投影到真实场景上进行增强。基于投影显示器的增强现实系统可以借助投影仪等设备完成虚拟场景的融合，也可以采用图像折射原理，使用某些光学设备实现虚实场景的融合。投影显示设备可以将增强现实影像投影到大范围环境，满足用户对大屏幕显示的需求。由于投影显示设备生成图像的焦点不会随用户视点发生变化，所以更适用于室内增强现实环境。微软研究院的 RoomAlive 项目将 Kinect、投影仪、摄像机和计算机结合起来，构建房间的三维图像，将虚拟影像投影到整个房间，再通过定位，从而实现用户与虚拟世界的交互。

2. 跟踪注册技术

跟踪注册技术是决定增强现实系统性能优劣的关键技术，直接影响虚拟信息能否准确叠加到真实环境中。为了实现虚拟信息和真实环境的无缝结合，必须将虚拟信息显示在现实世界中的正确位置，这个定位过程就是跟踪注册。

跟踪注册的目的是使摄像机的位置和姿态准确，使虚拟物体能正确放置在真实场景中。跟踪注册技术通过跟踪摄像机的运动，计算出用户当前视线方向，根据这个方向确定虚拟物体的坐标系与真实环境坐标系之间的关系，最终将虚拟物体正确叠加到真实环境中。

对增强现实系统来说，一项重要的任务就是实时、准确地获取当前摄像机位置和姿态（以下简称位姿），判断虚拟物体在真实世界中的位置，进而实现虚拟物体与真实世界的融合。从具体实现上来说，跟踪注册技术可以分为三类：基于传感器的跟踪注册技术、基于计算机视觉的跟踪注册技术及综合计算机视觉与传感器的跟踪注册技术。

1）基于传感器的跟踪注册技术

早期的增强现实系统普遍采用基于传感器的跟踪注册技术，主要通过硬件传感器，如磁场传感器、惯性传感器、超声波传感器、光学传感器、机械传感器等对摄像机进行跟踪定位。

磁场传感器根据磁发射信号与磁感应信号之间的耦合关系获得被测物体的空间方向信息，根据接收器的磁通量获得接收器和信号源之间的相对位置信息。这类设备一般较为轻巧，但环境中的金属物质会对磁场传感器产生干扰，进而影响跟踪注册的准确性。

惯性传感器一般包括陀螺仪和加速度计等。陀螺仪可以用来测量物体的运动方向，加速度计可以用来测量物体的加速度，两者相结合就可以获得物体的位置和方向。

超声波传感器通过跟踪不同声源发出的超声波到达目标的时间差、相位差和声压差，从而实现跟踪注册。这类方法受外界环境影响较大。

光学传感器通过分析接收到的反射光的光信号实现跟踪注册。

机械传感器根据机械关节的物理连接来测量运动摄像机的位姿。

基于传感器的跟踪注册技术算法简单，获取速度快，但大多数采用一些大型设备，一般价格较为昂贵，而且容易受外界环境的影响。因此，基于传感器的跟踪注册技术一般不单独使用，通常与视觉注册技术方法结合起来实现稳定的跟踪。

2）基于计算机视觉的跟踪注册技术

由于近年来图像处理与计算机视觉发展较快，一些较为成熟的技术已被应用于增强现实系统的跟踪注册中。基于计算机视觉的跟踪注册技术通过分析处理摄像机拍摄到的图像数据信息识别和定位真实场景环境，进而确定现实场景与虚拟信息之间的对应关系。该方法一般只需要摄像机拍摄到的图像信息，所以对硬件要求较低。

近年来，在增强现实系统的研究中，国际上普遍采用基于计算机视觉的跟踪注册技术。在实现方式上，基于计算机视觉的跟踪注册技术可分为基于人工标志的注册方法和基于自然特征的注册方法。

基于人工标志的注册方法一般会将包含特定人工标志的物体放置在真实场景中，通过对摄像机采集到的图像中的已知模板进行识别获得摄像机位姿，然后经过坐标系变换将虚拟物体叠加到真实场景中。放置人工标志的目的就是能够快速地在复杂的真实环境中检测到标志的存在，然后在标志所在的空间中注册虚拟场景。

一般检测中使用的标志非常简单，可能是一个只有黑白两色的矩形方块，或者是一种具有特殊几何形状的人工标志。标志上的图案包含着不同的虚拟物体，不同的标志所含有的信息也不相同，提取标志的方法也不相同，所以应该合理地选取人工标志来提升识别结果的准确性。

在基于人工标志的注册方法中，最具代表性的是使用ARToolkit或ARTag。ARToolkit通过使用人工标志实现了快速准确的跟踪注册，但由于该方法对已知标志的依赖性较强，因此当标志被遮挡时就无法完成注册。ARTag采用数字编码的方式在一定程度上增加了对遮挡的处理能力。图1-9展示了ARToolkit中人工标志示例，图1-10展示了ARTag中的人工标志示例。

图1-9 ARToolkit人工标志示例

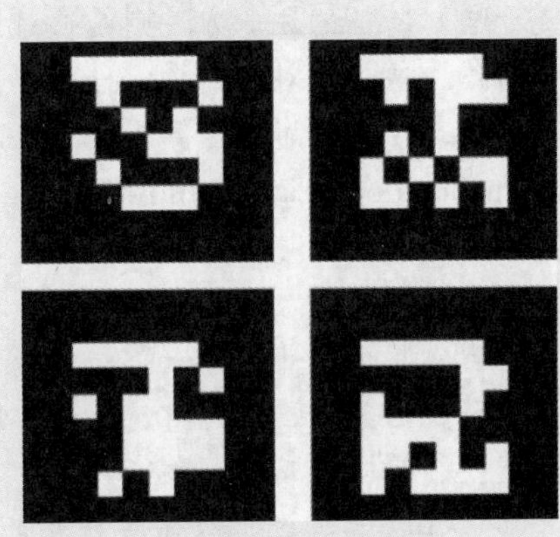

图1-10 ARTag人工标志示例

基于标志识别的增强现实技术发展较为成熟，需要建立标志信息库，每种标志对应特定的相关信息，通常以底层的图像处理算法为基础来开发，包括阈值分割、角点检测、边缘检测、图像匹配等运算。

基于人工标志的注册方法实现过程如图1-11所示。主要包括以下几点。

（1）采集视频流。用摄像头捕获视频，并传入计算机。

（2）标志物检测。获取视频流并对其进行二值化处理，目的是将可能的标志区域和背景区域分隔开，缩小标志的搜索范围，然后进行角点检测和联通区域分析，找出可能的标志候选区域，便于下一步进行匹配。

（3）模板匹配。将标志候选区域与事先保存好的标志模板进行匹配。

（4）位姿计算。根据摄像头参数、标志空间位置与成像点的对应关系，通过数学运算计算出标志相对于摄像头的位姿。

（5）虚实融合。绘制虚拟物体，根据摄像头位姿将虚拟物体叠加到标志的正确位置上，以实现增强效果并借助显示设备输出。

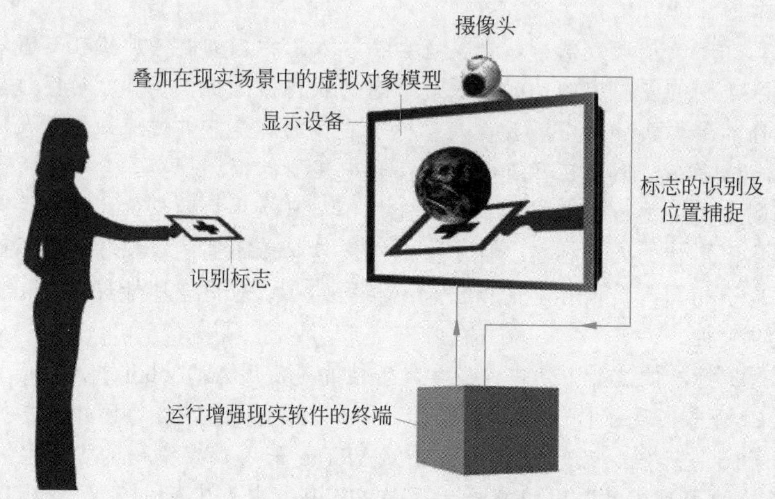

图 1-11　基于人工标志的注册方法实现过程

基于自然特征的注册方法则是通过提取图像中的特征点，然后计算场景中同一个三维点在二维图像上的对应关系，进而优化并获得三维点在世界坐标系中的位置以及摄像机的位姿。近年来，随着计算机视觉与人工智能的发展，一种名为同时定位与地图构建（Simultaneous Localization And Mapping，SLAM）的方法受到了人们的广泛关注。这类方法在跟踪注册的同时构建场景地图，具有运算速度快、跟踪精度高的优点。基于自然特征的方法并不需要人为地在真实场景环境增加额外的信息，只需要跟踪视频中捕获的场景中的自然特征，并经过一系列几何变换即可实现场景的跟踪注册。相较于基于人工标志的方法，这类方法更简单、方便，但自然特征数目与跟踪效果的不稳定也会对系统的运算速度和精度造成较大影响。

基于人工标志的注册技术要求标志出现在用户的视野内，不允许有遮挡，一旦出现遮挡，可能导致跟踪注册失败。而基于自然特征的注册技术则很好地避免了使用人工标志所带来的局限性，能给用户带来更好的沉浸感，有可能成为未来增强现实的主流发展趋势。

3）综合计算机视觉与传感器的跟踪注册技术

在一些增强现实的应用场景，单纯使用基于计算机视觉或基于传感器的跟踪注册技术，均不能获得理想的跟踪效果，因此研究者在综合考虑了二者的优缺点后，将二者结合起来，从而获得更优秀的跟踪注册效果。香港科技大学沈劭劼课题组提出的视觉惯性导航（Visual-Inertial Navigation System，VINS）系统，将视觉与陀螺仪和加速度计信息深度融合，在无人机和手持移动设备上均获得了较好的跟踪注册效果。苹果公司推出了

ARKit，而谷歌公司则推出了 ARCore，这两个增强现实软件平台分别为 iOS 和 Android 操作系统下移动智能设备上的增强现实应用发展提供了无限可能。图 1-12 展示了在 ARKit 和 ARCore 平台上开发的基于移动设备的增强现实应用示例。

(a) ARKit

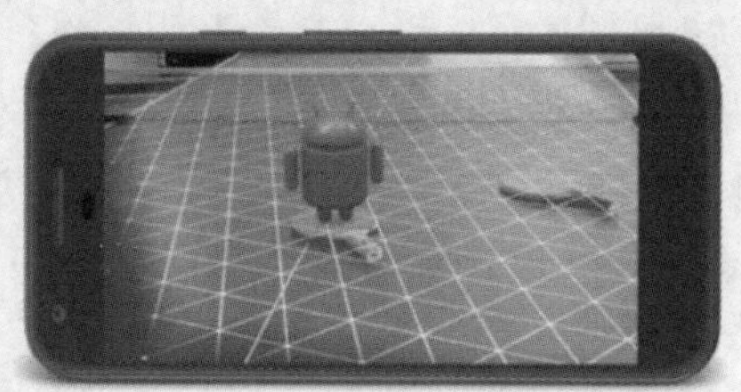

(b) ARCore

图 1-12 基于 ARKit 和 ARCore 平台上开发的移动端增强现实应用示例

以上三种跟踪注册技术可以从原理及优缺点等方面进行对比，详情如表 1-2 所示。

表 1-2 三种跟踪注册技术对比

注册技术	原 理	优 点	缺 点
基于传感器的跟踪注册技术	根据信息发射源和传感器获取的数据求出虚拟对象的相对空间位置和方向	系统延迟小	设备昂贵，对外部传感器的校准较难，且受设备和移动空间的限制，系统安装不方便
基于计算机视觉的跟踪注册技术	根据真实场景图像反求出观察者的运动轨迹，从而确定虚拟信息“对齐”的位置与方向	无须特殊硬件设备，注册精度高	计算复杂性高，系统延迟大；大多数采用非线性迭代，造成误差控制较难，稳健性不强
综合计算机视觉与传感器的跟踪注册技术	根据硬件设备定位用户的头部位姿，同时借助视觉方法对配准结果进行误差补偿	算法稳健性强，定标精度高	系统成本高，安装烦琐，移植困难

3. 标定技术

在增强现实系统中，虚拟物体和真实场景中的物体必须能够十分精准地配准。当用户观察的视点发生变化后，虚拟摄像机的参数也必须与真实摄像机的参数保持一致，同时还要实时跟踪真实物体的位姿，不断地更新参数。在虚拟配准的过程中，增强现实系统中的内部参数始终保持不变，因此需要提前对这些参数进行标定。

一般情况下，摄像机的参数需要进行实验和计算得到，这个过程称为摄像机标定。也就是说，标定技术就是确定摄像机的光学参数、集合参数、摄像机相对于世界坐标系的方位，以及与世界坐标系的坐标转换。

计算机视觉中的基本任务是利用摄像机获取真实场景中的图像信息，其原理是通过对三维空间中目标对象几何信息的计算，实现识别与重建。在增强现实系统中往往用三维模型作为模型信息与真实场景叠加融合，三维对象的位置、形状等信息是从摄像机获取的图像信息中得到的。摄像机标定所包含的内容主要涉及摄像机、图像处理技术、摄像机模型和标定方法等。

摄像机标定技术是计算机视觉应用系统中至关重要的一个环节。对于用作测量的计算机视觉应用系统而言，测量精度取决于标定精度；对于三维识别和重建，标定精度则直接决定着三维重建的精度。

4. 人机交互技术

增强现实系统的目标是构建虚实融合的增强现实世界，使用户能够以全新的方式理解与体验现实世界，人机交互方式的好坏很大程度上影响了用户的体验。一般来说，传统的人机交互设备主要有键盘、鼠标、触控设备、麦克风等，近年来还出现了一些基于语音、触控、眼动、手势和体感的更自然的交互方式。

1）基于传统硬件设备的交互技术

鼠标、键盘、手柄等设备都是增强现实系统中常见的交互工具，用户可以通过鼠标或键盘选中图像中的某个点或区域，完成对该点或区域处虚拟物体的缩放、拖曳等操作。这类方法易于操作，但需要外部输入设备的支持，不能为用户提供自然的交互体验，降低了增强现实系统的沉浸感。

2）基于语音识别的交互技术

语音沟通是人类最直接的交流方式，交互信息量大，效率高。因此，语音交互也成为增强现实系统中重要的人机交互方式之一。近年来，由于人工智能的迅速发展及计算机处理能力的增强，使得语音识别技术日趋成熟并被广泛应用于智能移动终端上，其中最具代表性的是苹果公司推出的Siri和微软公司推出的Cortana，它们均支持自然语言输入，通过语音识别获取指令，根据用户需求返回最匹配的结果，实现自然的人机交互，很大程度上提升了用户的工作效率。

3）基于触控的交互技术

基于触控的交互技术是一种以手指触摸进行信息输入的方式，较传统的键盘及鼠标输入更为人性化。智能移动设备的普及，使得基于触控的交互技术发展迅速，同时更容易被用户认可。目前，基于触控的交互技术从单点触控发展到多点触控，实现了从单一手指点击到多点或多用户交互的转变，用户可以使用双手进行单点触控，也可以通过识别不同的触摸手势实现单击、双击等操作。

4）基于动作识别的交互技术

基于动作识别的交互技术主要借助动作捕捉系统来完成，通过对捕捉到的关键部位的位置进行计算与处理，分析出用户的动作行为并将其转化为输入指令，从而实现用户与计算机之间的交互。微软公司的HoloLens采用深度摄像头获取用户的手势信息，通过手部追踪技术操作交互界面上的虚拟物体。Meta公司的Meta Quest 2与Magic Leap公司的Magic Leap One同样允许用户使用手势进行交互。这类交互方式不但降低人机交互的成本，而且更符合人类的自然习惯，较传统的交互方式更为自然、直观，是目前人机交互领域关注的热点。

5）基于眼动追踪的交互技术

基于眼动追踪的交互技术通过捕获人眼在注视不同方向时眼部周围的细微变化，分析确定人眼的注视点，并将其转化为电信号发送给计算机，实现人与计算机之间的互动，这一过程中无需手动输入。Magic Leap公司的Magic Leap One在AR眼镜内部专门配备了追踪用户眼球动作的传感器，以实现通过跟踪眼睛控制计算机的目的。

任务实施

任务实施 1：支付宝扫“福”

步骤 1：打开支付宝 App，点击页面的“集五福过福年”下面的“去迎福气”按钮，如图 1-13 所示。

步骤 2：在框选的位置，向右滑动，可切换到 AR 扫福玩法，如图 1-14 所示。

步骤 3：滑动到“AR 扫福”页面后，点击“扫福得福卡”标签后，进入扫描页面，如图 1-15 所示。

步骤 4：进入扫描页面，对准“福”字进行扫描，即可获得福卡，如图 1-16 所示。

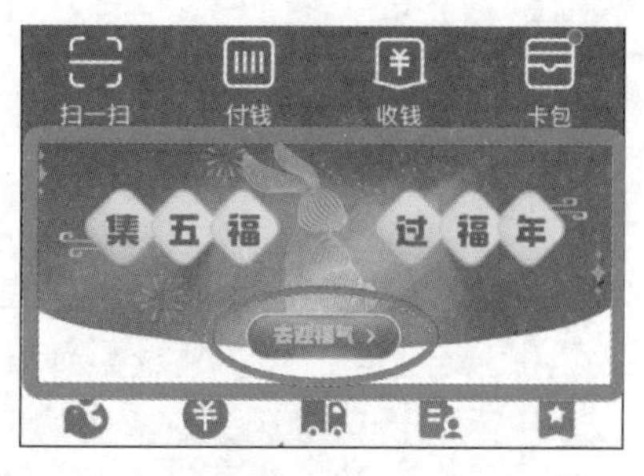

图 1-13 集福主页

图 1-14 切换到 AR 扫福

图 1-15 进入 AR 扫福页面

图 1-16 AR 扫福获福卡

任务 1.2 探索增强现实技术的应用场景

任务要求

本任务主要是通过微信登录弥知 AR 体检中心，以人们常见的小程序形式体验多种不同类型不同场景下的 AR 应用模块，熟悉 AR 技术在各领域的典型应用场景。

建议学时

4课时。

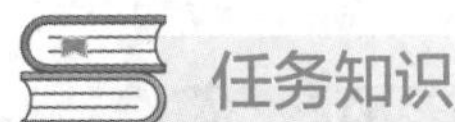

任务知识

知识点　主要应用领域

与虚拟现实技术相比，增强现实技术应用领域更加广泛。近年来，增强现实技术的应用已经覆盖了众多领域，如娱乐与游戏、医疗、教育、工业、军事、商贸等。

1. 娱乐与游戏行业

增强现实的发展对于娱乐行业有着极大影响。增强现实的虚拟对象能够增强用户的娱乐体验，交互式组件与实时信息叠加可以拉近表演者与观众的距离，消除数字世界与真实世界的界限。利用增强现实技术可以提高游戏玩家的沉浸感，使游戏更具有吸引力，从而提高市场占有率。

增强现实技术目前也常用于体育赛事的电视转播中。比如在美国职业橄榄球大联盟比赛的电视转播中，利用增强现实技术，观众可以从多个角度观察比赛场上的真实场地和运动员的动作，比如表示首攻位置的黄线，就可以通过增强现实技术将其融入真实的比赛场景中。

在游泳比赛的电视转播中，各水道之间常常被加上一些虚拟的线条，用于显示当前比赛中运动员的位置，而且比赛结束时的标示也可以清楚地显示各位运动员的名次和成绩。这些增强现实技术在体育赛事转播中的运用，给观众带来了更清晰的视角，更全面立体的分析，以及更优质的赛事体验。

增强现实技术在游戏行业上的应用也得到快速的发展，如图1-17所示。北京理工大学的温冬冬等人研制了基于特制红外标识的射击游戏AR-Ghost Hunter。谷歌公司也开发了一个名为Ingress的游戏，利用Google Map可以让游戏玩家在室外进行游戏，占领标志性建筑物，通过场景的识别，把真实世界虚化成游戏世界的物体，从而进行游戏。在Ingress的模式中，玩家不仅可以和虚拟内容互动，还能组队打怪。

图1-17　增强现实技术在游戏中的应用

2. 教育行业

近年来教育事业的支出不断升高，教育事业也不断受到社会的重视，增强现实技术也可以辅助教育活动，产生新颖的思路与方法，比如通过增强现实识别环境中的物体并尝试用正在学习的外语去描述它们。增强现实在影响和改善教育方面的潜力是巨大的。

增强现实通过三维图形或动画、音频、视频信息等方式来增强特定内容，打造增强现实图书，从而为平面的纸质书籍注入新的活力。利用增强现实技术也可以创建某种具有沉浸性、游戏性的学习环境，实现多人协作式学习。

大连某家公司开发出了《AR 涂涂乐》应用，它将孩子的平面涂鸦变成跃然纸上的三维数字动画，实现有声有色地互动，更配有中英文双语发音，能学能玩，寓教于乐。日本索尼公司推出了一款利用增强现实技术实现交互式阅读的图书，可以展现各种生动的模型动画。

将增强现实技术应用到地球仪上，就形成一种风靡一时的产品——AR 地球仪，如图 1-18 所示。它尤其对于低龄、好动、好奇、求知欲强的孩子有着极强的吸引力，为孩子呈现出一个与众不同的百科体验，其内容包罗万象，世界各地的地理、人文、生物、天文等内容应有尽有，堪称是一本百科全书。通过增强现实技术呈现的三维图像与视频，以及逼真的音效，孩子们可以身临其境地感受各种信息，从而激发学习兴趣，更主动地获取知识。

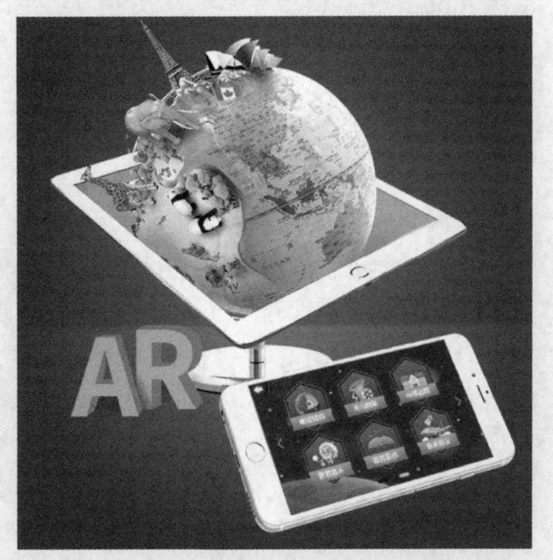

图 1-18 AR 地球仪

3. 工业领域

1）设备修理和维护

维修人员与装配工有时需要在设备维护过程中查询资料，这就很影响效率，通过增强现实技术，便可用生动直观的方式告诉用户现在应该拆装哪个零件，如何操作等，为解决这种问题提供了新思路。由哥伦比亚大学的史蒂夫·亨德森（Steve Henderson）和史蒂文·费纳（Steven Feiner）开发的增强现实辅助维修（Augmented Reality for Maintenance and Repair，ARMAR）程序是增强现实在这一领域的著名应用案例。ARMAR 技术把计算机图案定位在需要维护的真实设备上，从而提高机械维护工作的效率、安全性和准确性。

增强现实辅助的维修技术，能够使工程师尽快确定故障位置，从而极大地减少工时，如图 1-19 所示。

此外，对于数字化的用户指南手册，如果采用增强现实技术，使用户借助显示设备可以看到手册的文本和图片叠加显示在真实的设备上，并提供分步指令，那么这种指南手册更容易为用户所理解。

图 1-19　增强现实技术在设备维护、维修上的应用

2）产品设计和评测

利用增强现实技术，可以对一些正在研发的产品进行试验与评测。例如，上海通用汽车开发了一个应用增强现实技术对汽车挡风玻璃进行性能评测的系统，用户坐在一个没有挡风玻璃的试验平台上，戴上头盔，系统就会自动把设计好的虚拟挡风玻璃叠加到真实环境中，让用户可以直观感受到加装挡风玻璃后路面产生的视觉变形是否能满足自己的要求。

3）远程协作

增强现实技术可以把不同地区的设计人员的影像以及虚拟产品聚合到同一空间中。用户可以在这个虚实融合的空间中进行相互交流并对产品的设计方案进行实时修改。英国 Glass Direct 公司开发了一套基于增强现实技术的远程眼镜试戴系统——魔镜系统。用户只需拥有一个普通的摄像头就可以在线试戴。Studierstube 公司开发了一个面对面的产品协同设计系统。该系统采用磁跟踪器对多用户进行定位，使用户能够直观地对虚拟产品进行修改。

增强现实技术应用于装备维修，主要是通过在实际装备中加入各类维修辅助信息，远程指导维修人员逐步实施维修，并能准确定位和可视化不能直接维修的部位，如图 1-20 所示。维修人员无需真的拆卸装备就能看到它的内部构造。检测维修或更换的零部件，不仅可以帮助维修人员快速熟悉和掌握各种装备的维修技术，还可以保证整个维修过程的标准化。

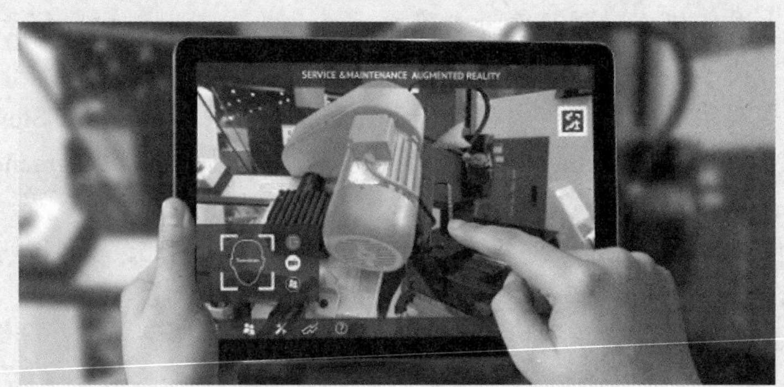

图 1-20　增强现实在远程协作上的应用

4. 医疗方面

对医疗方面而言，增强现实技术有着独特的优越性，正不断取得振奋人心的成果。

目前，增强现实技术在临床上的应用多集中于神经外科、颅颌面科和普外科，通常依据患者的术前影像数据进行虚拟建模，所以对术中移动和形变较小的器官有较好的效果，而对不规则的器官则难以动态显示。

尽管医生和外科专家能熟练地运用现代医学设备，但他们只能用裸眼检查病人，虽然可以利用核磁共振或是X射线得出身体内部的影像，但这毕竟不是他们直接看到的结果。而增强现实技术能为医生提供类似X射线透视感的病人体内的影像，并且是彩色全谱图。增强现实技术能使医生有效地逐层看到病人身体内部的情况，掌握手术的精确位置，方便手术的进行。此外，它还可以叠加患者的各种信息，帮助医生制定手术方案，包括手术过程中的精确定位和辅助引导。例如，危重患者在救护车转运过程中，随行医护戴着AR眼镜，就可以通过摄像头快速将患者的体征数据与初步诊断信息传给医院。

在病房内，佩戴AR眼镜的护士可以快速地将患者的新情况传递给医疗团队的其他成员，从而提高工作效率，避免交叉沟通。还可以将增强现实技术带入手术室，方便远程医疗协作，提示手术步骤，记录手术过程中的细节。

增强现实技术具有增强用户对真实环境感知的能力，凭借这种能力，增强现实技术最有可能对医疗行业产生革命性影响，特别是在手术指引方面。新手医生学习手术也不需担心没有足够多的实操机会，他们可以随时用增强现实技术模拟手术，甚至实习医生也不再需要拿小动物来做临床试验，如图1-21所示。未来的外科医生只需戴上增强现实设备，在其面前就能展现一个现实世界与虚拟信息相融合的画面，病人的每项生理数据都会一目了然地展示在医生的视野，增加了手术的安全保障。

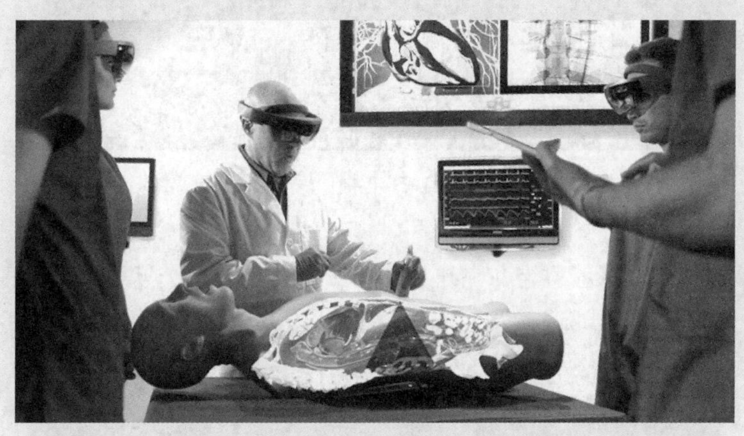

图1-21 增强现实技术在医疗方面的应用

增强现实技术也能用于治疗某些恐惧症，以及改善人类的总体健康，比如控制饮食。

5. 军事领域

近年来，增强现实技术已经进入军事领域的多个方面并开始发挥重要作用。世界各国在国防工业、战场环境展示、作战指挥与控制军事演训等方面进行了大量研究探索，美国则率先将增强现实技术应用于军事领域。

1）国防工业

增强现实技术在国防工业中的应用主要体现在以下四个方面。

（1）实时展示和共享实物、模型、设计图纸等信息，利用多通道人机自然交互技术。实现不同地点的多人间实时交互。它还可以沟通和交流设计思想，修改和改进方案。

（2）将武器的模型和各种可能的设计方案整合展示给用户。用户可以通过增强现实系统对各种原理图进行综合比较，可以直接将自己的修改意见反映在设备的开发模型上。

（3）为用户提供初步演示，让开发者和用户同时进入虚拟和真实作战环境去操作武器系统，验证武器系统的设计方案、技术战性能指标及其运行的合理性。

（4）将标准的操作规程，装配与维护信息实时、准确地展示给用户。

2）战场环境展示

增强现实技术可用于向部队展示真实的战场环境，同时强调肉眼看不到的环境信息。增强现实可以让指战员可视化地感知各个战场信息点，如图 1-22 所示。例如，可以在飞机座舱玻璃或飞行头盔上使用增强现实技术，不仅可以为飞行员提供导航信息，还可以提供增强的战场信息。

图 1-22　增强现实技术对于战场环境的展示

3）作战指挥与控制

增强现实技术在作战指挥与控制中的应用主要体现在三个方面，如图 1-23 所示。

图 1-23　增强现实技术在作战指挥与控制中的应用

（1）应用于作战指挥系统，可以让指挥员实时掌握各作战单元和特遣部队的情况，便于迅速做出明智的决策。

（2）应用于作战指挥网络系统，使各级指挥员能够同时观看与讨论，实现跨战场信息的高度共享。

（3）应用于多用户、多终端的协同工作中，可以为每位用户和终端建立一个共享的虚拟空间，让大家实时共享战场信息并交流互动。

近年来，一些国家的军队开发了“战场增强现实系统”，其中包括可穿戴的增强现实系统和三维交互指挥环境，实现了指挥中心与各作战人员之间的信息传输，满足了未来城市对军事和非军事用途的需求。一旦发生战斗，通过将个体环境信息和作战群信息整合，可以有效地提升城市作战的指挥能力。

4）军事演训

增强现实技术有助于构建创新的演训方式，提高实战化程度。基于增强现实技术的军事演训系统的应用，可以根据真实事件或示意图构建极其逼真的作战训练环境。通过增强现实系统，学员不仅可以看到真实的训练场景，还可以看到场景中的各种附加信息，如图 1-24 所示。

图 1-24 增强现实技术在军事演训中的应用

6. 商贸领域

绝大多数人类活动基于商贸，而增强现实技术也被强有力地运用到商贸业务的创建和维护，以及维持或增加市场份额等方面。

二维码目前已经广泛应用于广告领域，而将二维码与增强现实技术相结合，将二维码作为增强现实的标志，可以完美避免注册的问题。对每一个增强现实系统，注册信息往往是不同的，而二维码的使用，可以让增强现实系统从不通用的封闭系统变为通用的开放系统。因此，两者的结合，会使得新兴广告超越原本的广告。

在广告牌、海报，以及一些汽车广告上面，增强现实技术应用得越来越多，方便用户获取相应的信息并进行订购。

而在百货公司中使用的增强现实系统，可以让购物者不用拿起实物，便可以体验各种商品，如图 1-25 所示。

图 1-25　AR 购物

任务实施

任务实施 2：体验弥知 AR 体验中心

步骤 1：打开微信，点击搜索框，在搜索框中输入 kivicube，点击“搜索”，如图 1-26 所示。

步骤 2：点击“趣味 AR 体验”，进入弥知 AR 体验中心，可以体验小程序 SLAM|AR 空间定位与跟踪、AR 案例、3D 案例、AR 能力等诸多模块，如图 1-27 所示。

图 1-26　搜索 kivicube

图 1-27　进入 AR 体验中心

步骤 3：点击 AR 案例模块中的“VALENTINO 试鞋”，弹出如图 1-28 所示界面。
步骤 4：点击“允许”，将进入“AR 虚拟试穿”小程序，如图 1-29 所示。

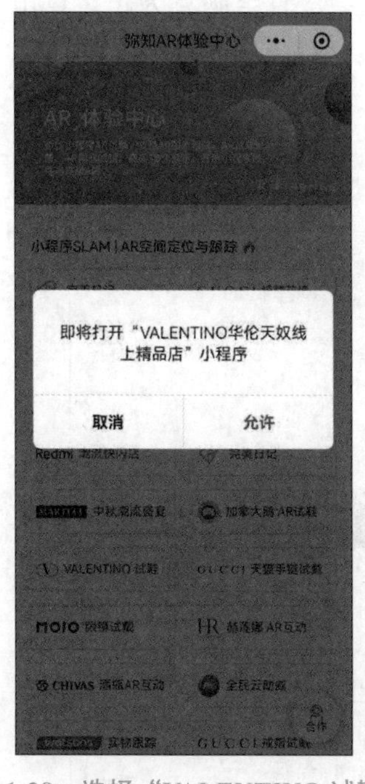

图 1-28　选择“VALENTINO 试鞋”

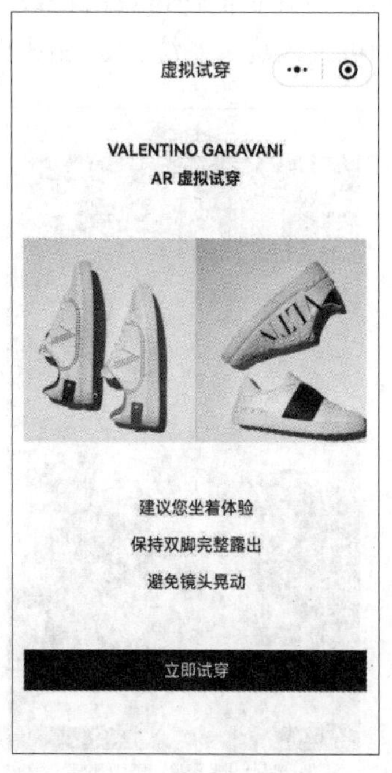

图 1-29　进入“VALENTINO 试鞋”小程序

步骤 5：点击“立即试穿”，弹出如图 1-30 所示界面。
步骤 6：点击“允许”，将出现如图 1-31 所示页面。

图 1-30　获取摄像头功能

图 1-31　进入 AR 试穿场景

步骤 7：根据页面提示，可以将脚放置到镜头中，选中的鞋会自动穿到脚上，如图 1-32 所示。

步骤 8：可在页面通过点击选取不同系列的鞋进行试穿，直至满意为止，点击“前往购买”，即可进入购买系统，如图图 1-33 所示。

图 1-32　AR 试穿效果

图 1-33　进入购物系统

项目总结

本项目主要讲解了增强现实技术的基本概念、它与虚拟现实技术的异同、增强现实技术的发展历程及应用场景，为学生建立增强现实技术的基本知识框架，为后续的课程学习奠定了基础。

巩固与提升

1. 通过查阅资料，分析在教育、工业、医疗等应用领域，在引入增强现实技术前后的对比。

2. 根据自身理解，你认为增强现实技术在哪些领域将迎来爆发？或在未来将产生哪些新的应用场景？

3. 随着技术的不断发展，你认为增强现实技术在哪些方面将得到突破？

4. 随着元宇宙的发展，你认为增强现实技术将在其中起到怎样的作用？

增强现实技术的硬件和开发软件

项目介绍

要实现虚拟模型与真实的物理世界融合结果的可视化，前提是系统需要配置相应的输入设备和输出设备。如果要进行实时交互等操作，就必须考虑用户以及场景的跟踪和感知传感器。相关硬件设备的发展对增强现实技术有着重要的影响，近年来，摄像机质量的提高和普及，红外安全激光技术的成熟和消费级产品的出现，都大大促进了增强现实技术的进步和应用。

开发增强现实系统项目除了硬件设备外，利用功能强大的开发引擎平台和开发工具，可以极大地提升开发效率和实现强大的功能，达到事半功倍的效果。目前，随着技术的不断发展，国内外涌现出很多增强现实开发软件利器，通过本项目的学习，可以了解这些有代表性的产品。

知识目标

- 熟悉增强现实常见硬件设备。
- 熟悉主流的开发引擎。
- 熟悉常见的第三方开发工具。

职业素养目标

- 培养学生对新技术、新设备的探索精神。
- 培养学生执着专注、科技强国的工匠精神。
- 培养学生严谨细致、踏实耐心的职业素质。

职业能力目标

- 能够熟练地使用常见的增强现实相关硬件设备。
- 使用主流开发工具开发增强现实应用。

项目重难点

项目内容	工作任务	建议学时	知识点	重难点	重要程度
增强现实硬件和开发软件	熟悉增强现实设备	4	常见的增强现实硬件设备：摄像机、跟踪传感器、体感交互设备、头盔显示器	主流设备的性能参数、应用场景	★★★★☆
	熟悉增强现实系统开发软件	4	三维建模软件、增强现实技术开发引擎、第三方开发 SDK	三维建模软件、开发引擎、开发 SDK	★★★★☆

任务 2.1　熟悉增强现实设备

任务要求

本任务通过体验体感交互设备 Kinect V2 来熟悉常用的增强现实设备，了解各种类型增强现实设备的性能参数，了解不同设备的特点和应用场景，能较熟练地掌握增强现实设备的使用和配置。

建议学时

4 学时。

任务知识

知识点　增强现实常用设备

1. 摄像机

摄像机是实现增强现实技术最重要的硬件设备，常规的真实场景的采样、跟踪和标定技术都将摄像机作为基本配置。安装了摄像头的智能手机或平板电脑也可以当作摄像机使用，当前，摄像头已经成了智能手机或平板电脑的标配，并且高分辨率的摄像头一般后置，以摄像头作为传感器的增强现实技术一直处于高速发展中。

按工作方式来分，摄像机可以分为单目摄像机、双目摄像机和深度摄像机等三大类。摄像机的工作方式可以分为两大类。一类为从外到内（outside-in）的配置方式，这种配置要求摄像机固定在场景中，而模型或者用户处于移动状态，具有位置求解容易但位姿求解困难的特点。另一类则为从内到外（inside-out）的配置方式，摄像机跟随模型或用户移动，这种配置利用摄像机的移动来获取场景信息，具有位姿求解容易的优点。

2. 跟踪传感器

精确的运动跟踪对机器人和增强现实技术的应用都具有重要的意义。目前有多种不同的跟踪技术和方法，主要利用各种传感器进行感知。这些跟踪系统有的精度很高，但只能实现某一个维度的跟踪；有的精度较低，需要和其他传感器结合使用；有的传感器体积庞大，使得系统很笨拙；也有一些采用基于计算机视觉的方法，在场景中加入人工标识，把摄像机当作跟踪传感器，利用计算机视觉技术跟踪和识别这些标识，实现增强现实的应用。

传统的基于计算机的增强现实系统通常采用键盘与鼠标进行交互，这种交互方式精度高、成本低，但是沉浸感较差。基于标识的技术及相关跟踪技术出现后，可以借助数据手套、力反馈设备、磁传感器等设备进行交互，这些方式精度高、沉浸感强，但是成本也相对较高。

3. 体感交互设备

体感交互设备可以对场景或者人体的三维运动数据进行采样，多维度地将真实世界数据合成到虚拟环境中，是增强现实技术常用的重要设备。三维体感交互设备的突破性产品正不断涌现，它们主要基于飞行时间（Time Of Flight，TOF）技术和三维激光扫描技术，二者测量原理大致相同，都是测量光的往返时间。所不同的是，基于三维激光扫描技术的设备是逐点扫描的，而基于TOF技术的设备能够将真实世界的人体运动在虚拟环境中实时精确地表示出来，从而提升了增强现实的交互能力。

较有影响力的是Kinect体感交互设备，该产品可利用RGB-D摄像机获取场景的三维点云信息，可对用户的周围环境进行实时三维扫描，实现对场景的深度感知，为场景感知和识别提供很好的解决方案。这些设备可以获取精准的肢体深度信息，实现与虚拟模型或角色的体感互动。

Kinect V1传感器是微软公司开发的体感传感器，主要包括一个红外光源、一个RGB摄像头、一个红外摄像头、4个传声器和一个角度调节电动机，如图2-1所示。RGB摄像头最大支持1280px×960px分辨率成像，红外摄像头最大支持640px×480px分辨率成像，另外，能够通过程序驱动在基座和主体之间的角度调节电动机来调整俯仰角度。

2013年5月，微软在Xbox One的发布会上展示了Kinect V2，其外形如图2-2所示。微软把Kinect V2形象地描述为有着“三只眼睛”和“4只耳朵”，其中三只眼睛为彩色摄像头、深度（红外）摄像头、红外投影机，4只耳朵为四元线性麦克风阵列。

图2-1 Kinect V1　　图2-2 Kinect V2

- 彩色摄像头：用来拍摄视角范围内的彩色视频图像。
- 深度（红外）摄像头：分析红外光谱，创建可视范围内的人体、物体的深度图像。
- 红外投影机：主动投射近红外线光谱，当光线照射到粗糙物体或是穿透毛玻璃后，会形成随机的反射斑点（散斑），进而能够被红外摄像头读取。
- 四元线性麦克风阵列：声音从 4 个麦克风采集，内置数字信号处理 DSP 等组件，同时过滤背景噪声，可定位声源方向。

Kinect V2 配置了新的 Kinect 3D 视镜，拥有更宽广的视野和 2D 彩色摄像机，清晰度为 1080p，清晰度为第一代的三倍，能够看到诸如衣服褶皱这样的细节，并且能够识别面部表情和玩家的五指。相较第一代，使用第二代产品的玩家可以站得更近或者更远，设备能够同时识别更多人和不同的身高。在混杂了游戏音效和其他噪声的背景下，Kinect 依然可以清晰地分辨出语音命令，当然这都是内置的音频处理功能和麦克风阵列全开启的功劳，新 Kinect 的传感器可以过滤房间的噪声和回声，更加精确地识别语音命令。此外，新的 Kinect 能够更精确地进行骨架跟踪，更精确地进行关节和肢体活动的映射，可以检测到人体 25 个关节点，于是当玩家活动其上半身时，从臂部到背部，从肩部到手指，一系列运动都会被识别出来，最后反馈到游戏中的是一套完整连续的动作。不仅仅是动作，它还能“理解”运动中的人物表情，同时“认出”6 个人。

前后两代 Kinect 产品主要性能指标的对比如表 2-1 所示。

表 2-1　前后两代 Kinect 产品主要性能指标的对比

性能指标		Kinect V1	Kinect V2
颜色	分辨率	640px × 480px	1920px × 1080px
	帧速率	30f/s	30f/s
深度	分辨率	320px × 240px	512px × 424px
	帧速率	30f/s	30f/s
可识别人物数量		6 人	6 人
可识别人物姿态		2 人	6 人
可识别关节数量		20 关节 / 人	25 关节 / 人
检测范围		0.8~4.0m	0.5~4.5m
视场角度	水平	57°	70°
	垂直	43°	60°

4. 头盔显示器

头盔显示器是增强现实技术的传统研究内容，包括光学透视型头盔显示器和视频透视型头盔显示器。自 2014 年 Facebook 公司以 20 亿美元收购 Oculus 之后，各种增强现实的头盔显示器就陆续推出。

1）国外代表性设备

（1）Google Project Glass。谷歌公司推出的 Google Project Glass 是一款光学透视型头盔显示器，如图 2-3 所示。其主要结构包括在眼镜前方悬置的一个摄像头和一个位于镜框右侧的宽条状计算机处理器装置，配备的摄像头为500万像素，可拍摄720P视频。镜片上配备了一个微型显示屏，它可以将数据投射到用户右眼上方的小屏幕上，其显示效果如同在看一台距离2.4米外的25英寸高清屏幕。

Google Project Glass集智能手机、GPS、摄像机等诸多功能于一身，能够在用户眼前展现实时信息，只要眨眨眼就能拍照上传、收发短信、查询天气路况等。用户无须动手便可上网冲浪或者处理文字信息和电子邮件。同时，佩戴这款眼镜，用户可以用自己的声音控制拍照，进行视频通话，以及辨明方向。在兼容性上，Google Project Glass可同任一款支持蓝牙的智能手机同步。

（2）Magic Leap One。Magic Leap公司发布了一款基于光场的头盔增强现实设备Magic Leap One。它实际上是三个设备的集合，具体分别为Lightwear头盔显示器、内含处理器的Lightpack和拥有6自由度的手持遥控器，如图2-4所示。

图2-3 Google Project Glass

图2-4 Magic Leap One

Lightwear通过一条4英尺长的电缆连接到Lightpack，即Magic Leap One的处理核心。Lightwear拥有所有显示和传感器技术，而Lightpack则拥有所有其他必要的硬件。Lightpack前面的电源按钮可以打开系统，点亮一个弧形指示灯，显示设备的状态。用于Reality和音量控制的三个较小的按钮位于Lightpack的边缘，靠近耳机插孔，位于Lightwear电缆连接处的左侧。Lightpack的底部带有通风孔，Magic Leap公司建议将其放在口袋和腰带的外侧以确保空气流通。Lightpack底部边缘的USB-C端口可以使用随附的电源适配器充电，或使用Magic Leap Hub配件连接到计算机。在Lightpack内部，具有两个Denver 2.0内核和四个ARM Cortex A57内核的基于Nvidia Parker的片上系统（SOC）驱动Magic Leap，支持Nvidia Pascal GPU、8GB RAM和128GB板载储存。

Magic Leap One拥有数字光场、视觉感知、持续对象跟踪、声场音频、高性能芯片组和次世代人机界面等特性。它利用外部摄像头和计算机视觉处理器实时追踪用户位置，同时在追踪过程中可以不断调整双眼的焦距，并将包含有深度信息的图像通过光场显示器显示出来。

（3）HoloLens。微软于2015年1月22日推出了HoloLens增强现实眼镜，它采用全息技术，结合多个传感器，能将虚拟内容投射成全息影像，实现虚实融合，如图2-5所示。这款增强现实眼镜内部集成了中央处理器、图形处理器和全息处理器，不需要连接任何其他设备就可以实现与现实世界的交互，能够实时感知周围的环境，并将虚拟元素与现实世界无缝融合。用户可以通过手势、语音等方式与虚拟元素进行交互，从而创造出一个全新的数字世界。

2019年11月，微软发布了HoloLens 2，如图2-6所示。它采用了高通骁龙850处理器，电池的续航时间为2~3小时。这款混合现实头盔提供了手部追踪、眼部追踪、语音命令、空间映射、混合现实捕捉、6DoF追踪等功能。HoloLens 2机身由碳纤维制成，设计更加舒适，带有额外的衬垫。HoloLens 2进行了一些关键的设计升级，包括更宽阔的视野、全新的人体工学设计、自然的交互，并且因为没有线缆束缚可以实现完全自由的移动。

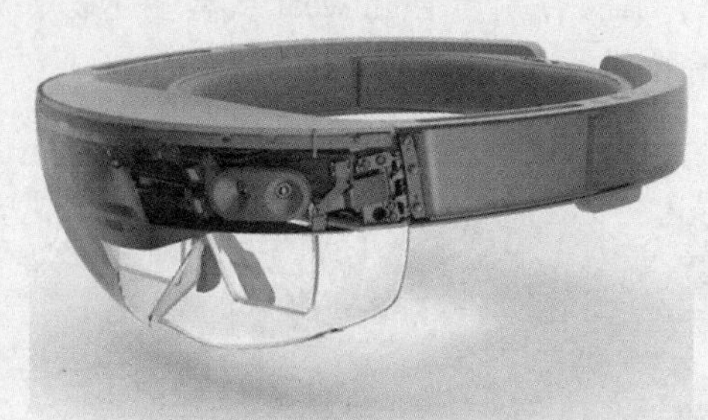

图2-5 HoloLens

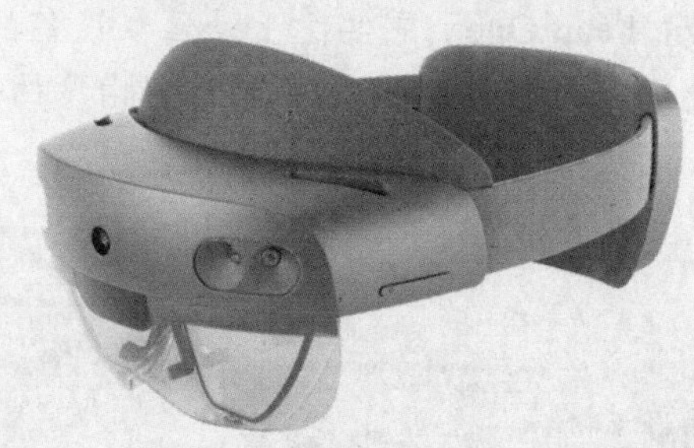

图2-6 HoloLens 2

HoloLens 2通过将软件解决方案搭配可以解放双手的硬件设备，从而与用户同看、同行，执行用户的语音命令。它通过渲染高清全息影像，在真实世界之上叠加数字影像。全息影像会驻留在用户所放置的区域，当用户与它交互时，它会像真实物体一样做出相应的反应。

HoloLens的应用场景非常广泛，无论是游戏、娱乐，还是医疗、教育，在很多领域都能够发挥其独特的优势。在游戏方面，HoloLens能够将游戏场景带到现实世界中，让玩家身临其境。在医疗方面，HoloLens能够帮助医生进行手术操作，提高手术的精确度和安全性。而在教育方面，HoloLens能够创造一个全新的学习环境，让学生更加深入地了解课程内容。

（4）Apple Vision Pro。2023年6月6日在WWDC2023开发者大会上，苹果正式发布了Apple Vision Pro。它搭载了M2芯片以及专门为其设计的R1芯片，并拥有超高分辨率显示系统，将2300万像素置于两个显示屏中，拥有12个摄像头、5个传感器和6个麦克风。用户可以用手势、眼球转动或者语音来操作控制以此来完成工作、进行娱乐与人际沟通。

2）国内代表性设备

（1）Rokid Glass。2018年6月26日，在Rokid Jungle发布会上，杭州灵伴科技有限公司正式发布了Rokid Glass。Rokid Glass采用了一体化的设计，重量为120克，整机使用时间超过6小时，待机时间可长达60小时，采用高清OLED显示屏，视场角大于30°；采用高通骁龙835处理器，支持人脸识别、手势识别、语音识别等功能。Rokid Glass配备Rokid全套可定制语音和视觉开发工具包Rokid Glass SDK，并对本地计算和云计算进行优化。可广泛应用于室内外导航、线下购物、社交、远程协作、旅游、展览、教育、工业 4.0 等应用场景。

2020 年 1 月 15 日，Rokid 在杭州举办 Rokid Open Day，并发布了其最新的 AR 眼镜——Rokid Glass 2，主要面向安防、工业、教育等行业用户，如图 2-7 所示。Rokid Glass 2 采用眼镜 +Dock 的分体式设计，定制 3.0mm 超软细线将眼镜与 Dock 连接在了一起，大大减轻了眼镜重量。它采用了业界领先的阵列光波导技术，透光性、对比度、颜色准确度均高于行业平均水平，对比度高达 400∶1，是业界一般产品对比度的 8 倍，带来无与伦比的清透、逼真的显示效果。另外，它还搭载了 NPU 神经网络处理芯片，利用领先的图像识别算法，在数据处理、图像采集、人脸识别等方面展现强劲的性能。

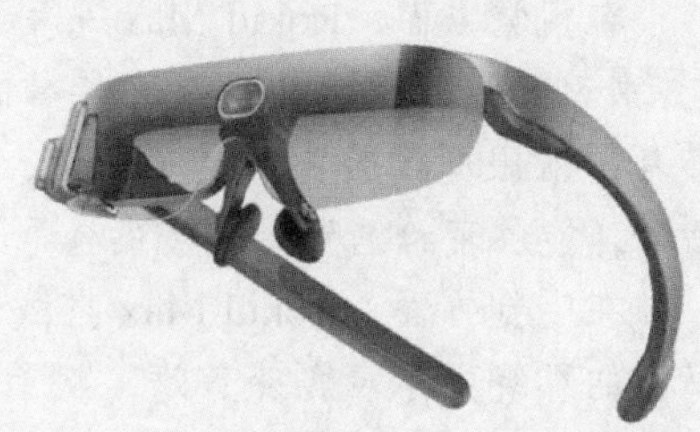

图 2-7　Rokid Glass 2

2021 年 9 月，Rokid 又发布了消费级的 AR 智能眼镜 Rokid Air，无论是从外形设计还是性能上都有很大提升，如图 2-8 所示。不同于常规的 AR 眼镜，Rokid 这款产品分为 Rokid Air 眼镜和 Rokid Station 终端设备两部分。Rokid Air 重量仅有 83g，视场角为 43°。作为 Rokid Air 智能眼镜的专配智能终端，Rokid Station 可以使用户利用手机直接连接 AR 眼镜，配合专属 App 进行操作。

Rokid Station 体积并不大，单手可握，并且内置了 5000 mAh 电源，续航时间可达 5 小时，纯待机时间可达 7 天。Rokid Station 不仅是个智能终端，还能化身为遥控器，当用户进行菜单选择或玩游戏时，都可通过 Rokid Station 上的按键去进行操作，极简的设计让用户操控起来更轻松，如图 2-9 所示。

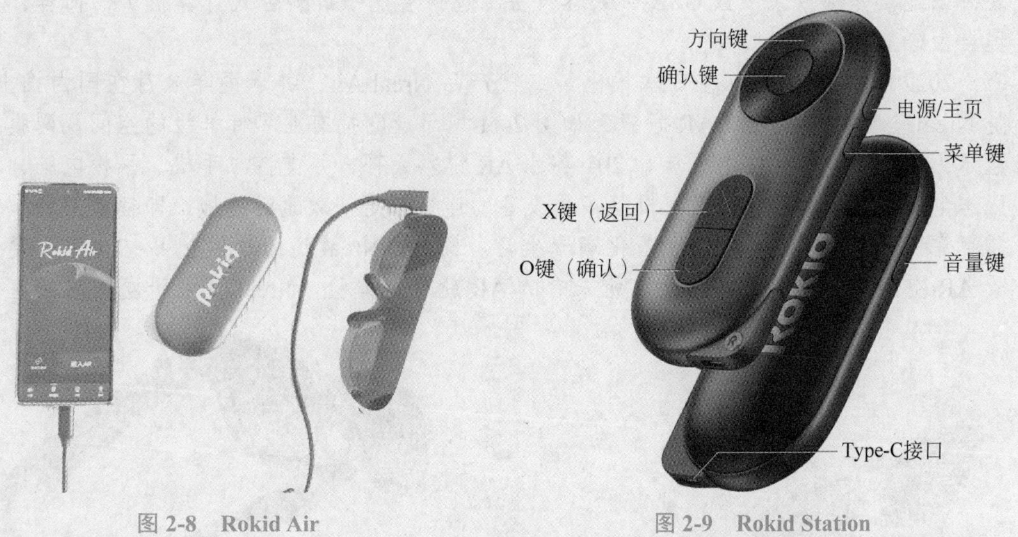

图 2-8　Rokid Air

图 2-9　Rokid Station

Rokid Station 的面板上设有一体式方向键，中间圆圈为确认键，X 键为返回按钮，O 键为确认按钮。侧面则为电源 / 主页键和菜单键，另一侧则为音量键。

2023 年的 Rokid Open Day 于 3 月 21 日在杭州召开，Rokid 发布了全新一代消费级 AR 眼镜 Rokid Max。

在视觉方面，Rokid Max 采用了全新的 BirdBath 模组，视场角达到 50°，相当于在 6 米外观看 215 英寸超高清大屏幕的效果。另外，Rokid Max 还搭配索尼的 Micro OLED 屏幕，入眼亮度最高可达 600nit，屏幕分辨率为 1920px×1080px，最高支持 120Hz 刷新率，能够带给消费者一流的色彩表现、清晰度和对比度。

在听觉方面，Rokid Max 搭载瑞声科技首款 AR 专用超线性扬声器，以更沉浸、更私密的环绕立体声震撼音效，赋予用户超级听觉体验。此外，Rokid Max 内置的立体声扬声器是 Rokid 的专利设计，在声音定向传播及音质方面提升明显，可给予消费者极致震撼的听觉体验。

在硬件设计方面，Rokid Max 机身仅重 75g，整体线条设计流畅，前端最厚处仅 18.5mm，佩戴舒适度大幅提升。同时，Rokid Max 采用先进的光学偏振膜技术，将正面的漏光削减了 90%，扬声器也做了隐私保护处理。

在屈光度调节方面，相比于 Rokid Air 的 0~500 度近视调节，Rokid Max 升级至 0~600 度，支持人群更广，无需佩戴近视眼镜即可体验。对于 0~600 度以外的近视或散光人群，可以选购近视夹片。同时，新一代 Rokid Max 还采取定制化外观，后续可以根据消费者的喜好，打造专属的 Max 镜片。

（2）Nreal（XREAL）。Nreal Light 在 2019 年度 CES 会展上亮相，这就是现今名为 XREAL 的公司于当年向世界推出的其第一款消费级 AR 眼镜，如图 2-10 所示，重量仅为 85 克，Nreal Light 的显示屏拥有 52° 视场角，1080p 的 3D 画面分辨率和低延迟特性，结合立体声音效、语音交互和支持触控操作的手柄，自由度达到 3，为用户带来更加沉浸式的混合现实体验。另外，该设备通用 USB-C 端口不仅支持 Nreal Light 的计算单元，还可以连接并播放大多数 USB-C 兼容设备（包括智能手机和台式计算机）的内容，实现自由跨平台兼容。

2022 年 2 月，Nreal 在日本推出第二代产品 Nreal Air，并于同年 8 月在国内推出，是 Nreal 全新打造的一款 AR 眼镜，如图 2-11 所示。它拥有业界标杆级的空间视网膜级显示，配备 130 英寸空中投屏和 201 英寸 AR 锐彩天幕，并支持与手机、平板电脑、笔记本电脑、掌上电脑、游戏主机等多种设备的连接，是一款随时随地、即插即用的“口袋巨幕”，为用户开启空间巨幕化潮流生活。同时，Nreal 还为这款产品打造了三度全景 AR 空间，在其中能够感受前所未有的 AR 新奇特体验。Nreal 自主研发的双目空间

图 2-10　Nreal Light　　图 2-11　Nreal Air

成像系统——“惊鸿锐影”光学引擎，它既能提供 200 英寸以上的 3D 全景式空间巨幕，又像太阳眼镜一般轻便。并且，设备还采用了自主研发的多传感器融合的 SLAM 技术，能够实时（毫秒级）、高精度（毫米级）计算眼镜在三维空间中的 6 自由度运动，从而让用户看到相对真实空间位置稳定的虚拟内容。Nreal 还创新推出了远近场组合的交互方案：远场，首创“手机虚拟射线”，能够实现选取、拖曳、放大；近场，基于手势追踪识别算法，赋予用户手势操控的能力。

2023 年 5 月 25 日，Nreal 宣布更名为 XREAL，并推出多项产品升级。

2023 年 9 月 6 日，XREAL 正式面向中国市场推出了 XREAL Air 2 系列新品。XREAL Air 2 搭载了索尼最新 0.55 英寸的 Micro-OLED 显示屏，在屏幕体积缩小的同时，像素密度提升了 21%，达到 4032ppi，兼具高清晰度、高对比度、广色域及高速响应性等特色。同时，XREAL Air 2 还搭载升级的“惊鸿锐影”光学引擎 3.0，并且逐台校准色彩精准度和 gamma2.2。

而作为 XREAL Air 2 升级款的 XREAL Air 2 Pro，其最大的看点就在于：它是全球首款实现电致变色技术量产应用的 AR 眼镜。可以通过手动调节镜片透光率，来适应任意时间和任意场景的光线环境，保证画面时时明亮高清，让 AR 眼镜的全场景全天候使用成为可能。

任务实施

任务实施 1：Kinect V2 设备安装和使用

步骤 1：将 Kinect 传感器的连接线连接正确。

步骤 2：在微软官网下载 Kinect for Windows SDK 2.0，如图 2-12 所示。

图 2-12 Kinect for Windows SDK 2.0 下载

步骤 3：下载后，双击 KinectSDK-v2.0_1409-Setup.exe 文件进行安装，如图 2-13 所示。

步骤 4：成功完成安装后，将 Kinect 传感器连接到电源集线器，再将电源集线器连接到插座，然后将 USB 电缆从电源集线器连接到计算机上的 USB 3.0 端口，如图 2-14 所示，驱动程序将自动开始安装。

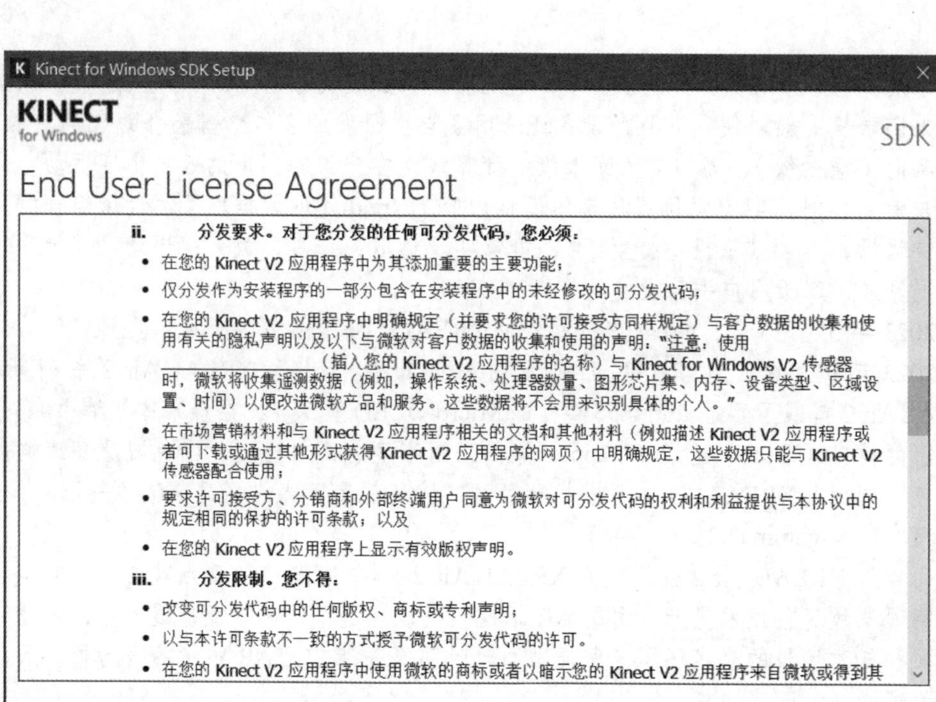

图 2-13　安装 KinectSDK-v2.0

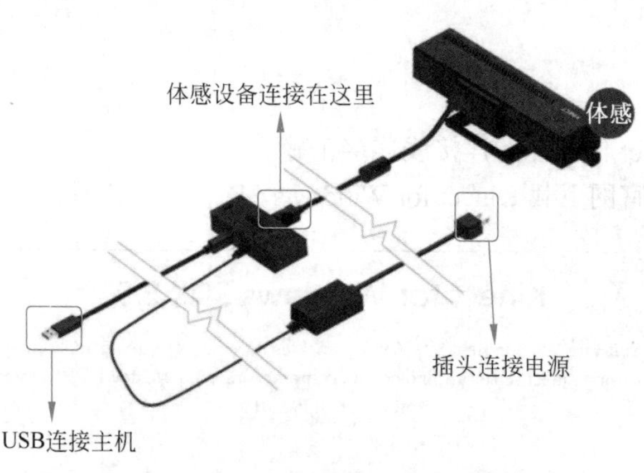

图 2-14　Kinect 传感器连接到电源集线器

步骤 5：当驱动程序安装完成，可以通过启动设备管理器并验证设备列表中是否存在 Kinect sensor devices 来验证安装是否完成，如图 2-15 所示。

步骤 6：安装完成后，查看设备上的灯是否全部亮起，如果全部正常亮起，则说明安装成功，如图 2-16 所示。

步骤 7：在 Widows 系统开始菜单中打开 SDK Browser（Kinect for Windows）v2.0 软件，出现如图 2-17 所示界面。

步骤 8：选择 Color Basics-D2D，单击 Run 按钮，将弹出窗口，显示 Kinect V2 实时获取的彩色图像，如图 2-18 所示。

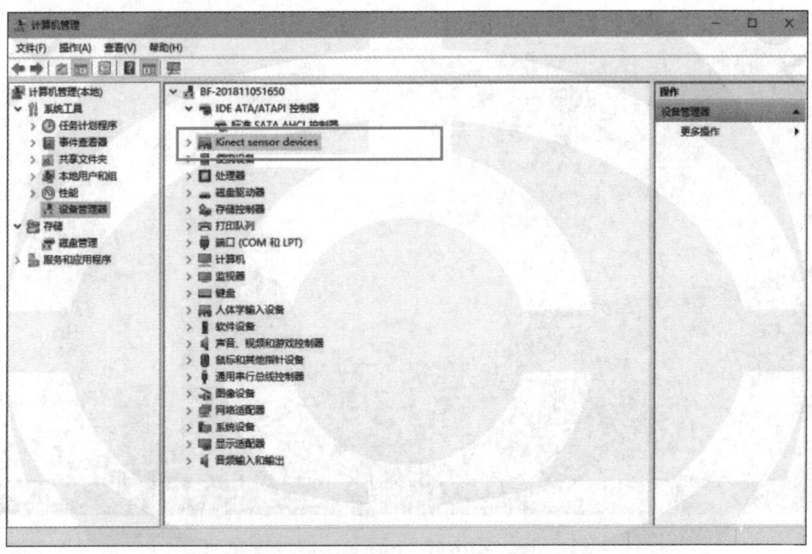

图 2-15　验证安装是否完成

图 2-16　Kinect 安装成功

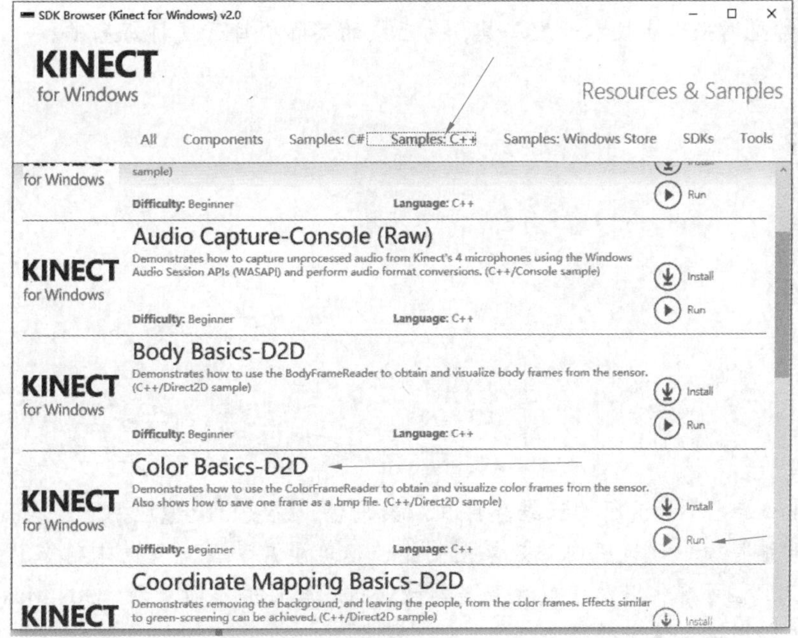

图 2-17　SDK Browser（Kinect for Windows）v2.0 软件界面

图 2-18　Kinect V2 实时获取的图像

任务 2.2　熟悉增强现实系统开发软件

任务要求

本任务以 EasyAR Sense Unity Plugin 下载与使用为例，了解和熟悉增强现实系统开发所需掌握的软件开发工具，主要包括三维建模软件、增强现实技术开发引擎及常见增强现实技术开发工具，为后续的实际项目开发打好基础。

建议学时

4 学时。

 任务知识

知识点 1　三维建模软件

1. 3ds Max

3ds Max 是当下最流行的三维软件和渲染平台，它被广泛地应用于广告、影视、工业设计、三维建模、建筑室内外效果图制作、建筑漫游动画、多媒体制作、游戏开发、辅助教学、工程可视化以及虚拟现实等领域。随着软件的不断更新，3ds Max 的功能也越来越强大，用途也越来越广泛。

对三维项目而言，建模是基础，只有坚实的模型制作能力，才能使后续的材质贴图、展开UV坐标、光照、渲染、动画，以及输出等工作正常有序进行。要想具备优秀的建模能力，首先得了解和掌握所用的三维软件。对于建模这方面，3dx Max有它独特的优势。

3ds Max具有强大的多边形建模功能，其操作简单、灵活好用、制作效率较高，故此成为大多数业内人士的首选。

2. Maya

Maya是美国Autodesk公司旗下的一款十分优秀的三维动画软件，主要应用于影视广告、角色动画、电影特效等领域。Maya功能完善，工作灵活，制作效率极高，渲染真实感极强，是专用于创造电影级别视觉效果的高端制作软件，其售价高昂，声名显赫，是制作者梦寐以求的工具。一旦掌握了Maya，会极大地提高制作效率和品质，做出逼真的角色动画，渲染出电影一般真实视觉效果。

Maya集成了很多业界最先进的动画及数字效果技术，它不仅包含了一般三维软件和视效软件的功能，而且还囊括了许多最先进的建模、数字化布料模拟、毛发渲染、运动匹配技术。在用来进行三维制作的工具中，Maya也是首选解决方案之一。

在国外，绝大多数的视觉设计领域都在使用Maya，该软件在国内也越来越普及。由于Maya软件功能强大，体系完善，因此国内很多的三维动画制作人员都开始选择Maya，很多公司也都开始利用Maya作为其主要的创作工具。Maya的应用领域极其广泛，比如说《星球大战》《指环王》《蜘蛛侠》《哈利波特》《木乃伊归来》《最终幻想》《精灵鼠小弟》《马达加斯加》《怪物史瑞克》《金刚》等经典电影中的精彩特效与三维形象，大都用到了Maya。

3. 3ds Max与Maya的异同

1）相同点

• 都具有建模、动画、装配、粒子系统、渲染、照明、特效等功能。

• 都具有健康的开发社区和可扩展的插件生态系统。

• 都可用于游戏开发与影视特效制作等领域。

• 都被大型视觉特效公司使用，如工业光魔（ILM）、Weta Digital、Pixar等。

• 都提供具有无限可能性且功能完备的三维工具集。

2）不同点

• 工作流

3ds Max是Autodesk所提供的工程建设软件集、产品设计软件集以及传媒和娱乐软件集这些行业软件集的标准组成部分。3ds Max与其他Autodesk家族产品的互操作性极为强大。由于设置简单，许多用户喜欢使用3ds Max进行快速建模（通过强大的修改器堆栈）和快速材质编辑。而要充分利用3ds Max，可能需要使用MAXScript或行业标准Python语言来编写一些脚本。

Maya作为Autodesk传媒和娱乐软件集的一部分，提供具有更多面向动画师的专用功能，尤其是角色动画。Maya提供了大量用于自定义工作流以及关键帧和曲线的工具。Maya可能需要使用Maya嵌入式语言（MEL）功能和/或Python来编写脚本。

• 应用领域

3ds Max 广泛应用于广告、影视、工业设计、建筑设计、三维动画、多媒体制作、游戏、辅助教学以及工程可视化等领域。

Maya 主要应用于动画制作、游戏制作、广告和片头、影视等领域。

知识点 2　增强现实技术开发引擎

随着增强现实技术及其硬件的逐渐发展、完善和普及，有关其开发的必备引擎工具也越来越受到关注。Unity、Unreal Engine 是当前开发领域使用用户最多、跨平台性能最好及支持 AR 设备最全的两款最主流引擎。

1. Unity

Unity 是由 Unity Technologies 开发的一款游戏引擎，它可以让开发者轻松创建诸如三维视频游戏、建筑可视化、实时三维动画等类型的互动内容，是跨平台且全面整合的专业引擎。另外，Unity 还是实时三维互动内容的创作和运营平台，包括游戏开发、美术、建筑设计、汽车设计、影视制作在内的众多领域内的创作者，可借助 Unity 将创意变成现实，将其发布在 Unity 平台上获得营收。Unity 平台提供一整套完善的软件解决方案，可用于创作、运营和变现任何实时互动的二维和三维内容，支持设备包括手机、平板电脑、PC、游戏主机、增强现实和虚拟现实设备。

Unity 的灵活性使开发者能够为 20 多个平台创作和优化内容，这些平台包括 iOS、Android、Windows、mac OS、索尼 PS4、任天堂 Switch、微软 Xbox One、谷歌 Stadia、微软 HoloLens、谷歌 AR Core、苹果 AR Kit、商汤 SenseAR 等。

Unity 的中文意思为“团结”，其名称也许是想告诉大家，游戏开发需要在团队合作的基础上完成。时至今日，游戏市场上出现了众多种类的游戏，它们是由不同的游戏引擎开发的，Unity 以其强大的跨平台特性与绚丽的三维渲染效果而闻名于世，现在很多商业游戏及虚拟现实产品都采用 Unity 引擎来开发。Unity 提供的文档和学习平台相当不错，教程质量很高。

Unity 不仅提供创作工具，还提供运营服务来帮助创作者。这些解决方案包括：Unity Ads（广告服务）、Unity 游戏云一站式联网游戏服务、Vivox（游戏语音服务）、Multiplay（海外服务器托管服务）、Unity 内容分发平台、Unity Asset Store（资源商店）、Unity 云构建等。

2. Unreal Engine

虚幻引擎 Unreal Engine，UE 是 Epic Games 公司开发的游戏引擎，自 1998 年正式诞生至今，经过不断的发展，是目前业界最顶尖的工业级游戏引擎之一，画面渲染效果完全能够达到 3A 级游戏大作水准。

2009 年 11 月 5 日，Epic Games 宣布对外发布 UDK（the Unreal Development Kit），它是虚幻引擎 3 的免费版本，虽然不包含源代码，但包含了基于虚幻引擎 3 开发独立游戏的所有工具，还附带了几个原本极其昂贵的中间件。此次发布面向所有对三维游戏开发引擎感兴趣的游戏开发者、学生、玩家、研究员、三维影视和虚拟现实创作方面及数字电视制作方等，非商业和教学使用完全免费。许多耳熟能详的游戏大作都是基于这款虚幻引擎3诞生的，例如《剑灵》《鬼泣5》《质量效应》《战争机器》《爱丽丝疯狂回归》等。

2014年2月22日，虚幻引擎4正式发布。虚幻引擎4现在可供每个人免费使用，而且所有未来的更新都将免费，使用者可以下载引擎并将其用于游戏开发的各个方面，包括教育、建筑以及可视化，甚至虚拟现实、电影和动画。虚幻引擎4采用了目前最新的即时光线追踪、HDR光照、虚拟位移等新技术，而且能够每秒钟实时运算两亿个多边形，效能是虚幻引擎3的100倍。基于虚幻引擎4开发的大作无数，除《虚幻竞技场3》外，还包括《战争机器》《质量效应》《生化奇兵》等。在欧美地区，虚幻引擎也常用来制作主机游戏，风靡全球的游戏《绝地求生》也是由虚幻引擎4引擎开发的。

Epic Games于2020年公布了第5代虚幻引擎。该引擎在2021年5月26日发布预览版，2022年4月5日正式推出。新增的Nanite和Lumen等突破性的功能将营造令人惊叹的沉浸式的互动体验，实现跨时代的视觉逼真度跃迁，让场景充满活力。

知识点3 常见增强现实技术开发工具

1. EasyAR

EasyAR是一款基于AR技术的开发平台，主要用于增强现实应用的开发。它提供了一套完整的AR软件栈，使开发人员能够快速构建高质量的AR应用程序。EasyAR旨在使AR技术更加易于使用，并为用户提供更高的AR开发效率。

EasyAR陆续推出了三代AR技术和功能。

第一代AR技术和功能包括图像识别跟踪和3D物体识别跟踪。图像识别跟踪和3D物体识别跟踪可以识别并跟踪平面图像和3D物体，之后再叠加上虚拟内容。这些功能可以广泛应用于AR图书、AR玩具、AR营销等领域。

第二代AR技术和功能以SLAM为核心，主要指运动跟踪功能。通过EasyAR的SLAM技术，可以实现对设备（手机）运动的跟踪，从而实现对现实场景的增强。这个功能可以广泛应用于AR特效、AR展示等场景。

第三代AR技术和功能以大空间三维重建和视觉定位系统（Visual Positioning System，VPS）为核心，构建了城市级空间计算平台。通过EasyAR的大空间三维重建技术和VPS技术，可以实现对城市场景的高精度建模和定位，从而能实现无所不在的AR体验。Easy AR Mega提供了完整的工具链来帮助开发者来实现各种大场景AR应用。

EasyAR的这三代AR技术和功能，涵盖了图像识别跟踪、3D物体识别跟踪、slam运动跟踪和大空间AR等多种AR技术和应用，可以广泛应用于游戏、广告、教育、导航、旅游、工业、城市规划和管理等多个领域。在教育领域，EasyAR可以用于创建AR教育应用程序，使学生可以更加生动地学习和探索世界。在游戏领域，EasyAR可以用于创建具有丰富AR元素的游戏。在文化遗产领域，EasyAR可以用于创建AR导游应用程序，使用户可以在参观博物馆和历史遗迹时获得更丰富的体验。在建筑设计领域，EasyAR可以用于创建虚拟建筑模型，帮助设计师更好地理解设计方案。在医疗保健领域，EasyAR 可以用于创建 AR 医疗应用程序，帮助医生和患者更好地了解病情和治疗方案。在工业制造领域，EasyAR 可以用于创建 AR 技术培训应用程序，使工人可以更好地理解工艺和流程。

使用 EasyAR 开发 AR 应用程序需要一些编程知识，但是它的开发过程相对来说比较简单，因为它提供了一套完整的工具链、用例和开发文档。例如，EasyAR 提供了基于实景三维模型的内容编辑工具，可以让开发者很轻松地通过拖曳来布置虚拟内容。EasyAR 本身也自带了大量的用例，开发者可以通过用例来学习 EasyAR。EasyAR 的帮助文档也非常详实，开发者可以轻松找到各个模块与 API 的介绍和使用方法。

2. Vuforia

Vuforia 是一种适用于移动设备的增强现实软件开发工具包（SDK），可用于创建增强现实应用程序。它使用计算机视觉技术实时识别和跟踪平面图像和三维对象。这种图像配准功能使开发人员能够在通过移动设备的摄像头查看虚拟对象（例如三维模型和其他媒体）时，相对于现实世界对象对虚拟对象进行定位。然后虚拟对象实时跟踪图像的位置和方向，以便观察者的视角能与目标对象的视角相一致。因此，虚拟对象似乎成为现实世界场景的一部分。

Vuforia SDK 支持各种二维和三维目标类型，包括“无标记”图像目标、三维模型目标和一种称为 VuMark 的可寻址基准标记形式。SDK 的其他功能包括空间中的 6 自由度设备定位、使用“虚拟按钮”的定位遮挡检测、运行时图像目标选择以及在运行时以编程方式创建和重新配置目标集的能力。

Vuforia 通过对 Unity 游戏引擎的扩展，以 C++、Java、Objective-C 和 .NET 语言提供应用程序编程接口（API）。这样，SDK 既支持 iOS、Android 和 UWP 的原生开发，同时也支持在 Unity 中开发易于移植到其他平台的 AR 应用程序。

Vuforia 主要由三大部分组成：Vuforia 引擎、一系列工具，以及云识别服务。

3. ARToolKit

ARKit 是苹果公司在 2017 年的 WWDC 推出的 AR 开发平台，开发人员可以使用这套工具为 iPhone 和 iPad 创建 AR 应用程序。依托 iOS 强大的硬件设备，例如摄像头、高性能 CPU 和 GPU，以及运动感应器等，第一代 ARKit 便能提供快速且稳定的运动跟踪，使用设备上的所有传感器和摄像头寻找平面，例如地板和桌子，能够估算环境亮度帮助进行渲染，并且帮助进行比例缩放，同时，也提供与各种第三方框架的整合，帮助进行渲染。

ARToolKit 是一个基于计算机视觉（Computer Vision，CV）和标记（Marker）的开源 AR 引擎。是一个由 C/C++ 语言编写的库，可以很容易地编写 AR 应用程序。

对于开发一个 AR 程序来说，最困难的部分在于实时的将虚拟图像覆盖到用户视口，并且和真实世界中的对象配准。ARToolKit 使用计算机图像技术计算摄像机和标记卡之间的相对位置，从而使程序员能够将他们的虚拟对象覆盖到标记卡上面。ARToolKit 提供的快速和准确的标记跟踪，能够快速开发出许多新颖有趣的 AR 程序。

ARToolKit 包含了跟踪库和这些库的完整源代码，开发者可以根据不同平台调整接口，也可以使用自己的跟踪算法来代替它们。

基于 ARToolkit 的 AR 系统（或应用程序）工作流程如下。

- 系统初始化：初始化视频捕捉、载入模板及其对应虚拟对象、摄像机内参（光心、焦距、畸变参数）。
- 标记检测（搜索整个图像，寻找含有正确标识模板的标记）：计算分割阈值、图像分割、模板匹配、计算投影变换矩阵。
- 三维场景渲染：匹配成功则利用 ARToolkit 传递的投影变换矩阵计算三维场景（一般是虚拟物体模型）叠加位置并最终渲染显示。

4. ARCore

ARCore 是谷歌于 2017 年推出的针对 Android 设备搭建 AR 应用程序的软件平台，类似苹果的 ARKit，软件开发者可以下载它去开发 Android 平台上的 AR 应用，或者为应用增加 AR 功能。它可以利用云软件和设备硬件的进步，将数字对象放到现实世界中。

ARCore 主要功能有以下几点。

- 动作捕捉：使用手机的传感器和摄像机，ARCore 可以准确地感知手机的位姿，并改变显示的虚拟物体的位姿。
- 环境感知：感知平面，比如用户面前的桌子、地面，然后在虚拟空间中准确复现这个平面。ARCore 会检测特征点和平面，从而不断提高对现实世界环境的理解。
- 光源感知：使用手机的环境光传感器，感知环境光照情况，对应调整虚拟物体的亮度、阴影和材质，让它看起来与环境更协调。

任务实施

任务实施 2：EasyAR Sense Unity Plugin 的下载与使用

1. 下载插件包

登录 Easy AR 官网下载页面获取最新的 EasyAR Sense Unity Plugin 的发布包，这个插件包包含了样例，如图 2-19 所示。

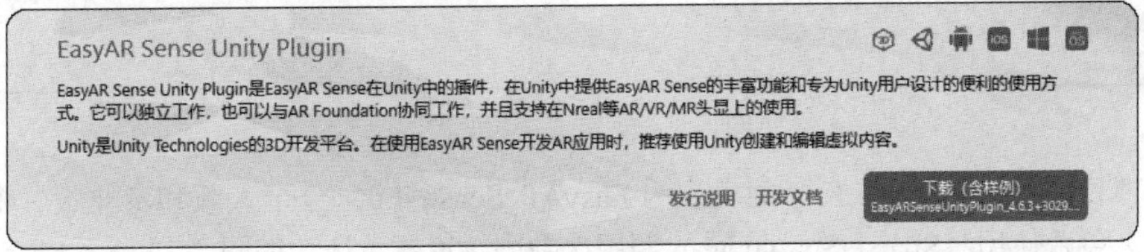

图 2-19　下载 EasyAR Sense Unity Plugin 插件包

2. 获取许可证授权

使用 EasyAR Sense 之前需要先在官网注册并获取许可证授权。

1）注册

使用 EasyAR 相关服务之前需要先在官网注册，如图 2-20 所示，输入相应的内容，完成注册。

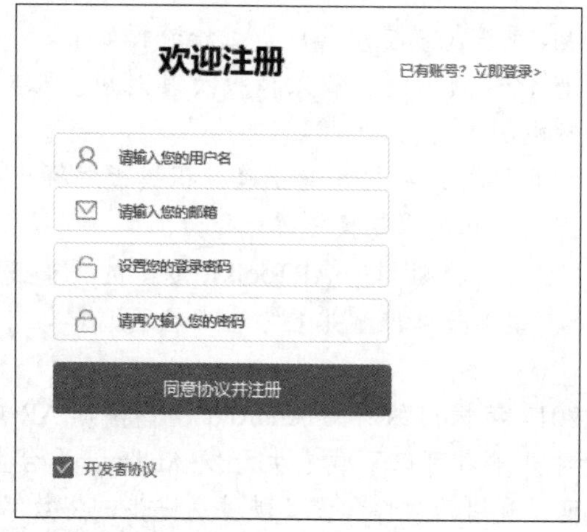

图 2-20　EasyAR 注册

2）许可证密钥的获取

打开 EasyAR 官网，单击右上角的“开发中心”，用事先注册并成功激活的邮箱登录后，进入“SDK 授权管理”菜单，单击“我想要一个新的 SDK 许可证密钥”，如图 2-21 所示。

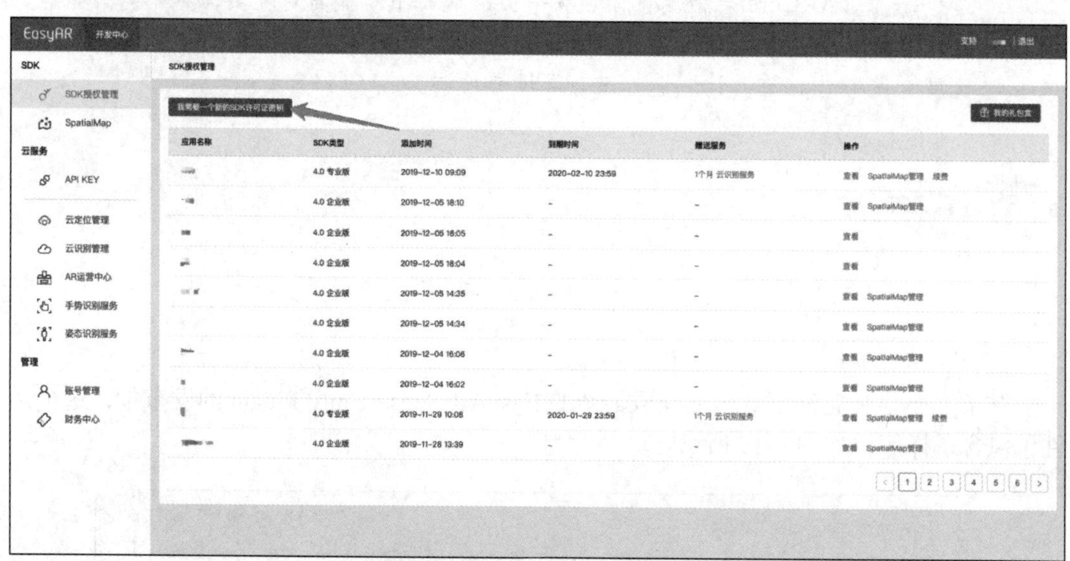

图 2-21　许可证密钥的获取

本项目使用的 License Key 的类型为 EasyAR Sense 4.0，分个人版和专业版。个人版：有水印，免费使用，Sparse Spatial Map 调用次数限 100 次 / 日，如图 2-22 所示。

专业版：无水印，按月收费，Sparse Spatial Map 调用次数可按需订阅，如图 2-23 所示。

创建之后，应用名称、Bundle ID（或 Package Name）和 Sparse Spatial Map 库名依然可以修改。

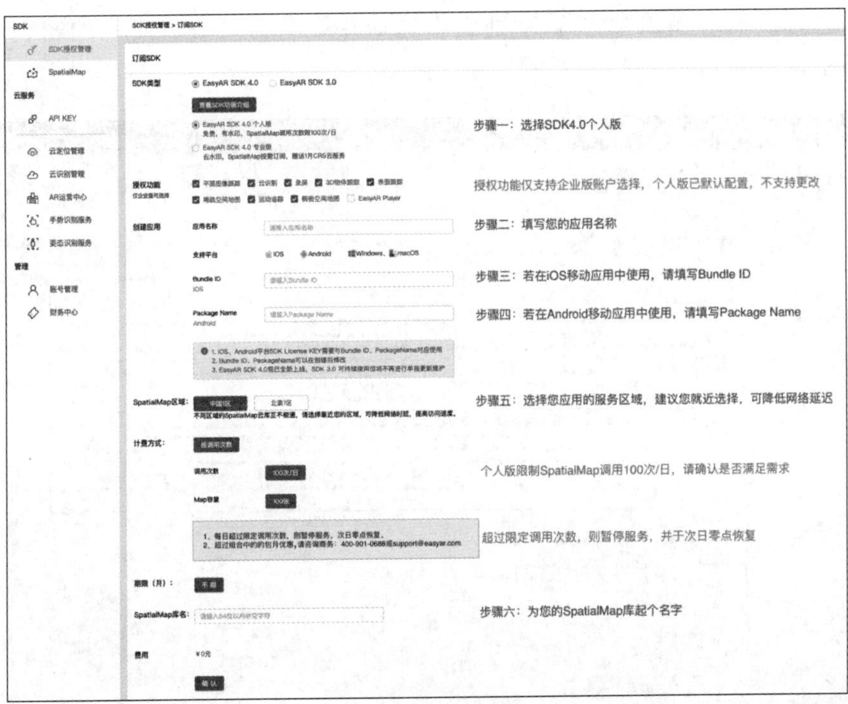

图 2-22　个人版

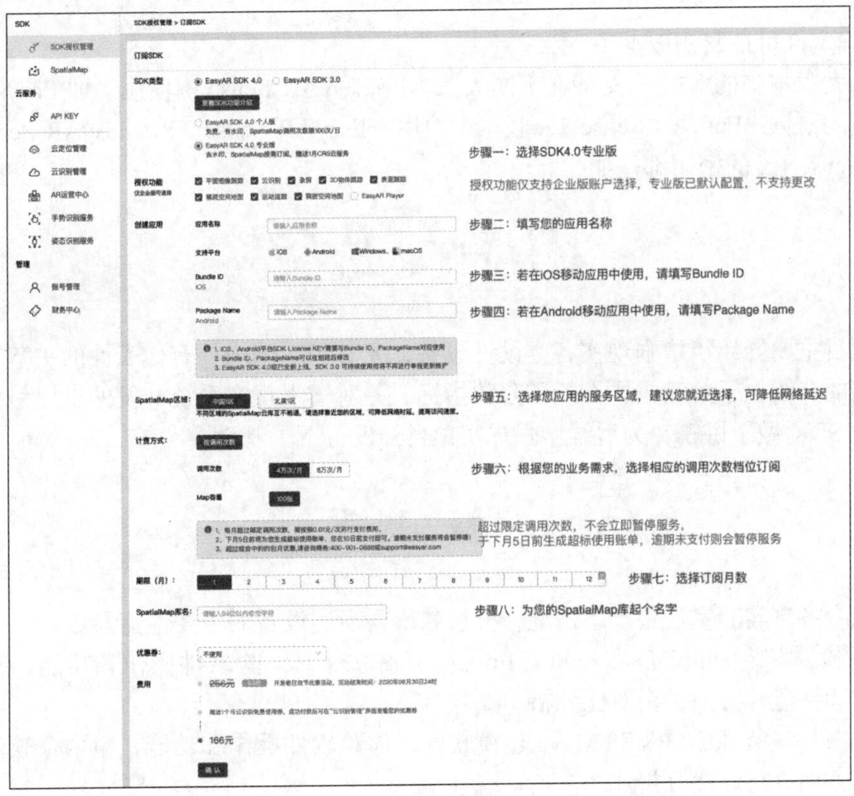

图 2-23　专业版

创建之后，单击 SDK 授权管理列表中的应用名称，可查看对应的密钥详情，如图 2-24 所示。

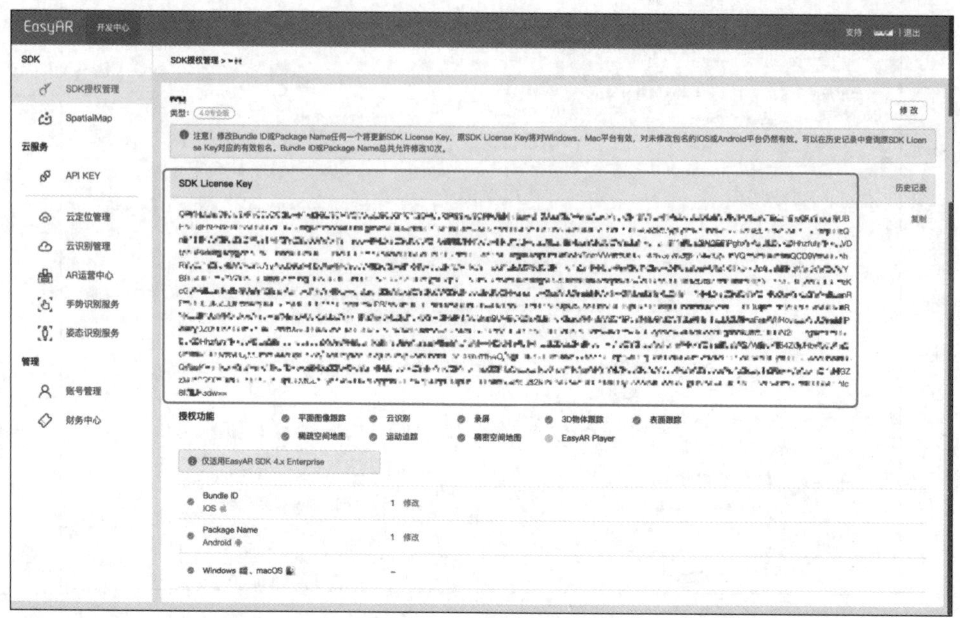

图 2-24　查看对应的密钥详情

3）确定许可证密钥版本

每个大版本中的 Key 不支持在不同大版本的 EasyAR Sense 中使用，即 EasyAR Sense 4.x 的 Key 只能在 EasyAR Sense 4.x 版本中使用。EasyAR Sense 3.x、EasyAR Sense 2.x 和 EasyAR Sense 1.x 的密钥都是如此。

项目总结

本项目主要介绍了增强现实各类硬件设备，尤其是对国内外有代表性的头盔显示器做了较详细的介绍，了解其主要性能和参数指标。并对增强现实系统开发的支撑引擎平台和常见开发 SDK 做了讲解，为后续增强现实项目开发打下了基础。

巩固与提升

1. 结合各自实验室设备配备情况，分析各增强现实设备的主要性能参数。

2. 下载、安装 Unity3D 和 Umeal Engine 引擎软件，体验软件操作和功能，对两个引擎在操作和性能等方面进行对比分析。

3. 下载、安装 3ds Max 和 Maya 建模软件，体验软件操作和功能，对两个软件在操作和性能等方面进行对比分析。

4. 列举增强现实主流第三方开发 SDK，并分析其优势和主要功能。

增强现实建模技术

项目介绍

三维建模技术在增强现实领域主要用于构建虚拟环境、建筑、人物角色和产品道具等，主流的三维建模软件有3ds Max、Maya、Blender、Zbrush。三维对象建模是实现虚拟现实与增强现实的基础工作之一。

增强现实是数字世界的增强版本，真实世界和数字世界同步以三维的形式表示，增强现实内容的开发主要以模型、材质、空间和照明实现。增强现实应用对三维模型的要求更高，必须以增强现实输出端口的参数要求去优化模型，在不损失逼真度的情况下减少三维内容在终端设备上的性能占用，是增强现实应用中对于三维建模技术的规范。

三维建模是计算机图形的核心技术应用之一，广泛应用在技术与艺术领域。本项目主要针对增强现实应用项目中常见的模型需求，完成工业产品、三维场景建筑和人物模型制作的实例训练，以满足增强现实领域中三维仿真模型及数字创意模型的需求。由于三维建模软件能够高效地支持增强现实应用的开发，所以需要对不同类型模型的制作方式进行探索与实践。

知识目标

- 了解什么是增强现实建模技术。
- 掌握增强现实应用中三维建模的方法。
- 结合增强现实应用项目开发需求，在实践中模拟三维产品、三维场景和人物角色模型的制作。

职业素养目标

- 培养学生了解、传承、弘扬中国文化，增强民族自信。
- 培养学生严谨细致、踏实耐心、刻苦钻研的职业素养。
- 培养学生能够善于发现三维造型的美感，提升自身的制作水平和审美情趣。
- 培养学生创造性思维，能创作符合市场需求的增强现实应用素材。

职业能力目标

- 具有清晰的项目策划思路，善于沟通与提炼项目需求。
- 学会结合三维建模技巧和数字化技术开发增强现实产品。
- 理论知识与项目需求相结合，培养岗位职能意识。

项目重难点

项目内容	工作任务	建议学时	知识点	重难点	重要程度
增强现实建模技术	产品模型制作	4	产品模型制作原理和方法	素材搜集	★★★☆☆
				模型规范	★★★★☆
				技术原理	★★★★★
	三维场景模型制作	4	三维场景建模技术应用	三维内容	★★★☆☆
				模型优化	★★★★☆
	增强现实人物角色模型的制作	8	增强现实人物角色建模制作规范	人物角色模型的制作	★★★★★

任务 3.1 产品模型制作

任务要求

本任务主要探索工业产品建模技术，理解产品模型制作的原理和方法，熟悉三维建模技术在增强现实工业产品模型制作中的典型应用。掌握三维建模和增强现实产品的关系，理解三维工业产品模型设计与制作的原理及方法。能够从项目中学习三维建模技术的方式及应用技巧，提高三维造型的能力。

建议学时

4 课时。

任务知识

知识点 三维模型处理方式及规范

传统三维软件建模方法主要分为 NURBS 建模法和多边形网格建模法，目前常用的 3D 设计与建模软件有 3ds Max、Maya、Cinema 4D、ZBrush 和 Blender 等。

Maya是目前国际上最先进的高端三维动画制作软件，拥有最先进的三维动画制作体系，能够方便快捷地创作出电影级别的视觉效果，魔幻史诗巨片《指环王》中的咕噜，科幻电影《金刚》中的金刚，以及《阿凡达》中的纳威人，都是利用该软件制作出的经典银幕形象。

三维模型处理方式及规范如下。

1. 掌握单位设置操作方法

为实时程序建模，必须在软件当中将系统单位（不是显示单位）设置为米。

2. 掌握命名规则

（1）为实时程序建模时，模型对象/组/虚拟物体/贴图/材质球的命名不能使用中文。根据模型本身的名称统一命名，切不可随意命名（如111/222/123123）。不要用模型中自带的名称（如box/Cylinder/line）。

（2）不要使用空格和特殊字符/标点符号。如果需要分隔多个单词，请使用下画线（通用于模型、贴图、材质球）

（3）模型物体之间严禁重名。无特别要求时，模型中不得存在A-或A_这样的前缀命名（因为配合产品程序使用，所以有这样的命名约束）。

（4）不同材质严禁重名。同一类型的材质可以通过加编号或使用位置区分，例如杯子01、桌子01、手机01等。尽量保证在同一个模型前后版本时材质命名的一致性。

3. 掌握贴图要求

（1）材质球：首先，需要将材质调整为系统默认的标准和多维/子对象材质球（多维/子对象材质球子材质只能使用标准材质）；其次，材质球中不可存在特殊材质效果，如3ds Max自带效果或者Vray材质。

（2）贴图命名：可用英文、数字，或英文数字混合的方式命名。严禁使用“*、#%$”与空格等特殊符号。

（3）贴图格式：要根据模型实际情况对模型进行贴图，格式为JPG或PNG。

（4）材质规格：2的n次方，纹理尺寸规格为4px×4px至512px×512px即可。

（5）区域内不同建筑物立面用到相同或类似纹理贴图时，必须采用同一张纹理贴图。不可出现同图不同名或同名不同图的贴图。

（6）Diffuse通道不得有空材质。

（7）贴图路径：所有关联贴图应放在和模型同一文件夹下的map文件夹内。

（8）模型中心点：在场景中，如果没有特殊要求的，模型中心点均为物体中心，坐标可中心归底。

4. 掌握最终模型塌陷要求

（1）单个建筑或单个小品塌陷为一个物体，并用标准物体（新建box）塌陷这个物体，然后在子物体层级删除原box，如包含不同属性物体，则按属性代号作为前缀进行塌陷。

（2）不同场景的文件避免有命名相同的情况出现，最好所有模型合并为一个场景文件交付。

5. 掌握模型制作面数

（1）在大场景建模中，模型制作要严格节省面数，避免面数过多，做到能表现物体即可。尽量使用贴图代替模型，模型应尽量减少零碎对象。

（2）对于复杂但非重要模型，可以用贴图表现，如栏杆、管线等。

（3）若场景模型在程序中涉及地面路网模型，则需遵循以下原则：绿化地带与路网为同平面上的物体，不应存在地面绿化带上叠加路网的情况，路网与地块是拼合切割。

任务实施

任务实施 1：灯具模型制作

1. 创建灯具模型

1）灯头的制作

（1）创建一个圆柱体对象，用它来制作灯头，如图 3-1 所示。按 R 键调整圆柱体对象比例尺寸，选择点级别模式调整灯头造型，如图 3-2 所示。选择面级别模式删除圆柱体对象上下底面，如图 3-3 所示。

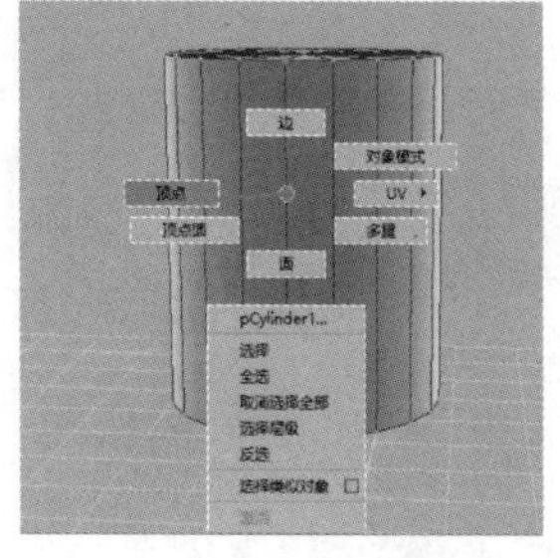

图 3-1　创建圆柱体对象

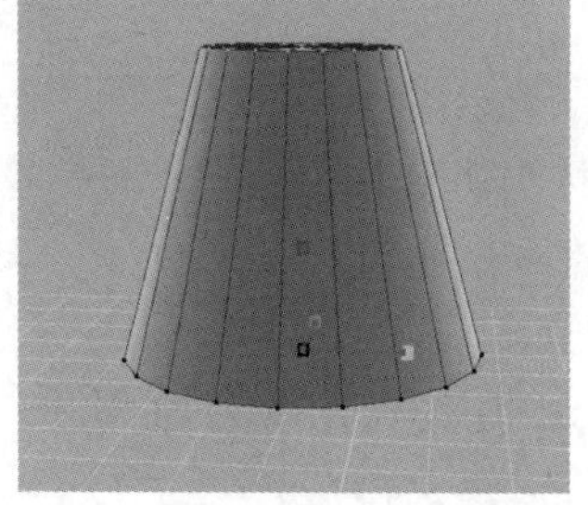

图 3-2　调整圆柱体对象造型

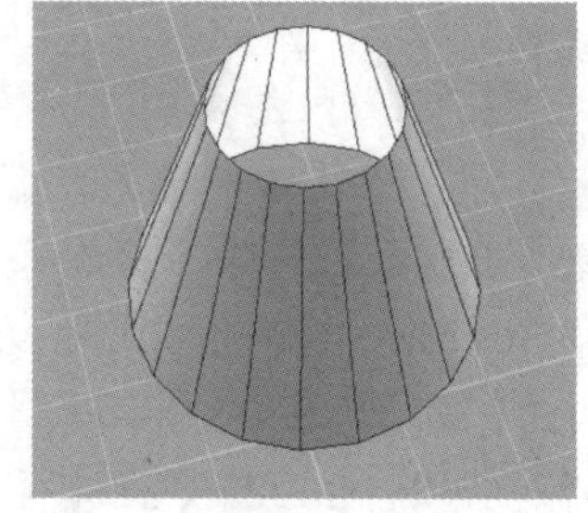

图 3-3　删除圆柱体对象上下底面

（2）选中灯头模型，在面级别模式下按 Ctrl+E 组合键，给灯头模型添加一定的厚度，如图 3-4 所示。在边级别模式下，选中灯头模型上下内外边缘循环边，按“Shift+右击”选择“倒角边”命令，如图 3-5 所示。

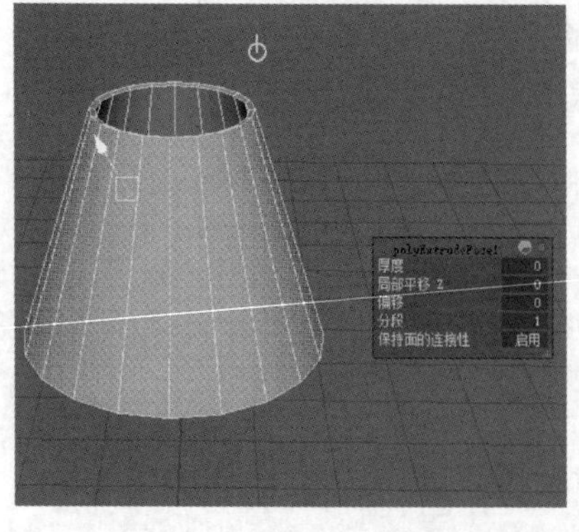

图 3-4　添加灯头厚度

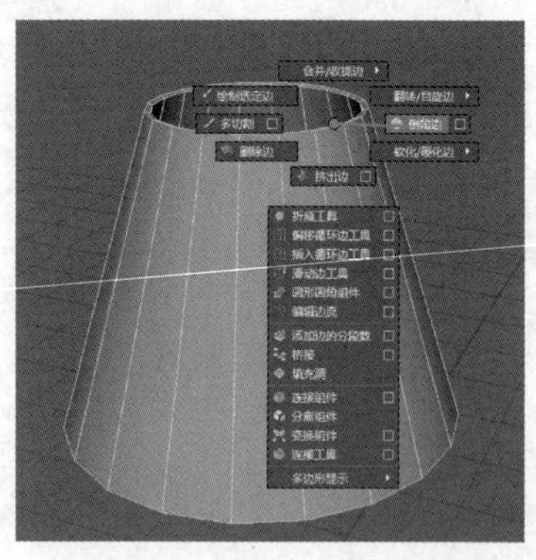

图 3-5　倒角边

2）支架的制作

（1）新建一个立方体对象，调整其位置，使其位于灯头模型下面，并且与灯头居中对齐，继续调整模型形成支架。选择多切割工具，如图 3-6 所示。按“Ctrl+ 单击”环切加线，再选择面按 Ctrl+E 组合键挤出，如图 3-7 所示。

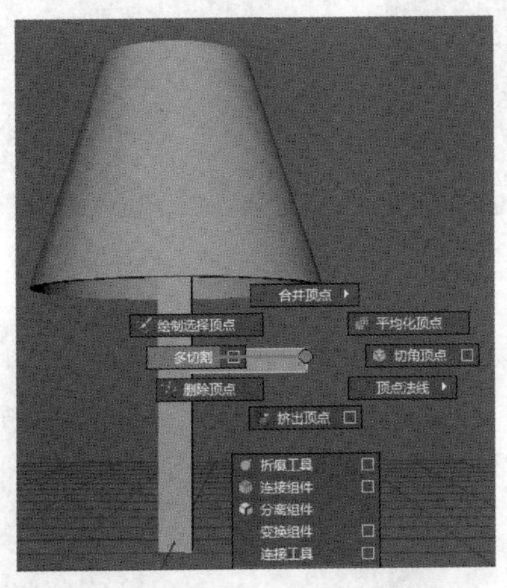

图 3-6 多切割

图 3-7 挤出

（2）切割支架模型，添加线条，如图 3-8 所示。调整造型，如图 3-9 所示。

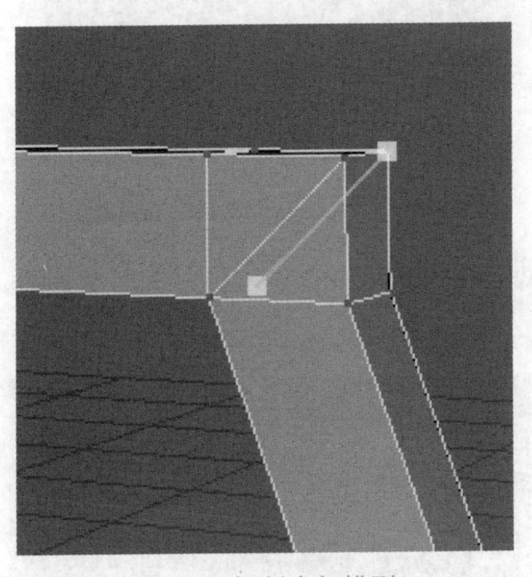
图 3-8 切割支架模型

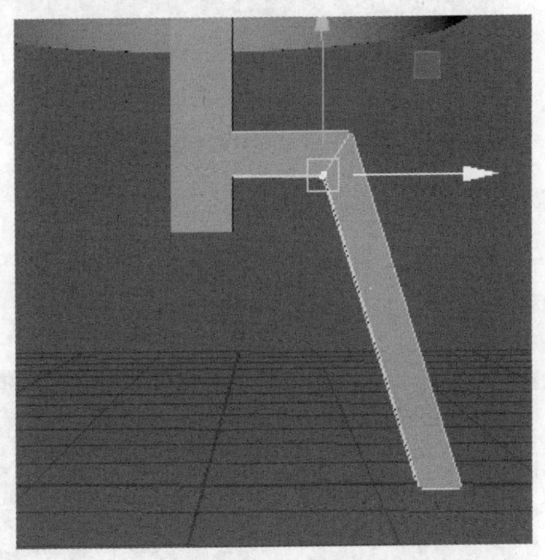
图 3-9 调整造型

（3）选择支架的一个支脚，按下 Ctrl+D 组合键予以复制，并按 D 键调整坐标轴到支架中心，如图 3-10 所示。调整缩放 Z 轴为 −1，完成模型支脚的旋转，如图 3-11 所示。再复制出一个支架的支脚并将其旋转 90°，调整造型，完成支架三支脚的制作，如图 3-12 所示。

（4）新创建两个圆柱体对象，将其拉长并交叉垂直摆放，添加灯头上方支架。灯头支架结构如图 3-13 所示。灯头造型整体效果如图 3-14 所示。

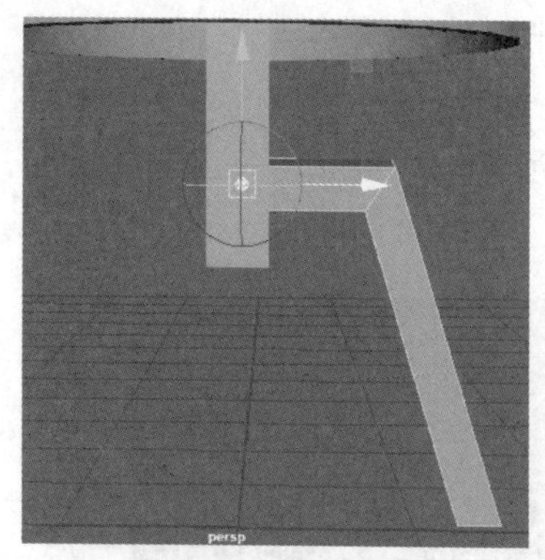
图 3-10　调整坐标轴

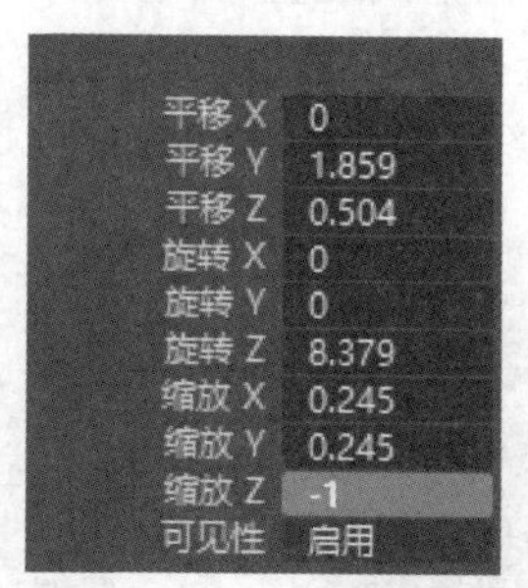
平移 X	0
平移 Y	1.859
平移 Z	0.504
旋转 X	0
旋转 Y	0
旋转 Z	8.379
缩放 X	0.245
缩放 Y	0.245
缩放 Z	-1
可见性	启用

图 3-11　调整缩放

图 3-12　调整造型完成制作

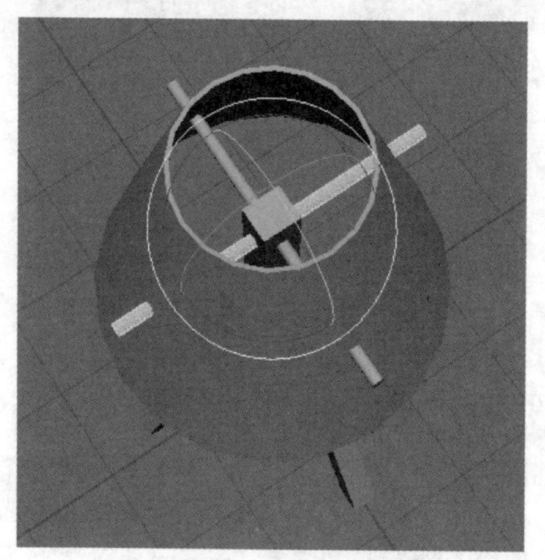
图 3-13　灯头支架结构

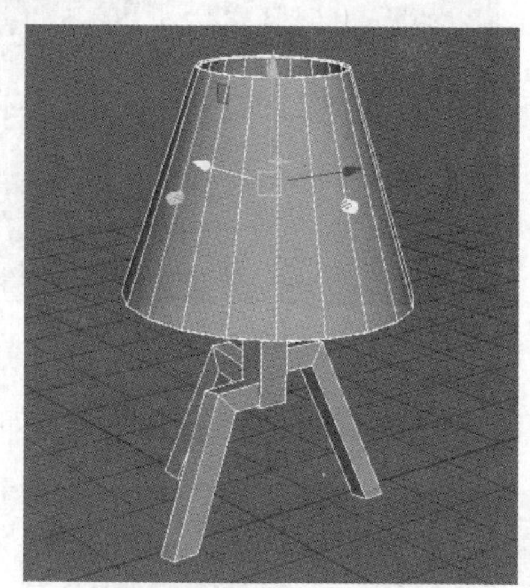
图 3-14　灯头造型整体效果

3）灯线的制作

（1）单击菜单栏“曲线 / 曲面”按钮创建曲线，如图 3-15 所示。选择曲线，右击调整曲线，如图 3-16 所示。

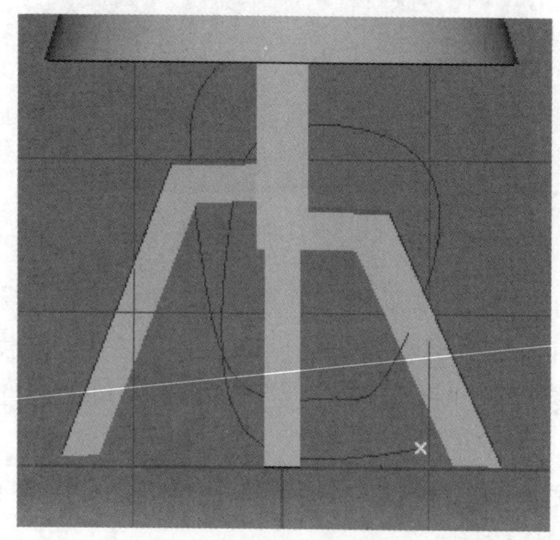
图 3-15　创建曲线

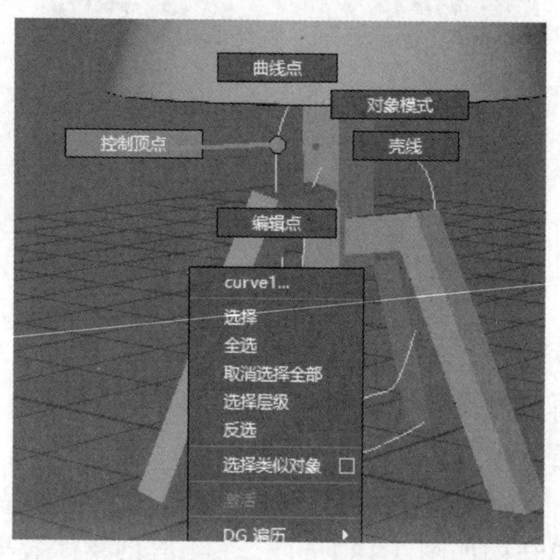

图 3-16　调整曲线

（2）创建圆柱，选择所有模型按 4 键，完成线框显示，将圆柱对齐曲线，如图 3-17 所示。选择圆柱进入面级别模式，选择底面和曲线，选择“挤出”命令并增加分段数，完成灯线制作，如图 3-18 所示。

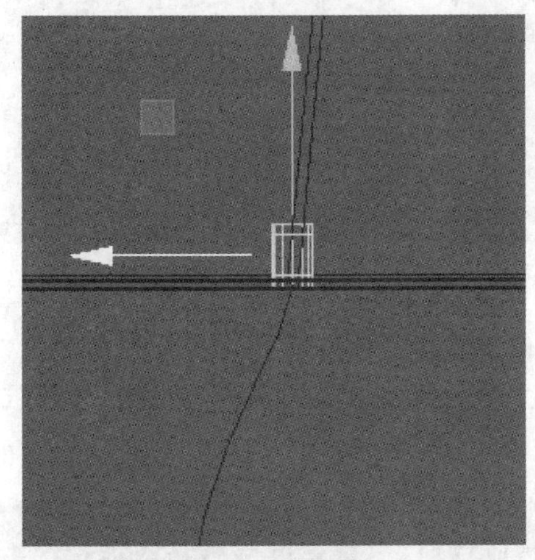

图 3-17 线框显示

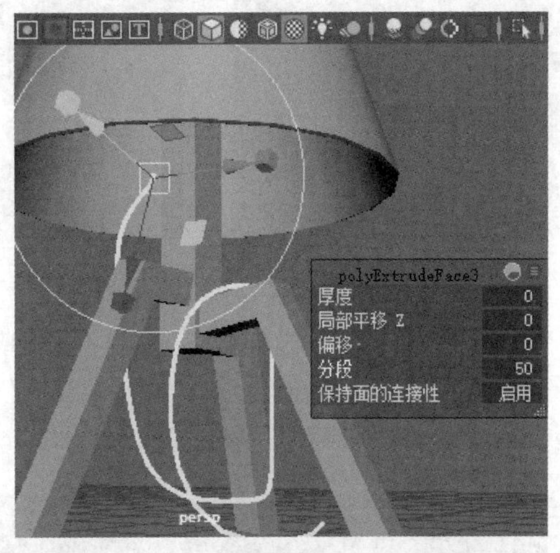

图 3-18 增加分段完成灯线制作

如果不需要调整灯线的造型，想要清除曲线，不可以直接删除曲线，需要先选择灯线模型，然后单击菜单栏 按钮（删除选定对象上的构建历史）之后，再删除曲线。

4）开关的制作

（1）新建立方体，调整其长、宽、高度，选择高度上 4 条边，执行“倒角边”命令并调整参数，如图 3-19 所示。选择侧面、底面，执行“全部删除”命令，如图 3-20 与图 3-21 所示。

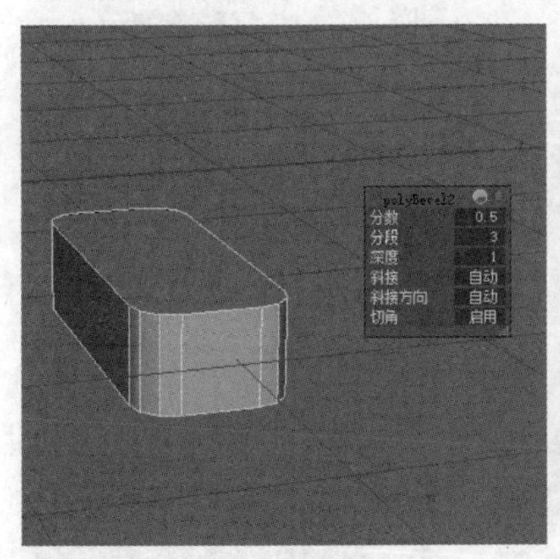

图 3-19 倒角边

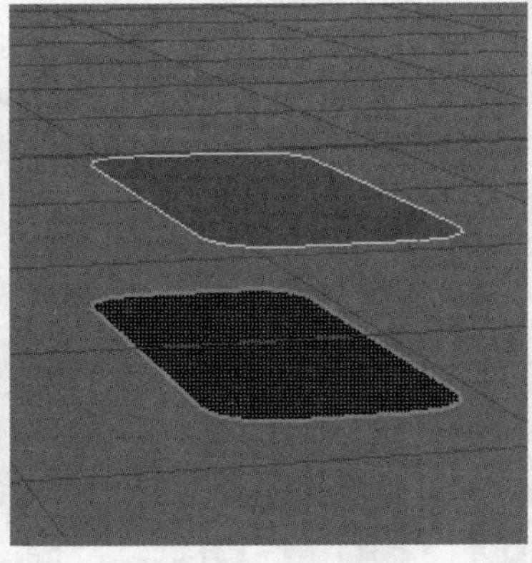

图 3-20 删除侧面

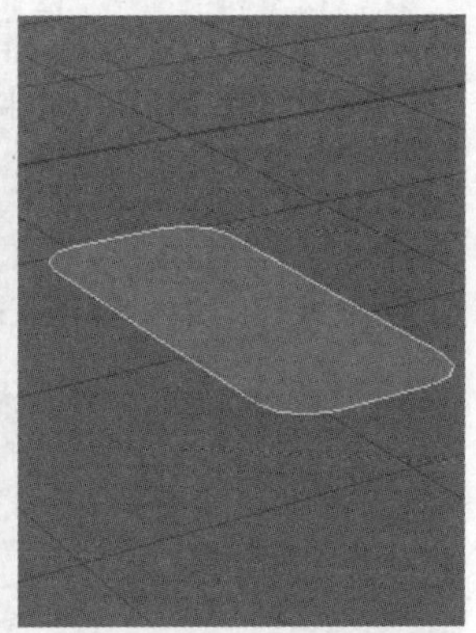

图 3-21 删除底面

（2）选择多切割工具，将多边形面处理成四边面或三角面，如图 3-22 所示。全选整个多边形面，按 Ctrl+E 组合键挤压出厚度，选择上下边缘进行倒角边并调整参数完成造型，如图 3-23 所示。选择上面中间部分的面，进行缩小调整，再按 Ctrl+E 组合键往内挤压出凹槽，如图 3-24 所示。

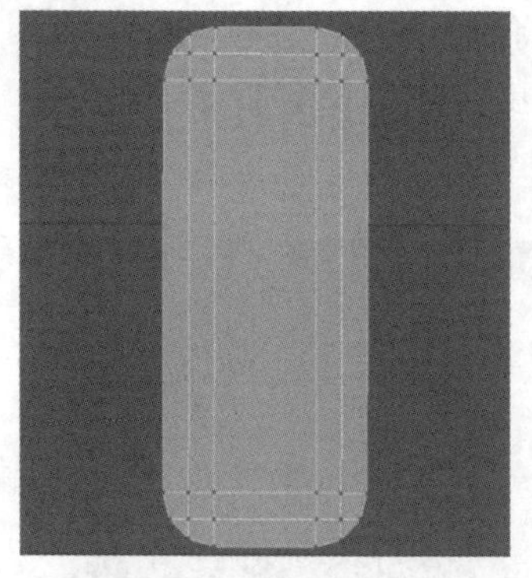
图 3-22　切割模型

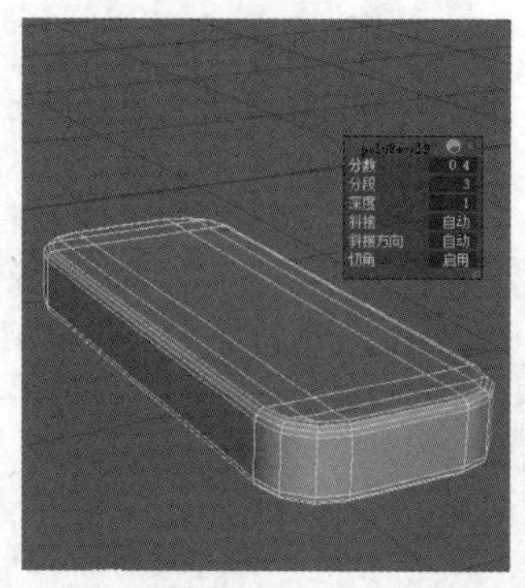

图 3-23　倒角边

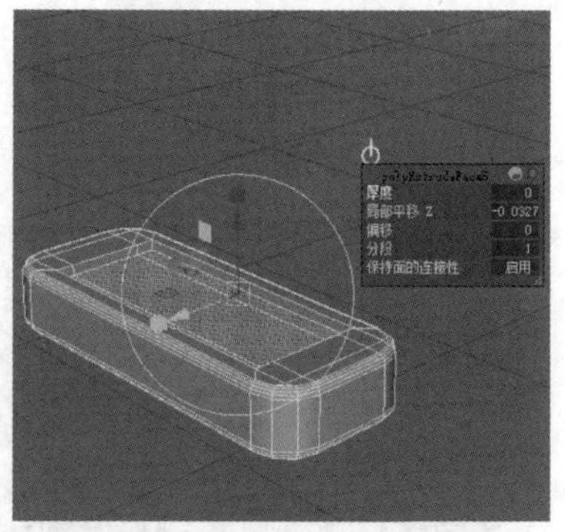

图 3-24　挤压出细节

（3）使用“插入循环边”工具，给凹槽边缘包裹完成凹槽卡线，如图 3-25 所示。选择凹槽底面，执行复制命令，如图 3-26 所示。适当缩小复制出的面并执行挤出，调整造型，完成开关按钮制作，如图 3-27 所示。

图 3-25　凹槽卡线

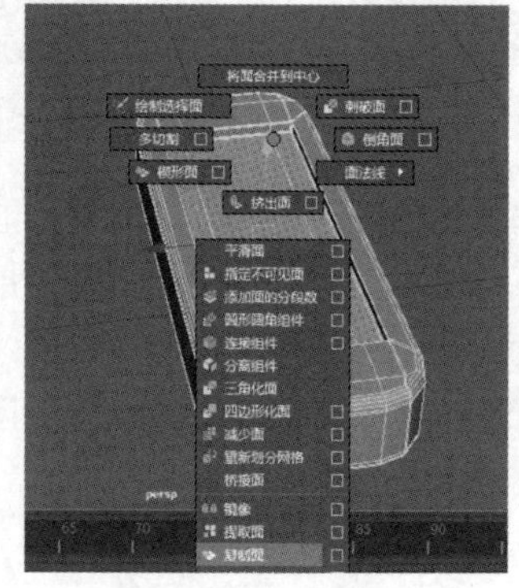

图 3-26　复制面

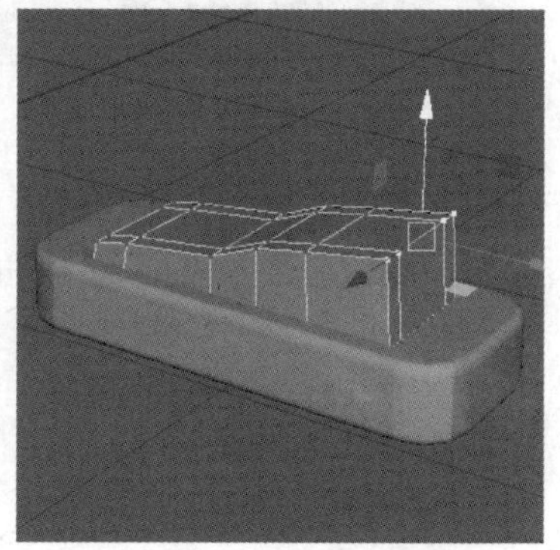
图 3-27　挤出开关按钮

（4）选择开关按钮模型，按 Shift+I 组合键，孤立显示当前选中对象，给造型边缘卡线，如图 3-28 所示。取消对象选择，再按 Shift+I 组合键显示全部模型（取消孤立显示），选择两个对象，按 Ctrl+G 组合键编组，完成开关制作，如图 3-29 所示。将开关调整到台灯位置进行组合，如图 3-30 所示。

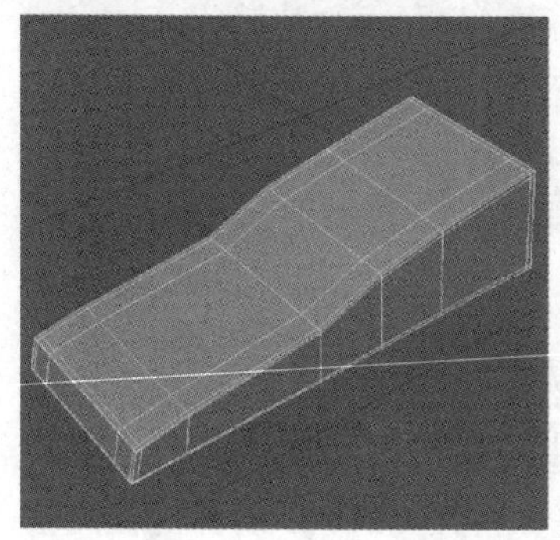
图 3-28　孤立显示

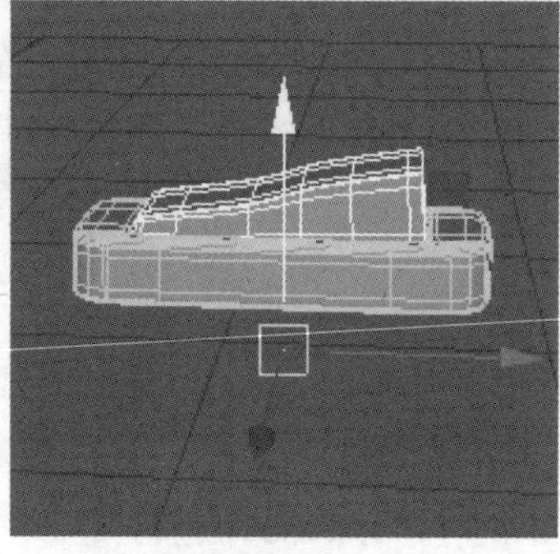
图 3-29　取消孤立并编组

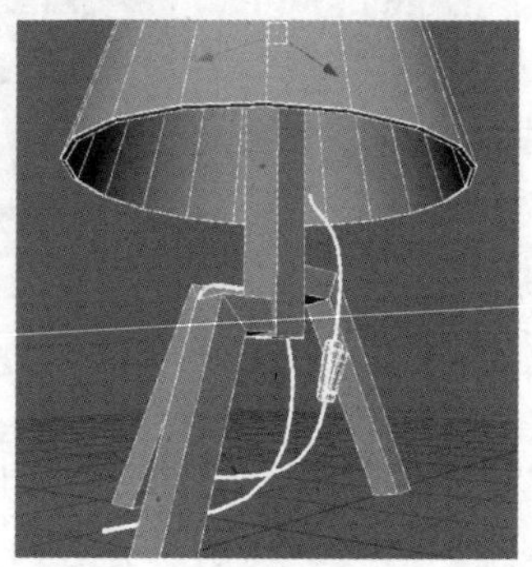
图 3-30　调整造型

5）插头的制作

（1）新建立方体，利用它来制作插头，调整插头造型，如图 3-31 所示。选择插头边缘面，按 Ctrl+E 组合键挤出，再按 G 键重复挤出操作，如图 3-32 所示。

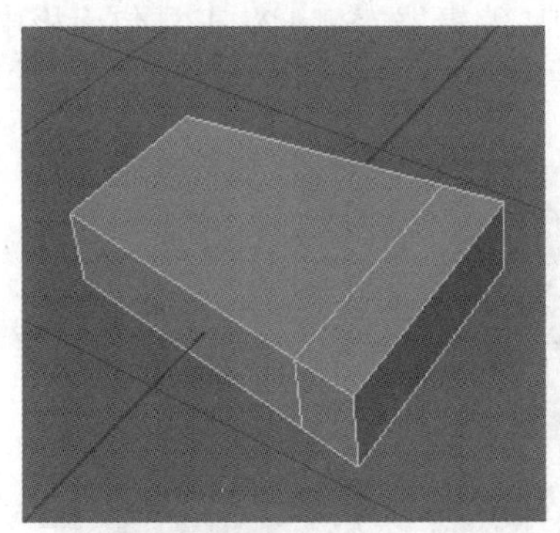

图 3-31　插头造型

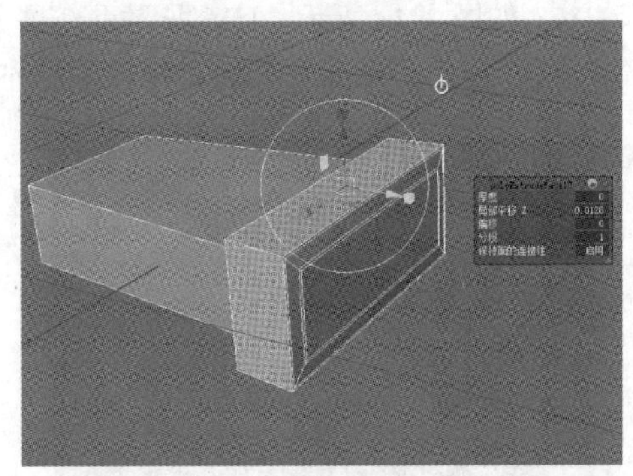

图 3-32　制作插头边缘

（2）选择边按“Ctrl+鼠标右键”→环形边工具→到环形边并分割，如图 3-33 所示。再执行倒角边命令，如图 3-34 所示。选择插头切面执行挤出命令，禁用“保持面的连接性”，调整插头造型，如图 3-35 所示。

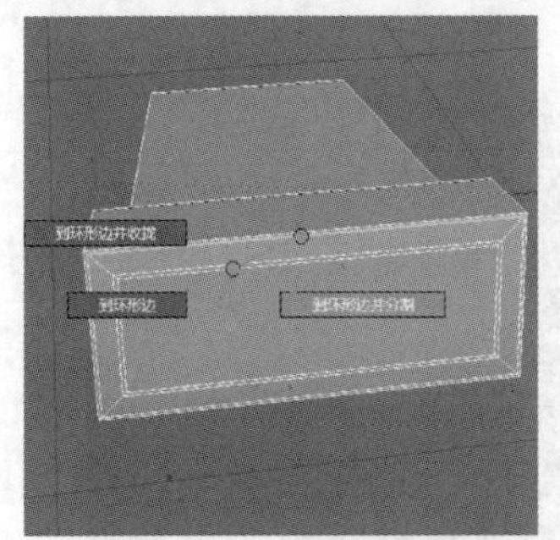

图 3-33　到环形边并分割

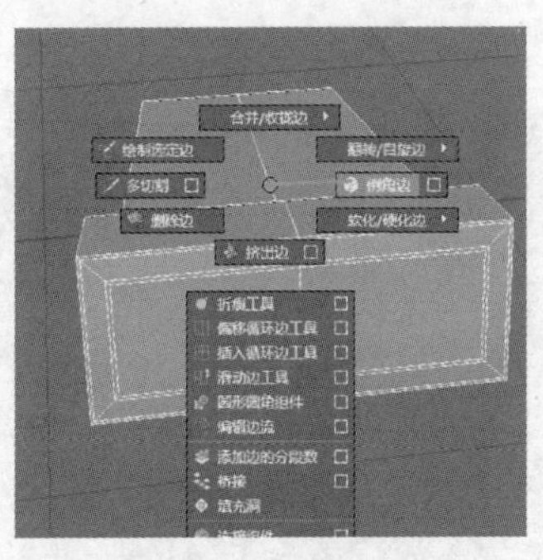

图 3-34　倒角边

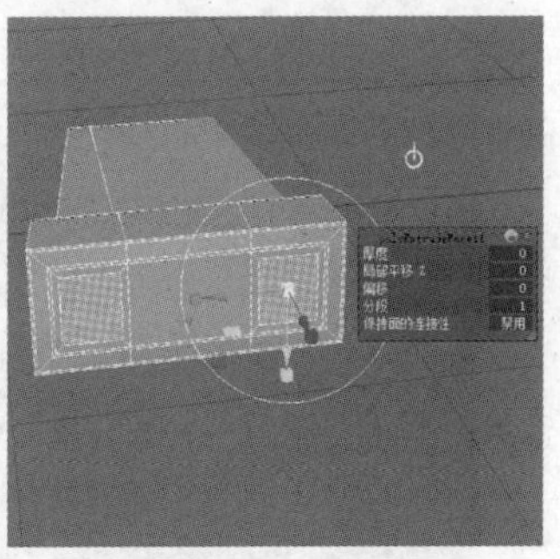

图 3-35　挤出

（3）执行挤出命令调整插头造型并卡线倒角，如图 3-36 所示。最后将插头调整到台灯位置进行组合，如图 3-37 所示。完成灯具模型制作，整体效果如图 3-38 所示。

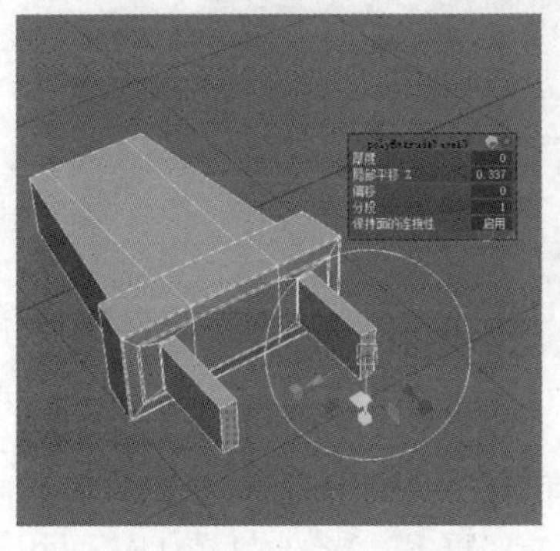

图 3-36　卡线倒角

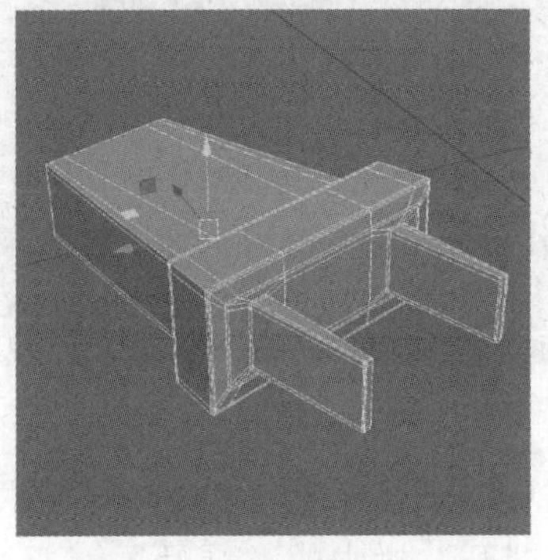

图 3-37　调整插头造型

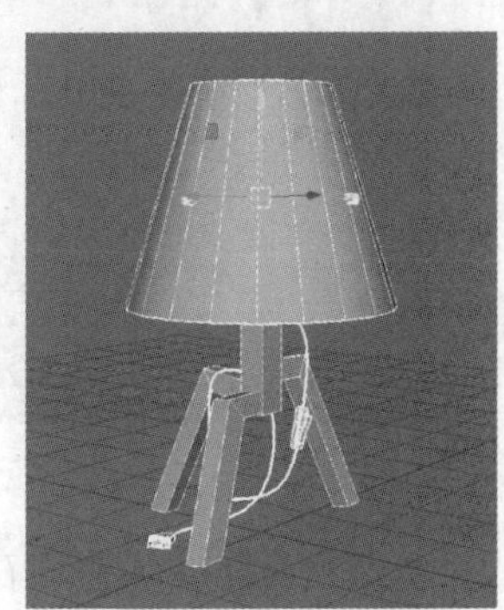

图 3-38　整体效果

2. 灯具模型的 UV 调整与贴图制作

1）灯头模型的 UV 展开与贴图制作

（1）选择灯罩，展开 UV。选择 UV 菜单，打开 UV 编辑器，如图 3-39 所示。展开并显示 UV，如图 3-40 所示。UV 需要重新展开，选择 UV 编辑器左侧 UV 工具包面板中的“创建”栏，使用“平面”选项，将模型原本的 UV 进行平面映射，如图 3-41 所示。

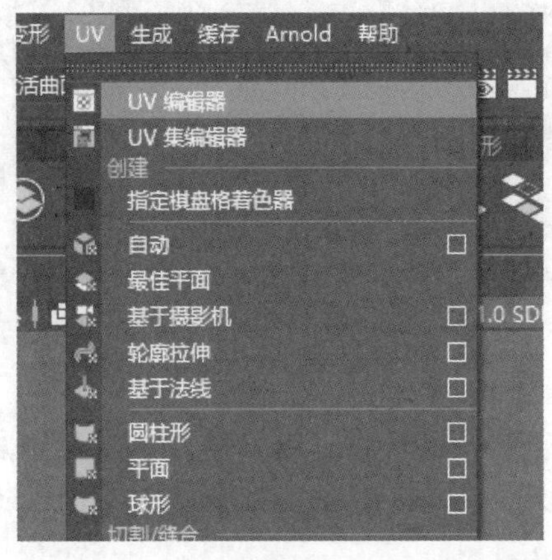

图 3-39　打开 UV 编辑器

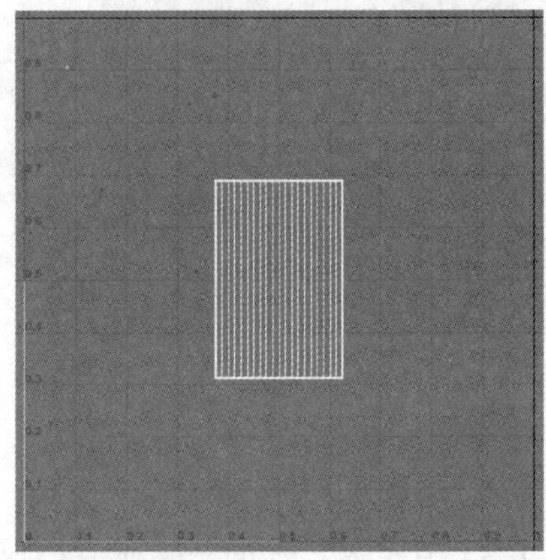

图 3-40　显示 UV

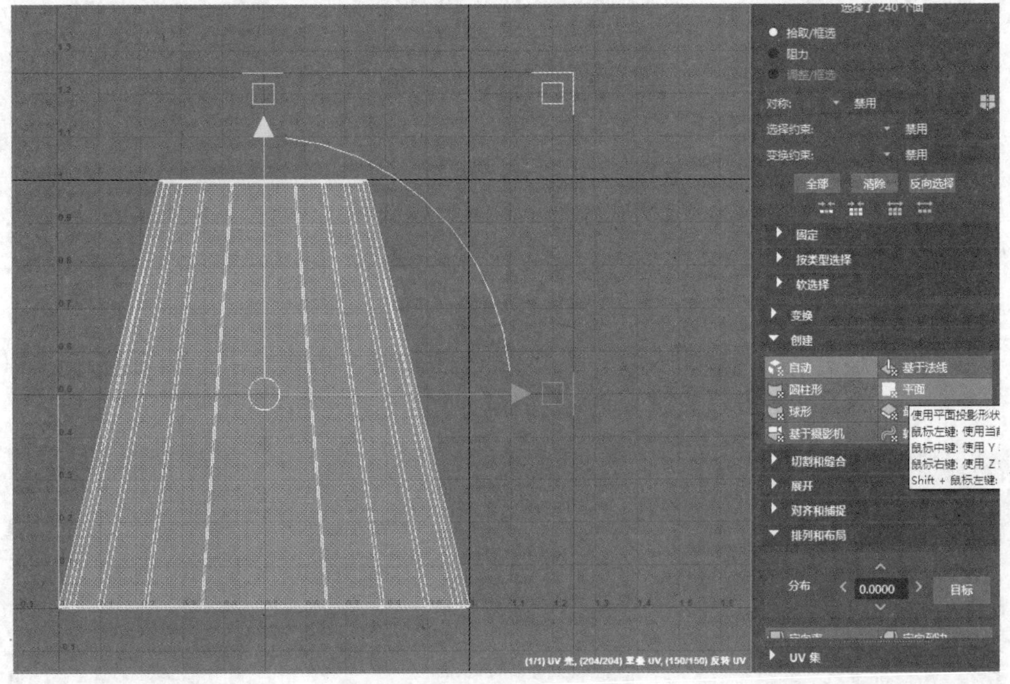

图 3-41　对模型 UV 进行平面映射

（2）选择循环边。在 UV 编辑器中按“Shift+右击”，单击“剪切”命令，如图 3-42 所示。剪切开之后，单击“展开”栏中的“展开”键，完成 UV 展开，将外灯罩 UV 面积放大，内灯罩 UV 面积缩小，优化资源，如图 3-43 所示。

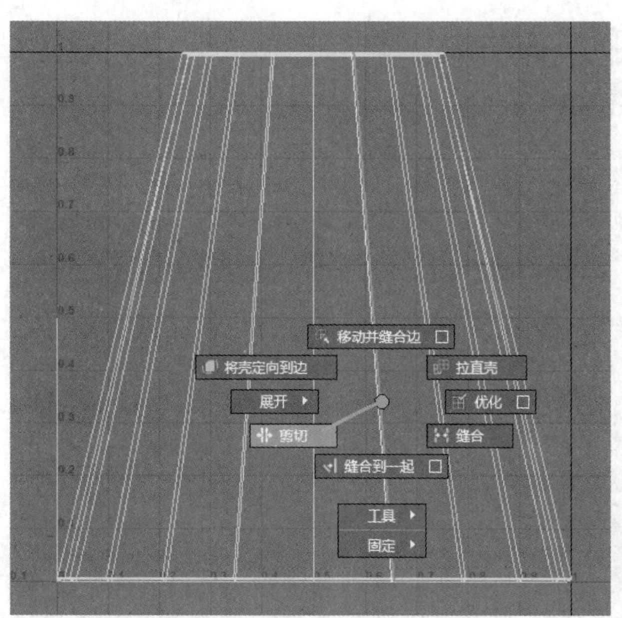

图 3-42　剪切 UV 边

图 3-43　展开 UV

（3）UV 导出与绘制。框选所有 UV，单击 UV 编辑器中的 按钮（用以导出 UV 快照），如图 3-44 所示。导出 PNG 格式 UV 快照图后，即可在 Photoshop 中对照 UV 坐标，精准绘制贴图，导出的 UV 快照图如图 3-45 所示。

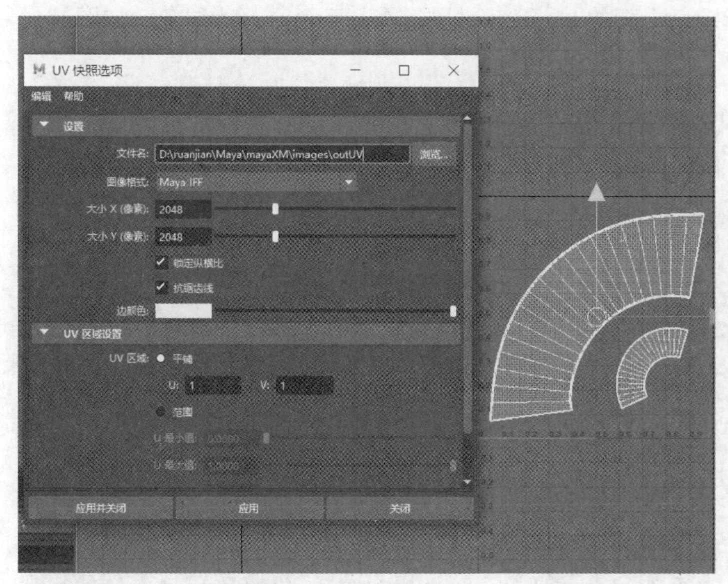

图 3-44　导出 UV 快照图

图 3-45　导出的 UV 快照图

（4）贴图绘制。将 UV 快照图导入 Photoshop，根据 UV 快照图制作灯罩纹理贴图，如图 3-46 所示。选择灯罩，右击选择“指定新材质”命令，如图 3-47 所示。赋予贴图，最终实现“中国风灯罩”的数字模型制作，如图 3-48 所示。

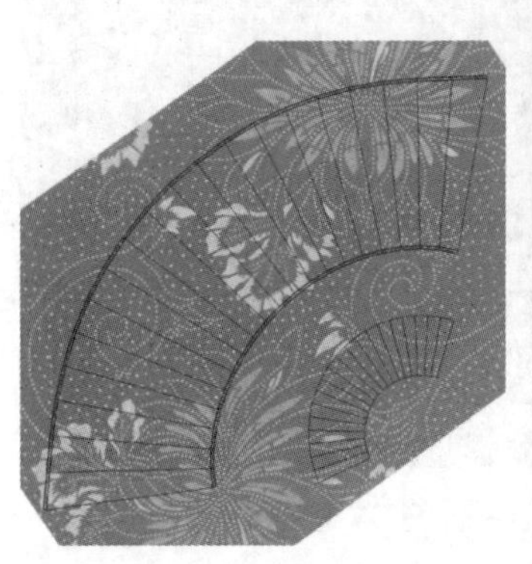

图 3-46　制作纹理贴图

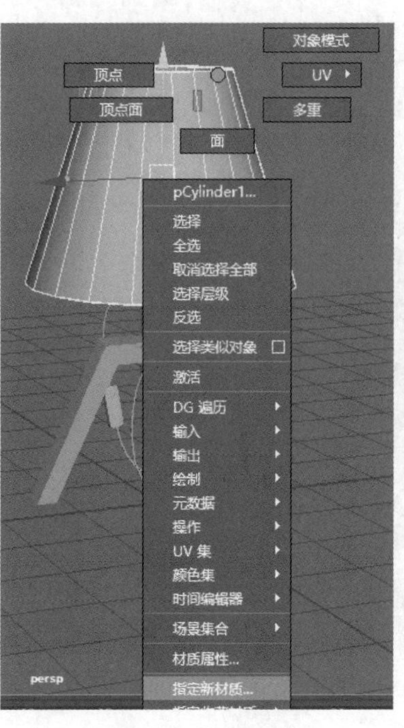

图 3-47　指定材质

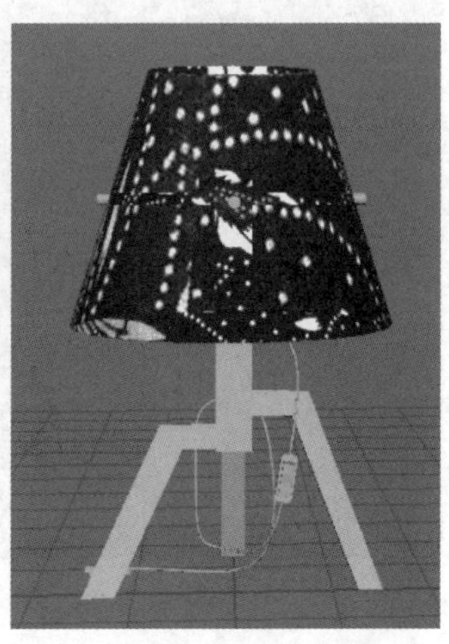

图 3-48　显示效果

2）开关、电线和灯架的材质制作

（1）选择开关，指定一个新的 Blinn 材质，将其命名为 blinn1，将颜色选择为黑色，如图 3-49 所示。选择电线，指定一个新的 Lambert 材质，将其颜色选择为绿色，如图 3-50 所示。

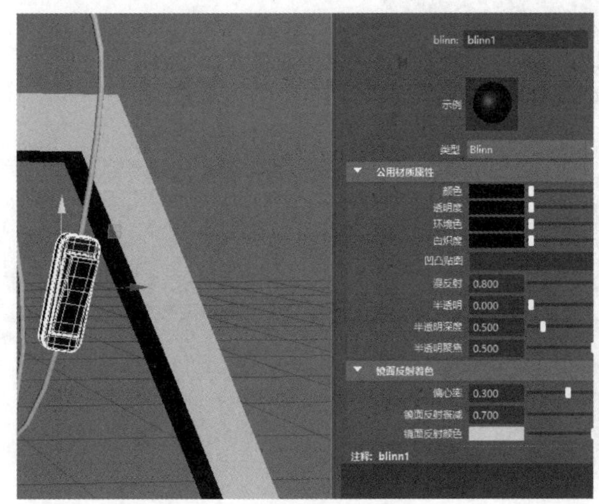

图 3-49　开关材质

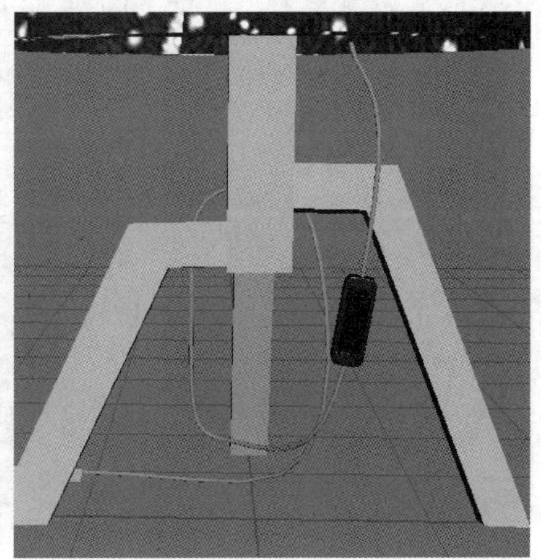

图 3-50　电线材质

（2）选择灯架，指定一个新的 Lambert 材质，命名为 lambert10，将材质选择为木纹，如图 3-51 所示。完成台灯模型制作，效果如图 3-52 所示。

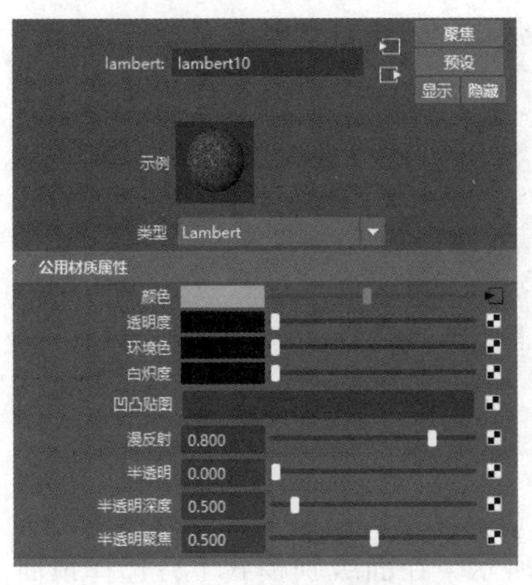

图 3-51　灯架材质

图 3-52　台灯最终效果

任务 3.2　三维场景模型制作

任务要求

了解常见的三维场景建模方式，熟悉各种类型的三维场景建模特点及参数设置，了解不同类型的建模需求和应用场景，能较熟练地掌握 Maya 软件进行场景建模的基础方法和设置。

掌握 Maya 软件建模的基本概念，理解建模、贴图制作的原理及方法，能够从项目中学习 Maya 软件的操作方式及应用技巧，提升三维模型的制作效率和规范性。

能够主动探索 Maya 软件建模的特点，明确建模项目实施方案，提高三维模型造型能力，养成良好的岗位工作习惯、沟通能力、数字文化素养及综合职业素养。

建议学时

4 学时。

任务实施

任务实施 2：卡通建筑场景模型制作

1. 创建卡通建筑模型

1）房子主体的制作

（1）创建立方体，如图 3-53 所示。按 R 键调整立方体比例尺寸，选择面级别模式，调整房子底部大小，如图 3-54 所示。

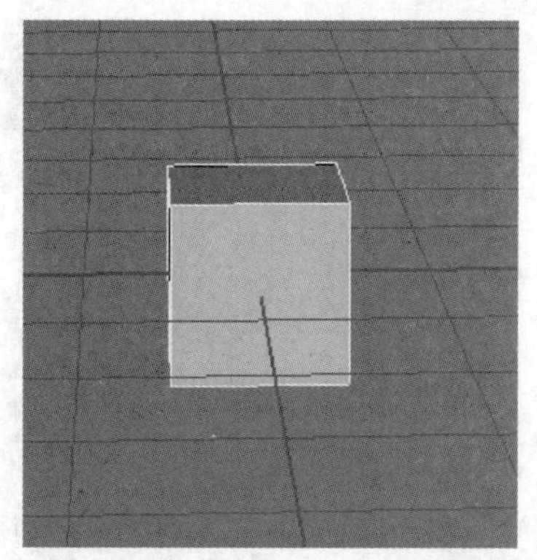

图 3-53　创建立方体

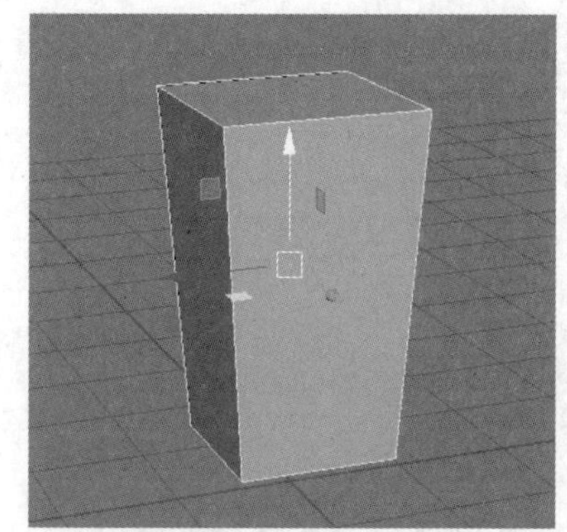

图 3-54　调整房子比例

（2）创建屋顶。切换到面级别，如图 3-55 所示。在面级别模式下，选择顶面，按 Ctrl+E 组合键挤出屋顶，并调整比例如图 3-56 所示。

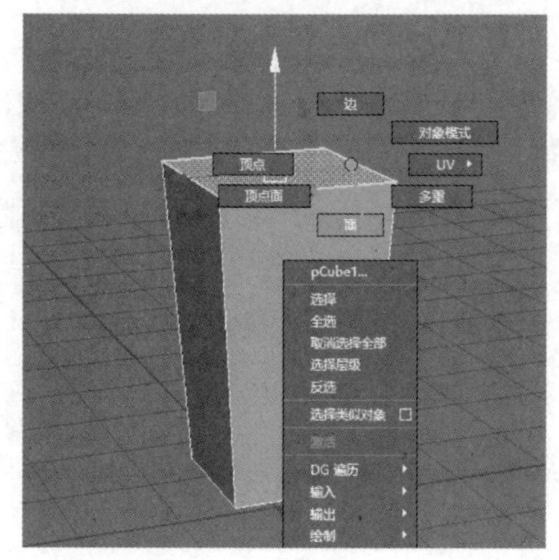

图 3-55　切换面级别

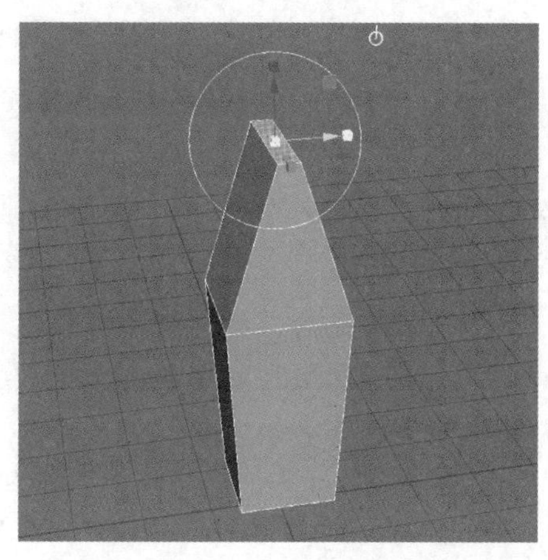

图 3-56　挤出屋顶

（3）调整造型，添加分段。切换到边级别，按“Ctrl+右击”→环形边工具→到环形边并分割，如图 3-57 所示。双击选择循环边命令，按住“Shift+右击”→倒角边，如图 3-58 所示。调整参数，如图 3-59 所示。

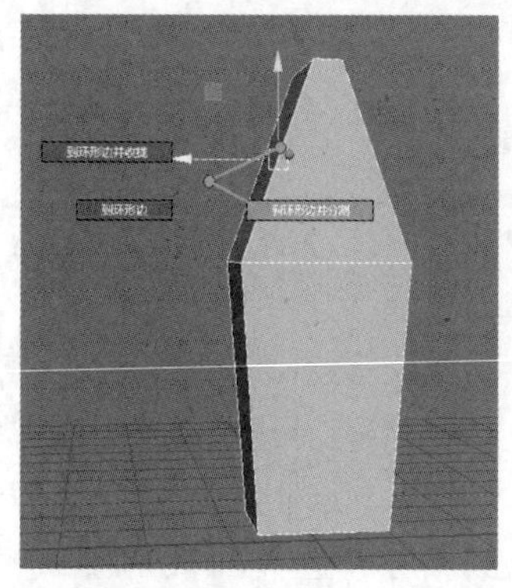

图 3-57　到环形边并分割

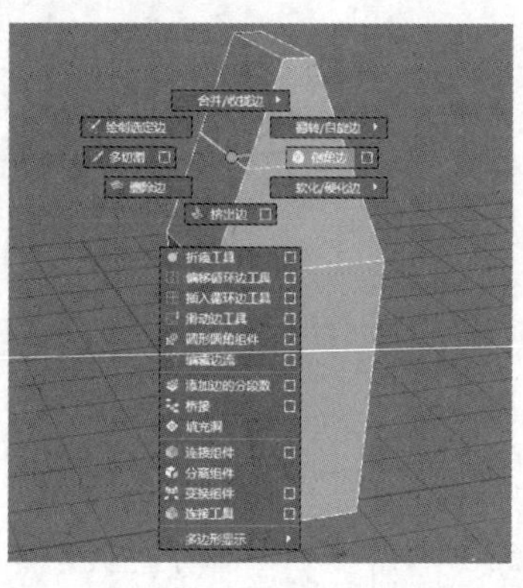

图 3-58　倒角边

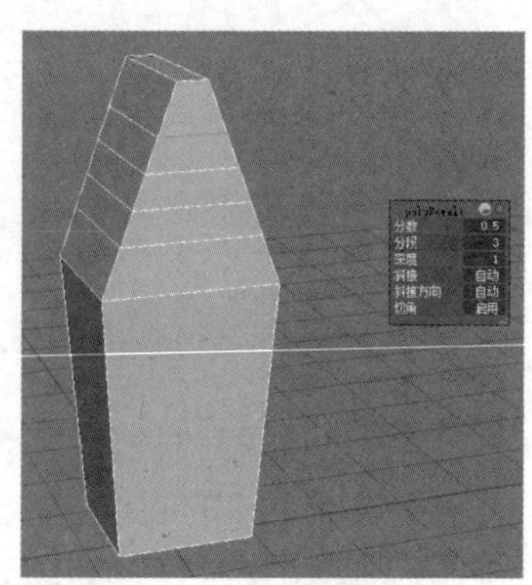

图 3-59　调整参数

2）台阶的制作

创建立方体，如图 3-60 所示。按 R 键调整立方体比例尺寸，选择面级别模式，调整台阶底部大小，如图 3-61 所示。

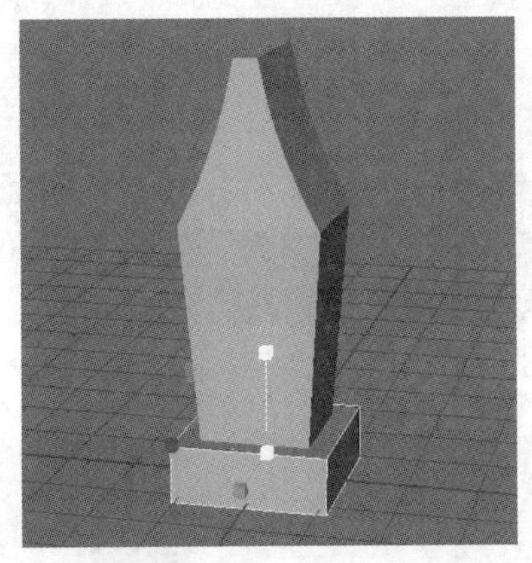

图 3-60 创建立方体

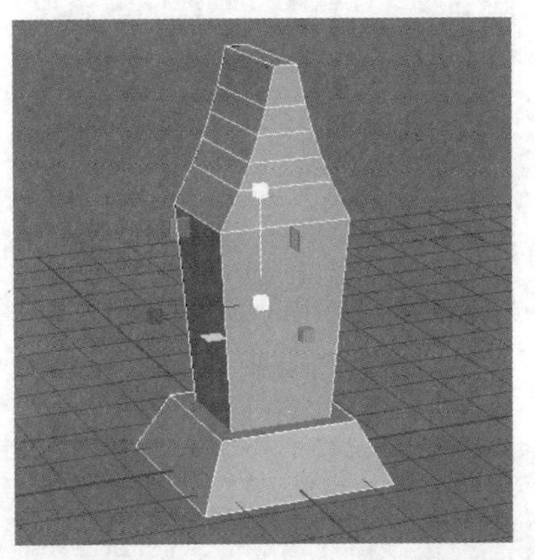

图 3-61 调整台阶比例

3）屋檐的制作

（1）在面级别下，全选屋顶的面，如图 3-62 所示。按 Ctrl+E 组合键挤出房顶的厚度，如图 3-63 所示。选择屋顶边缘挤出屋檐，如图 3-64 所示。造型可以适当调整。

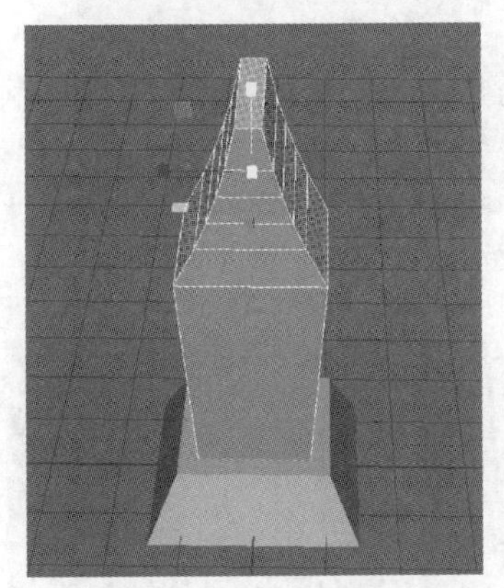

图 3-62 全选顶点面

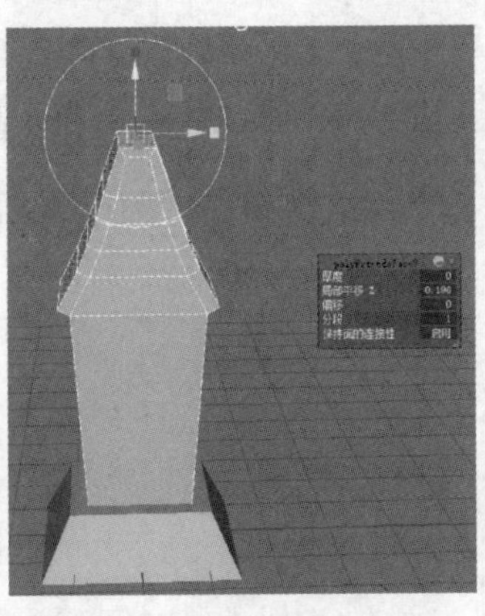

图 3-63 挤出屋顶厚度

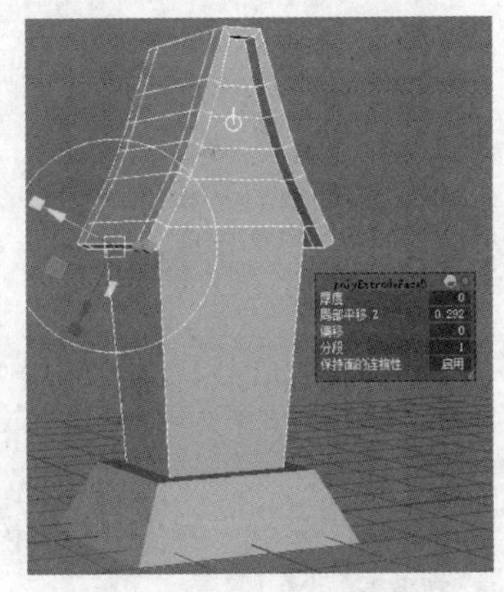

图 3-64 挤出屋檐

（2）在面级别下，全选屋檐顶面，如图 3-65 所示。按 Ctrl+E 组合键挤出屋檐的厚度，再选择屋脊顶面，挤出屋脊的厚度，如图 3-66 所示。选择屋脊两端的面，挤出屋脊，可以适当调整造型，如图 3-67 所示。

4）门的制作

（1）选择小屋墙面，按 Ctrl+E 组合键，禁用“保持面的连接性”选项，进行缩放，如图 3-68 所示。再按 G 键（重复执行上一步操作），将面往内挤压出凹槽，如图 3-69 所示。删除房子底部多余的面，如图 3-70 所示。切换到点级别模式下，选择房子底部顶点，按 R 键沿 Y 轴拖曳移动，将顶点拖动到对齐底部，如图 3-71 所示。最后，下移底部的顶点将底部与台阶衔接，如图 3-72 所示。

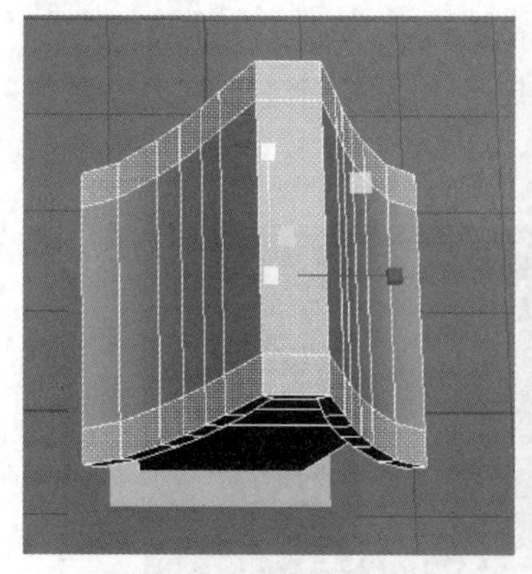

图 3-65　全选屋檐顶面

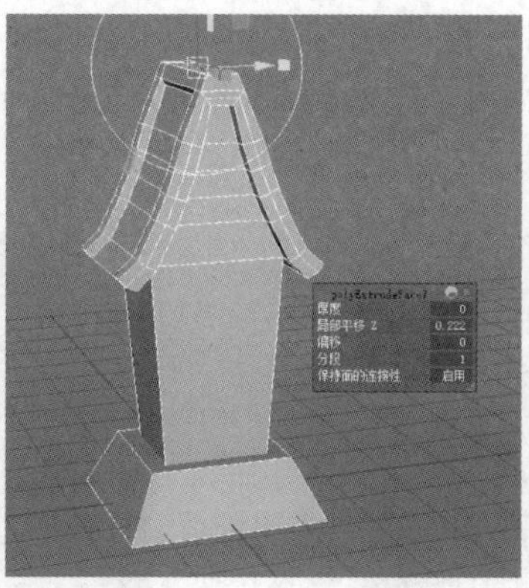

图 3-66　挤出屋檐厚度

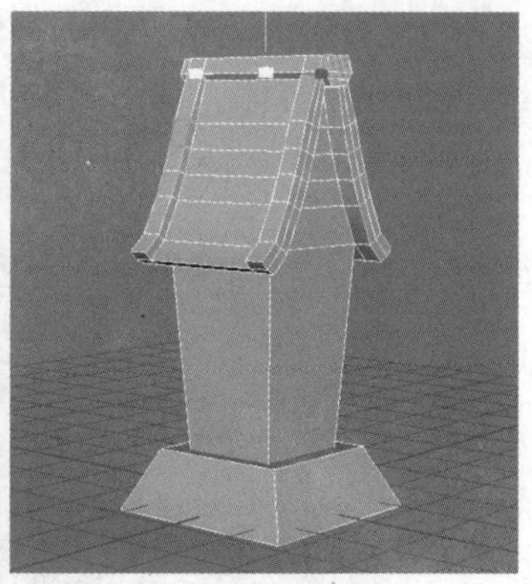

图 3-67　挤出屋脊

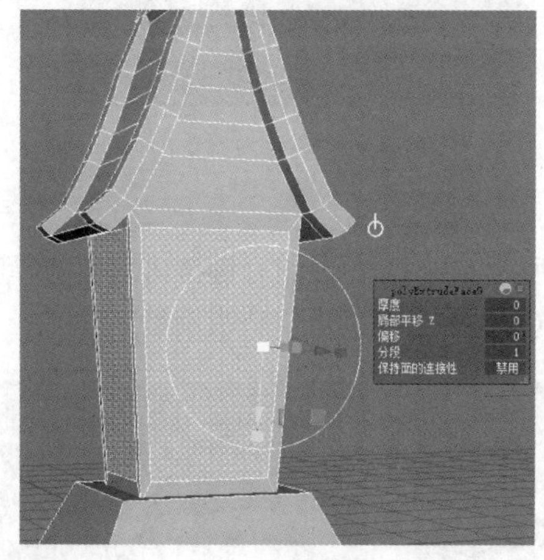

图 3-68　缩放

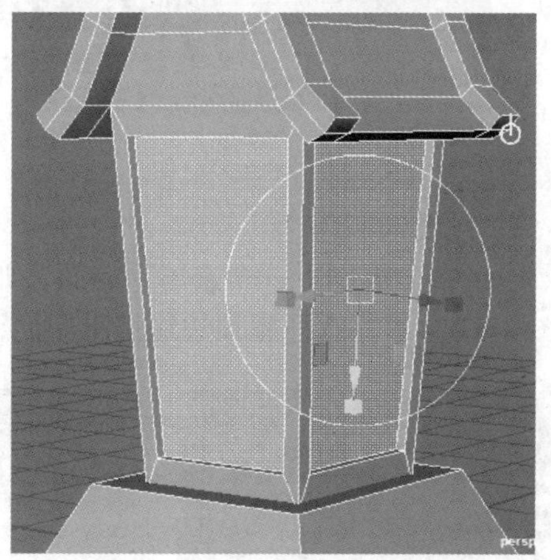

图 3-69　挤压凹槽

图 3-70　删除点

图 3-71　对齐底部

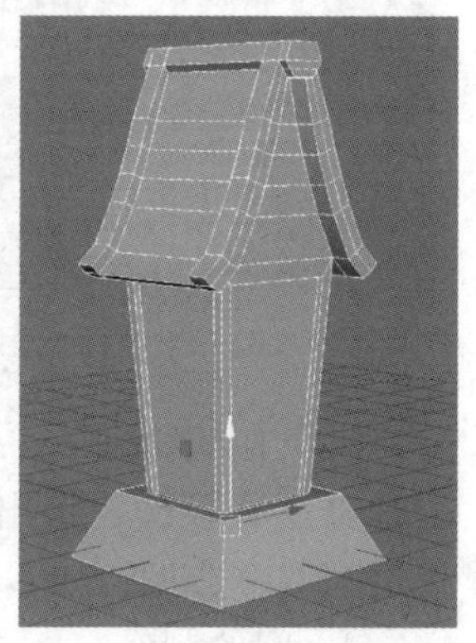

图 3-72　衔接模型

（2）创建立方体，调整到墙面位置，确定门及门框大小。如图 3-73 所示；切换边级别模式，选择上方角的两条边，“Shift＋右击”选择倒角边并调整参数，如图 3-74 所示。

（3）调整造型并删除多余的面，如图 3-75 所示。选择门，在面级别模式下按 Ctrl＋E 组合键进行缩放，调整偏移值，确保门框厚度一致，如图 3-76 所示。

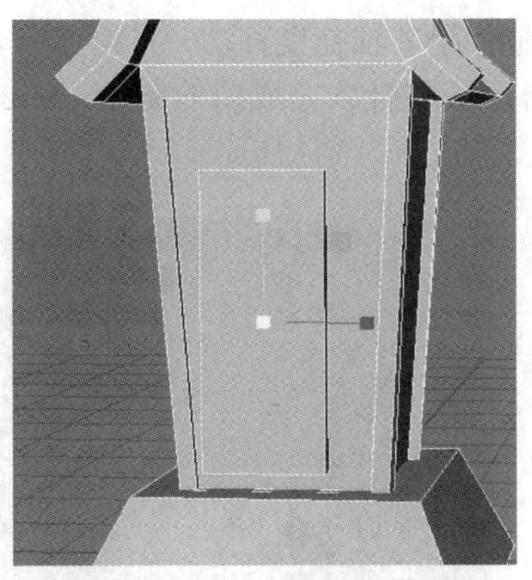

图 3-73 调整比例

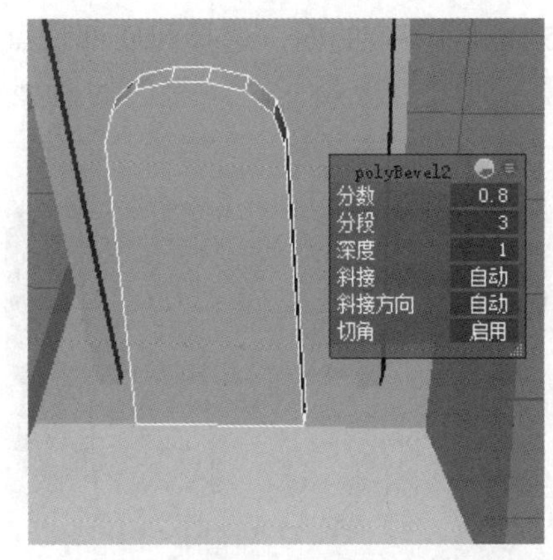

图 3-74 倒角边

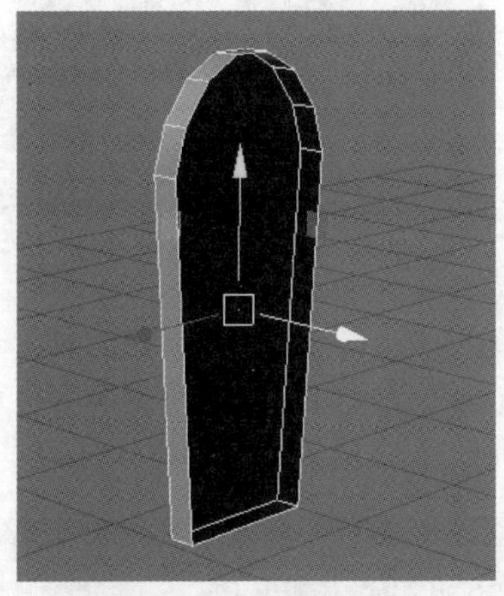

图 3-75 删除面

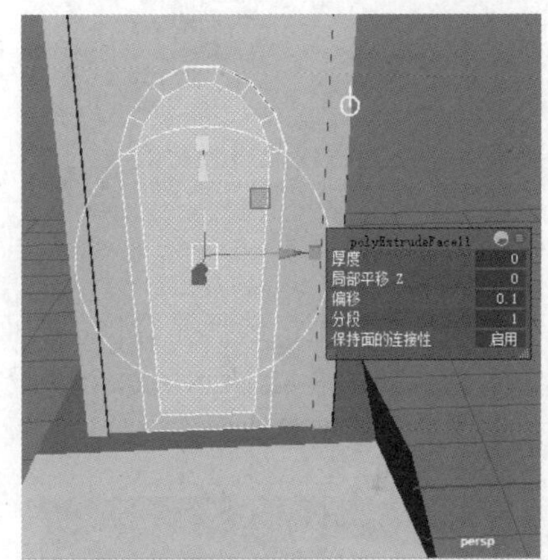

图 3-76 挤出门框厚度

（4）再按 G 键，沿着 X 轴推拉，将门调整成凹陷效果并缩放，完成造型，如图 3-77 所示。按空格键在 4 个视图中选择侧视图，按 4 键，切换成网格显示，调整门的位置，如图 3-78 所示。

图 3-77 调整凹陷造型

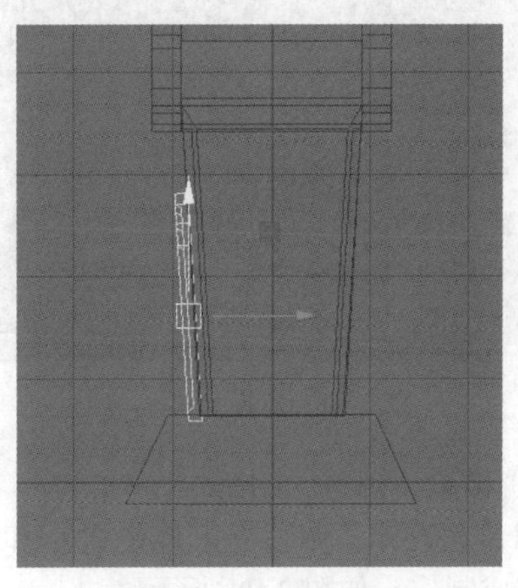

图 3-78 线框显示

（5）删除多余的面，选择门底部顶点，按R键沿着Y轴拖曳移动，将顶点拖动到对齐底部，如图3-79所示。调整门的造型和位置与房子贴合，完成门的制作，如图3-80所示。

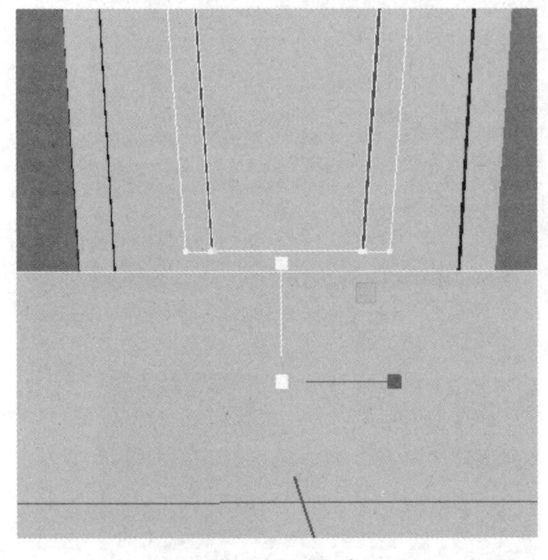
图 3-79　对齐点

图 3-80　调整位置

（6）微调整体造型，选择屋脊顶部的面，如图3-81所示。按Ctrl+E组合键，挤出并缩放调整造型，如图3-82所示。每个阶段完成之后，在合成阶段根据造型需求可适当美化局部效果以配合模型整体形态。

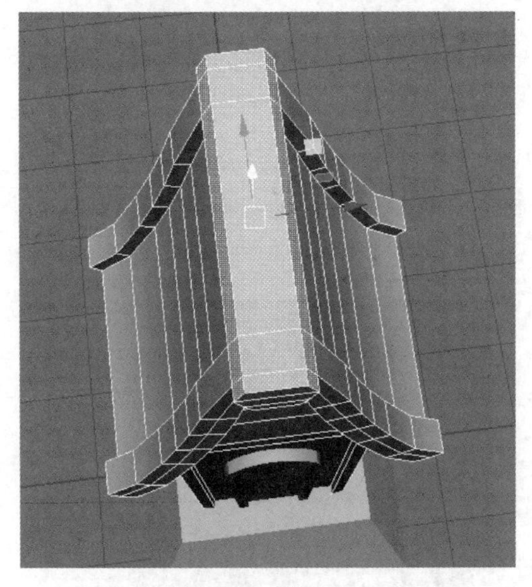
图 3-81　选择面

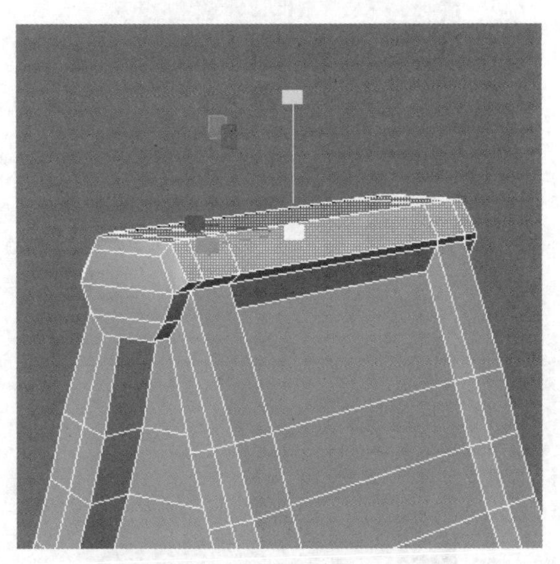
图 3-82　调整屋脊厚度

5）横梁（围栏）的制作

创建立方体，调整立方体的大小和位置，如图3-83所示。根据房子造型比例整体调整，完成制作，如图3-84所示。

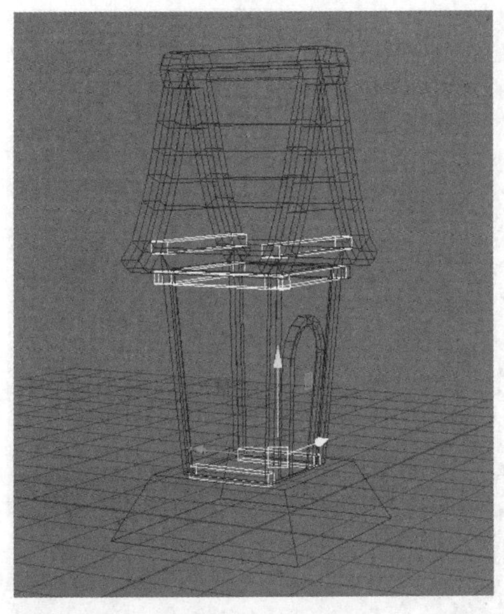

图 3-83 创建横梁

图 3-84 调整造型

6）窗的制作

（1）选择门的模型，按 Ctrl+D 组合键复制，调整到房顶位置，将造型微调，如图 3-85 所示。复制房子横梁，调整比例制作窗台，按“Shift+ 右击”将窗台和窗户结合，如图 3-86 所示。

图 3-85 窗的制作

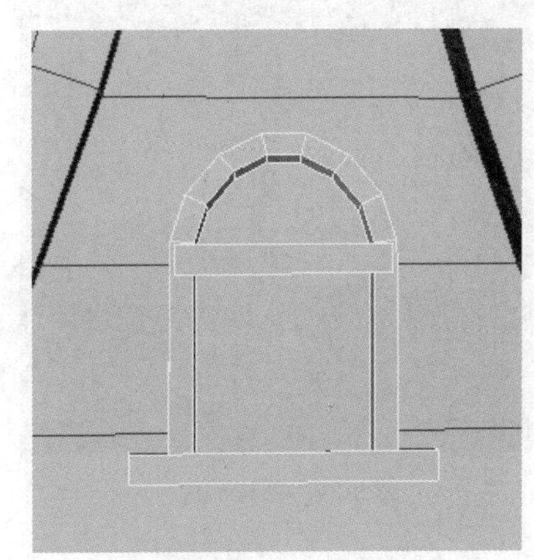
图 3-86 窗台与窗户结合

（2）按 Ctrl+D 组合键复制组合窗户，将其调整比例放置在房子两侧墙面，如图 3-87 所示，完成窗户的制作效果，如图 3-88 所示。

7）添加细节，制作瓦片及屋顶装饰的

（1）创建立方体，制作两片长宽不同的瓦片，如图 3-89 所示。选择其中一块制作成残缺瓦片效果，按“Shift+ 右击”选择插入循环边，调整顶点，制作瓦片缺口，如图 3-90 所示。

图 3-87 线框显示

图 3-88 调整造型

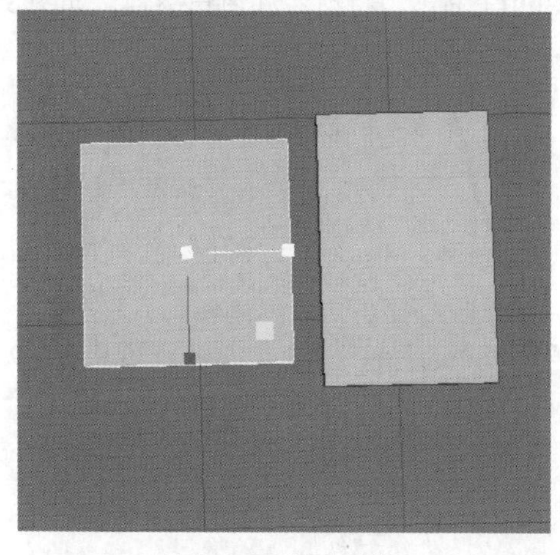

图 3-89 创建瓦片

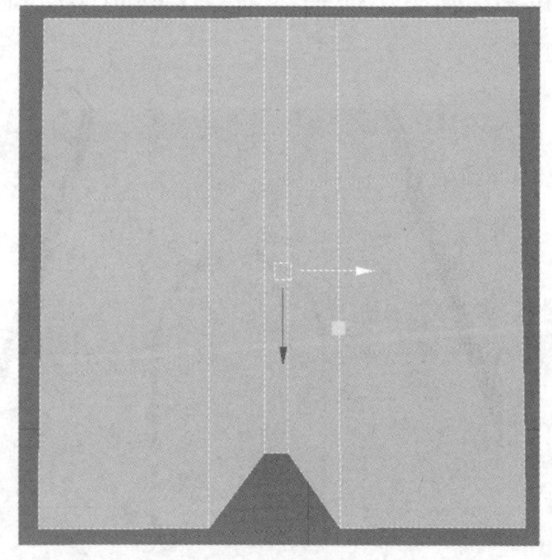

图 3-90 残缺瓦片

（2）将预制完成的瓦片，参差错落地放置在屋顶，如图 3-91 所示。制作完成一面房顶的瓦片之后，选中所有瓦片，按“Shift+右击”将瓦片群结合，按 Ctrl+D 组合键复制后，调整缩放轴，将复制的瓦片群镜像放置到另一面屋顶，完成整个房顶瓦片的制作，如图 3-92 所示。

（3）创建立方体，放置在屋顶尖，如图 3-93 所示。按 Ctrl+E 组合键挤出小装饰造型，如图 3-94 所示。

（4）将装饰小模型放置在屋顶的各角，塑造屋顶的细节，如图 3-95 所示。最终完成效果如图 3-96 所示。

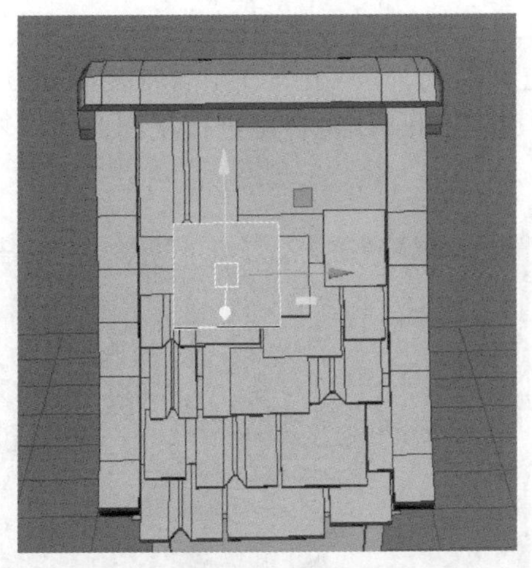
图 3-91 排列瓦片

图 3-92 显示整体效果

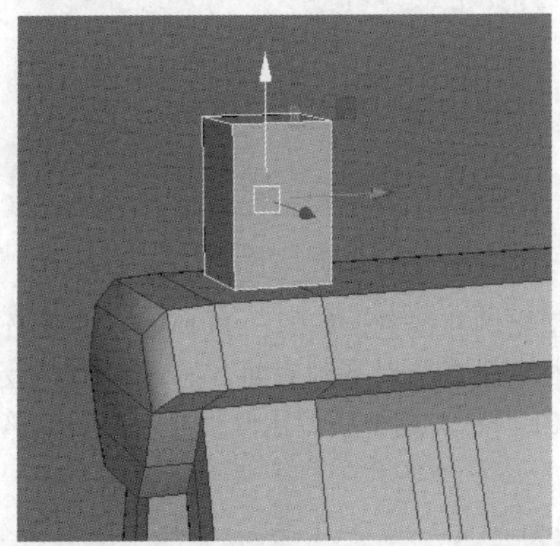
图 3-93 调整比例

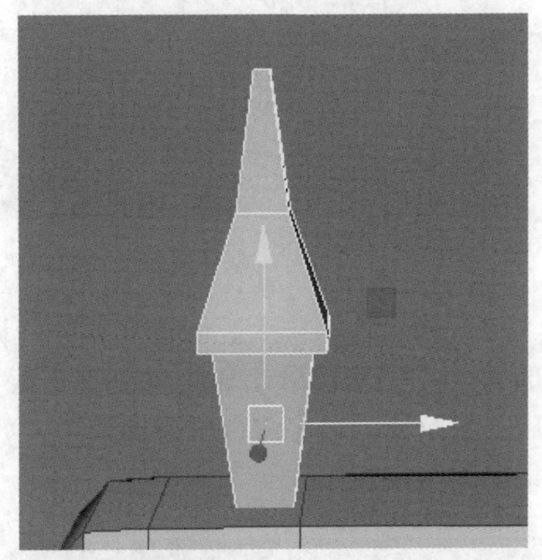
图 3-94 塑造装饰造型

图 3-95 塑造屋顶细节

图 3-96 整体效果

8）台阶阶梯的制作

（1）创建立方体，调整为扁平阶梯造型放置在门前，按 Ctrl+D 组合键复制立方体，将其移动到第二阶位置，如图 3-97 所示。再连续按 Shift+D 组合键进行复制，并将复制的阶梯正确放置，完成阶梯制作，如图 3-98 所示。

图 3-97　创建台阶

图 3-98　调整阶梯造型

（2）创建阶梯扶手。创建立方体，调整模型比例和位置，如图 3-99 所示。选择石柱底部的点，按 V 键沿 Y 轴拖动到地平线，将石柱底部的点对齐到底面，如图 3-100 所示。最后，封阶梯洞口完成台阶阶梯效果，如图 3-101 所示。调整模型比例尺寸，房子的整体效果如图 3-102 所示。

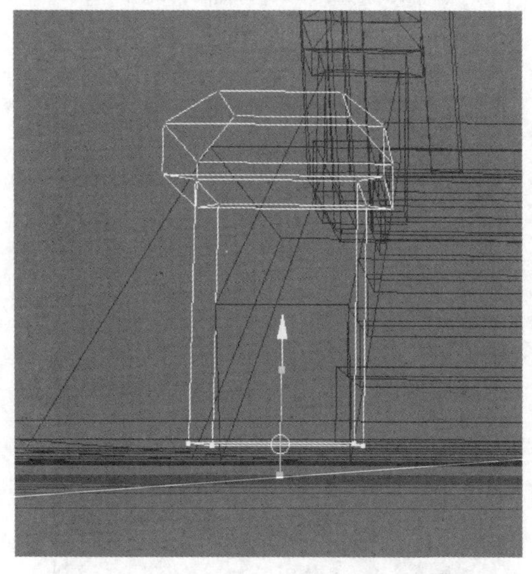
图 3-99　创建石柱

图 3-100　对齐底面

图 3-101 封阶梯洞口

图 3-102 调整整体效果

9）石头砖块的制作

创建立方体，将石块模型堆砌在房子的石阶两旁，如图 3-103 所示。将石阶周围砖块堆砌完成后，根据房子大小整体微调，完成卡通建筑模型制作，如图 3-104 所示。

图 3-103 堆砌石块

图 3-104 完成制作

2.“卡通建筑”模型的材质制作

替换模型材质，指定一个 Lambert 的新材质。

（1）选择地面模型，右击→指定新材质 Lambert；如图 3-105 所示。将材质名称修改为 dimian。调整地面颜色为紫色，按快捷键 6 显示效果，如图 3-106 所示。

（2）选择所有瓦片编组，统一指定材质。选择瓦片，按“Shift+右击”→“结合”按钮，如图 3-107 所示。或者按 Ctrl+G 组合键编组，将对象组名称修改为 wapian，如图 3-108 所示。在渲染面板中单击 ■ 按钮，指定一个新的材质，将材质名称改为 wapian 并调整颜色，如图 3-109 所示。检查整体效果，如图 3-110 所示。

（3）参考以上方式，分别对房子各个部分指定新材质并逐个命名，方便查看和修改，如图 3-111 所示。根据模型需要可进行颜色调整、UV 展开或纹理贴图制作，最后完成的制作效果如图 3-112 所示。

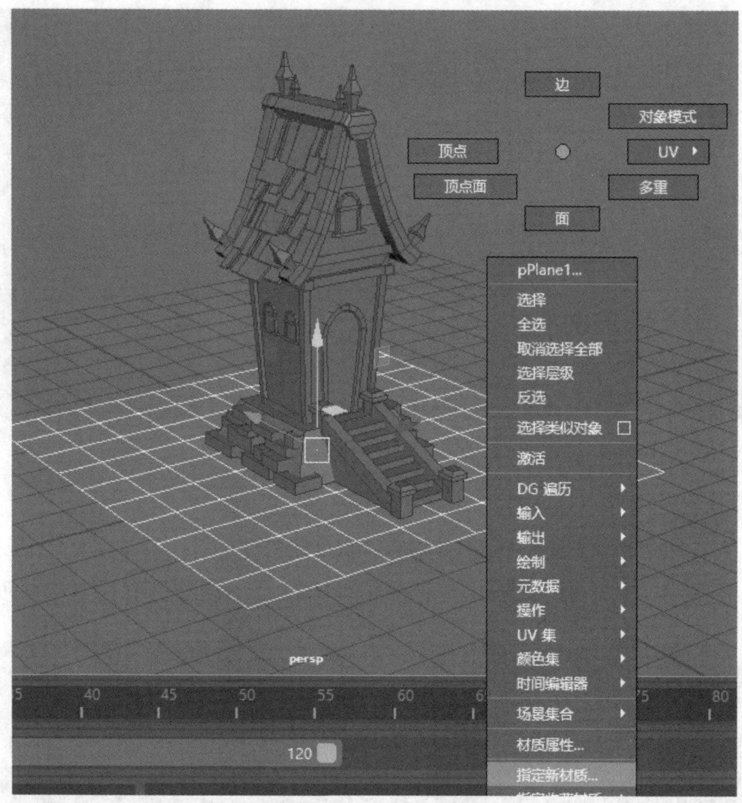

图 3-105　指定新材质

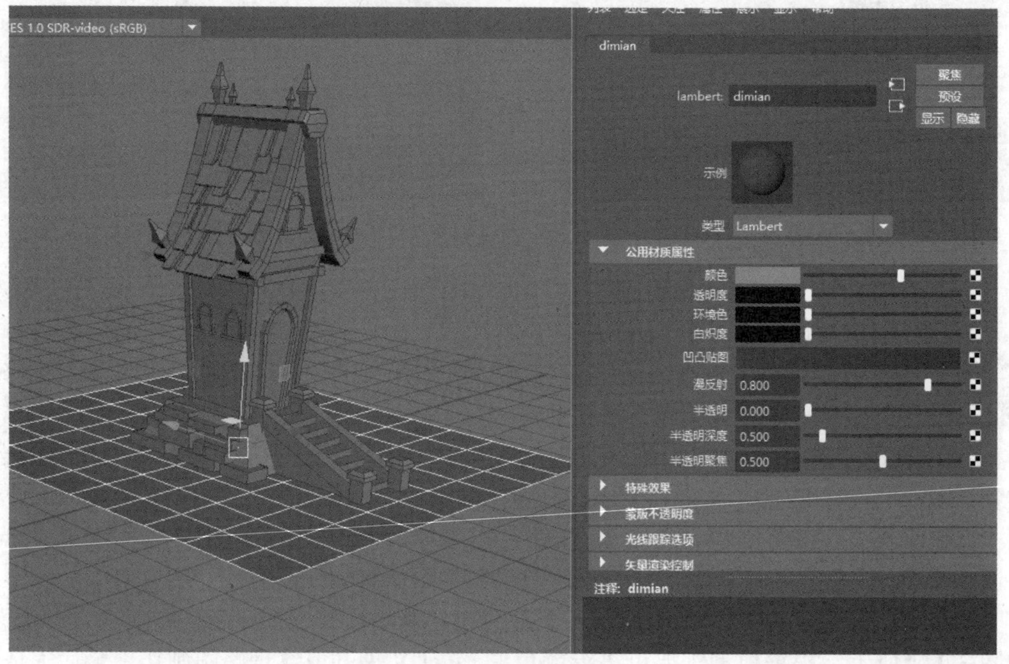

图 3-106　调整参数

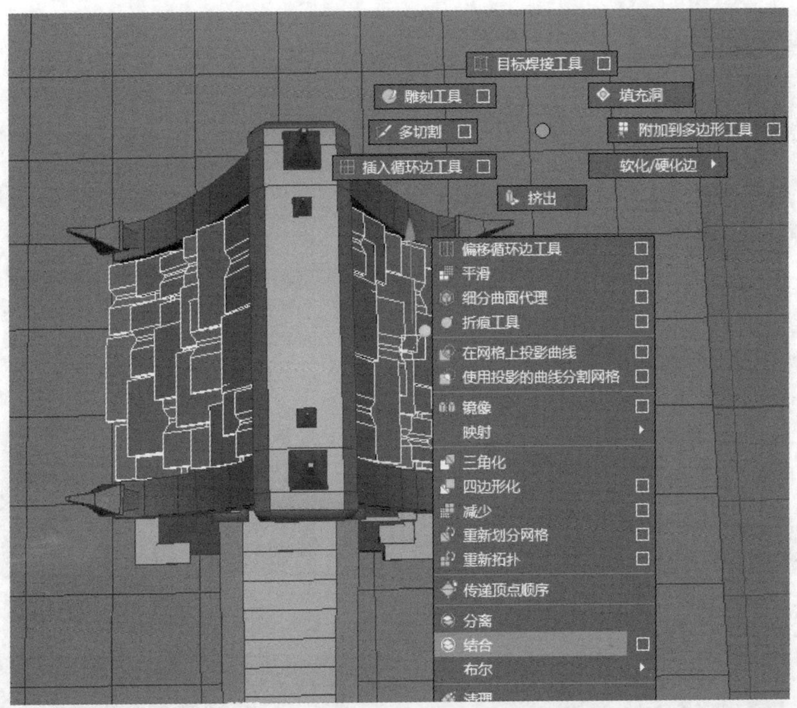

图 3-107　结合

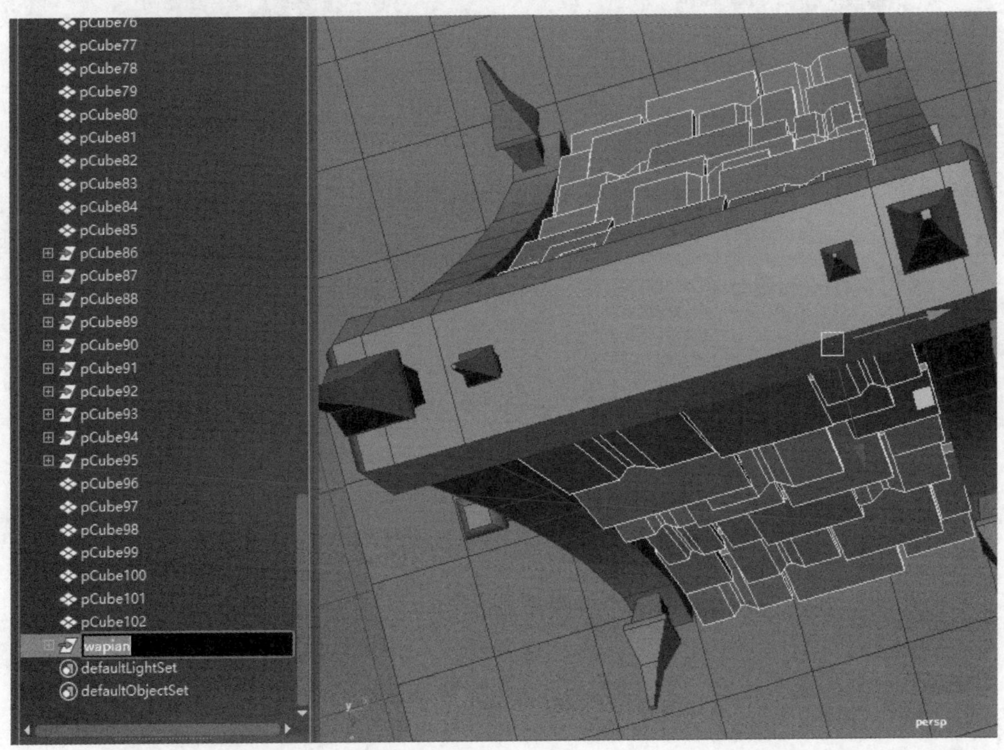

图 3-108　编组

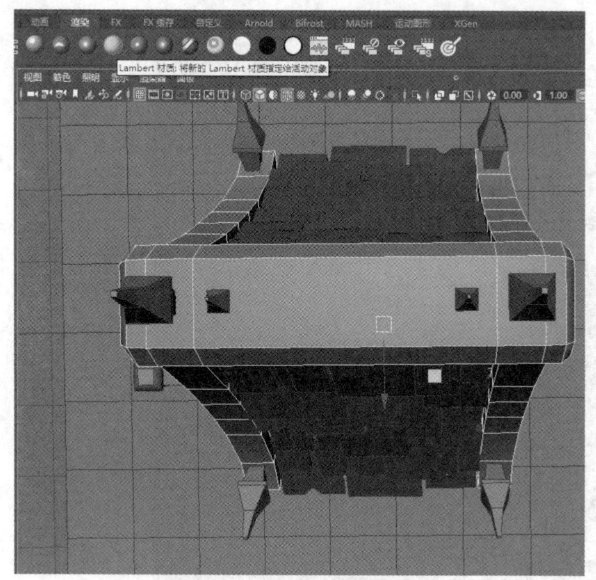

图 3-109　快速指定材质

图 3-110　整体效果

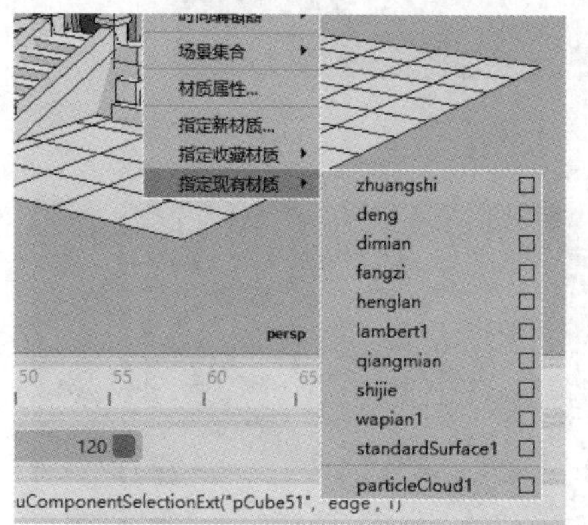

图 3-111　材质命名

图 3-112　制作完成效果图

任务 3.3　增强现实人物角色模型的制作

■ 任务要求

本任务主要是对增强现实项目中人物角色模型的制作技术进行探索，能理解人物角色模型制作原理及特点，熟悉增强现实人物角色模型产业化规范制作的全过程，理解其核心技术。掌握增强现实人物角色建模技术实例规范及应用领域等知识点。通过本任务的学习和实践，能对增强现实人物角色模型产业化制作有初步的了解，掌握人物角色模型制作技术及操作规范。

建议学时

8 课时。

任务实施

任务实施 3：增强现实人物角色模型的制作

人物角色头部模型的制作与布线步骤如下。

（1）人物角色头部模型基本形体的制作。选用球体起稿，创建一个多边形球体对象，设置其段数分别为 12 和 8。在侧视图和前视图调整形状，选择最下面的面挤出，生成颈部，如图 3-113 所示。

（2）头顶部的线汇聚成一点，这并不方便后续造型，所以将这些线删除，利用切割工具重新切线并调整，如图 3-114 所示。

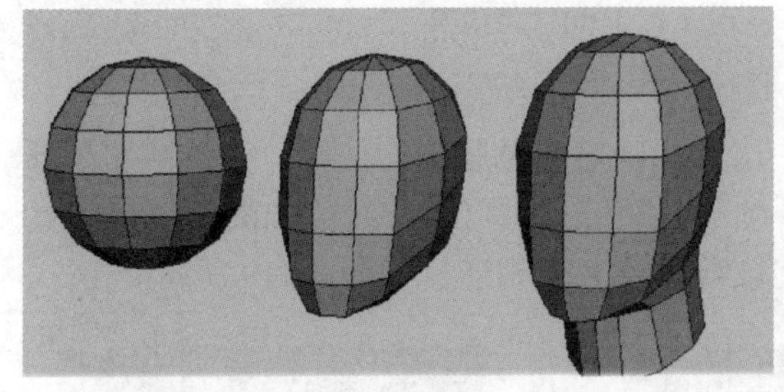

图 3-113 头颈部基本型制作

图 3-114 头顶造型与布线

（3）分别选择前方的 4 个面挤出，形成眼窝，如图 3-115（a）所示。再选择下部的两个面挤出，生成嘴部，如图 3-115（b）所示。

（4）调整鼻部的线条，如图 3-116 所示。

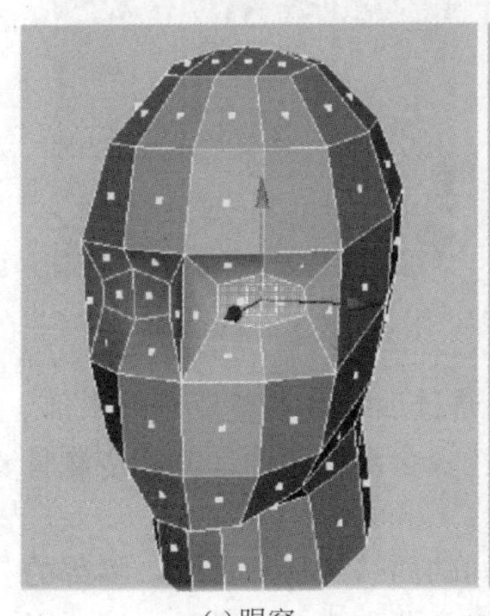

(a) 眼窝

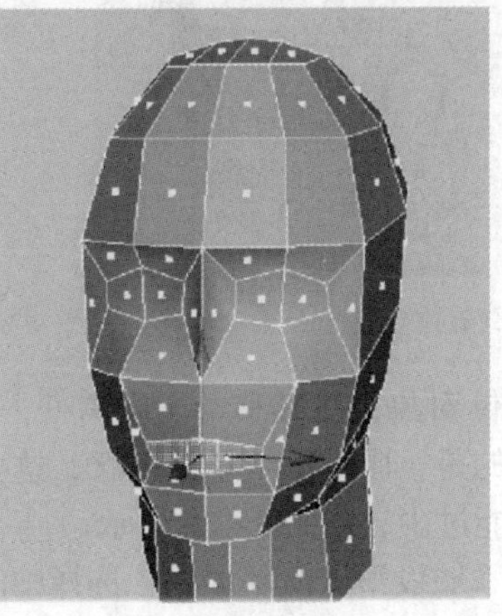

(b) 嘴部

图 3-115 脸部基本造型与布线

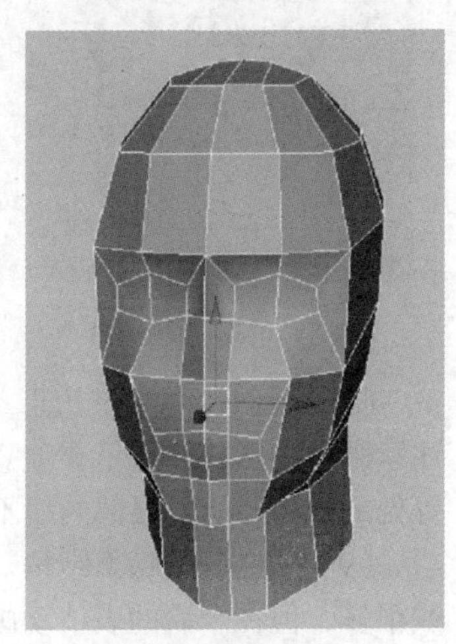

图 3-116 鼻部的布线

（5）选择中间的两个面执行挤出操作塑造鼻部，调整它在脸部的位置。为了便于操作，将头部删掉一半，镜像复制另一半，如图 3-117（a）所示。可以采用光滑代理工具生成代理物体，方便观察光滑之后的效果，如图 3-117（b）所示。

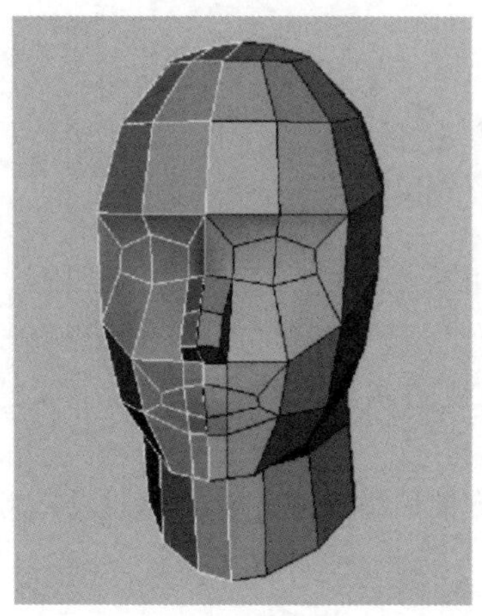

(a) 镜像模型

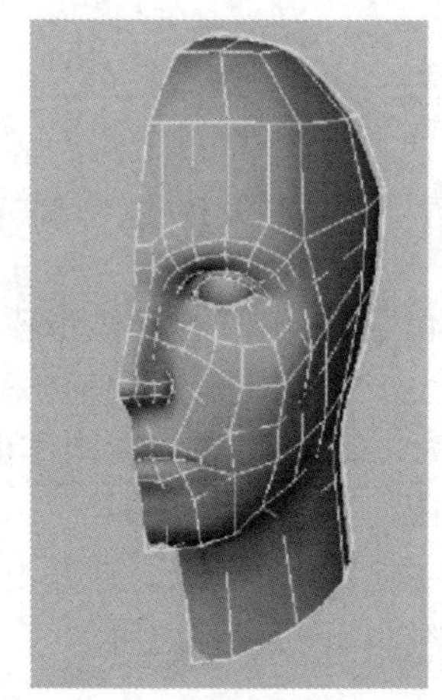

(b) 光滑代理

图 3-117　镜像与光滑

（6）调整嘴周上缘的线，将其连接鼻部。这条线确定了鼻唇沟的位置。为了增加鼻部细节，在鼻部贯穿两条线，同时也为嘴部、下颌部、额部提供可操作线，如图 3-118 所示。

（7）调整和添加鼻部的线，注意鼻唇沟的线与鼻翼上缘相连，如图 3-119 所示。

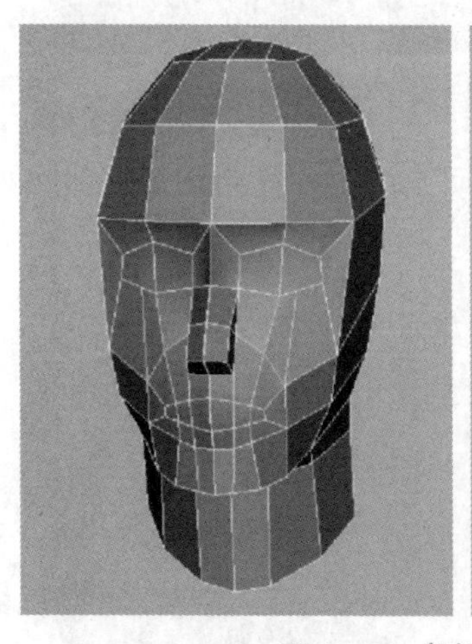

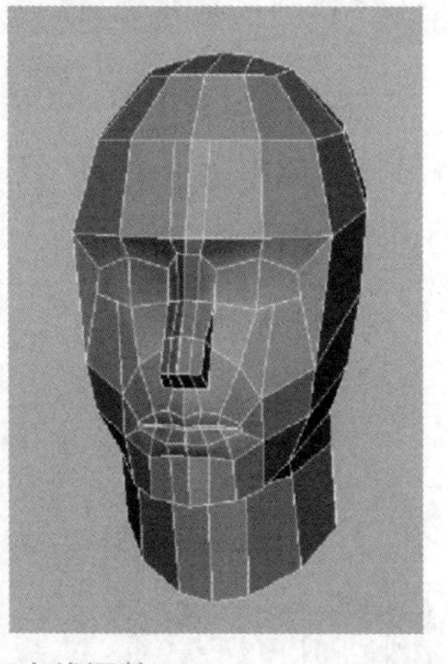

图 3-118　鼻部布线调整

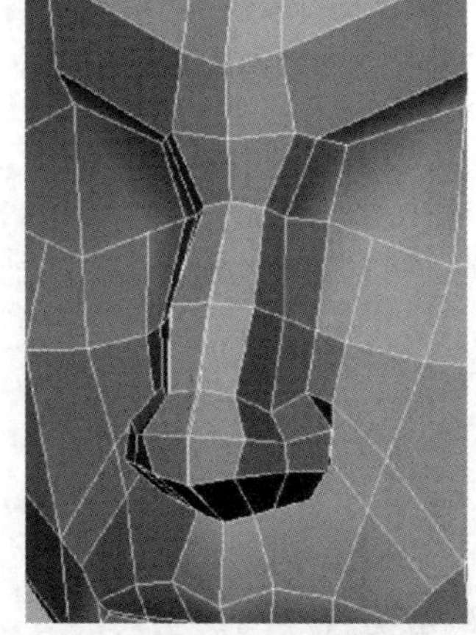

图 3-119　鼻子造型与布线

（8）新创建一个多边形球体对象，将其移动至眼窝处，通过加线和调整点制作眼部。注意眼眶的形状。这里要注意的是，眼部的线呈放射状，这些线会延伸至面部去塑造颧骨等处的结构，所以眼部的线不能过少，如图 3-120 所示。

（9）现在调整嘴部结构。添加线塑造嘴部形状，选择中间的面挤出形成口腔。嘴部的线很多，但在今后的表情动画中也是运动最多的地方，所以注意调整嘴唇内部的形状，以免在张嘴时露出尖锐的棱角，如图 3-121 所示。

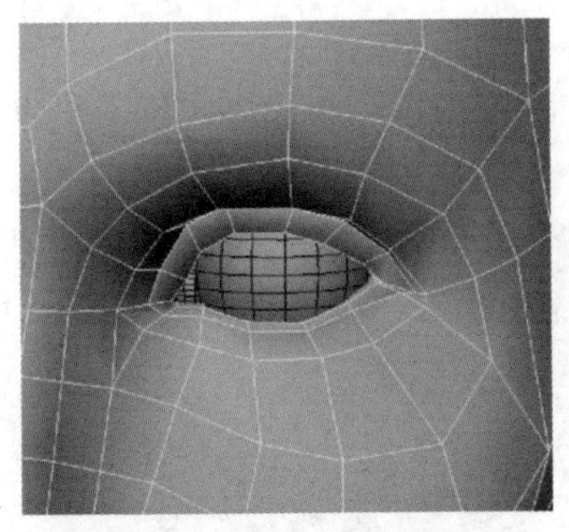

图 3-120 嘴部造型与布线

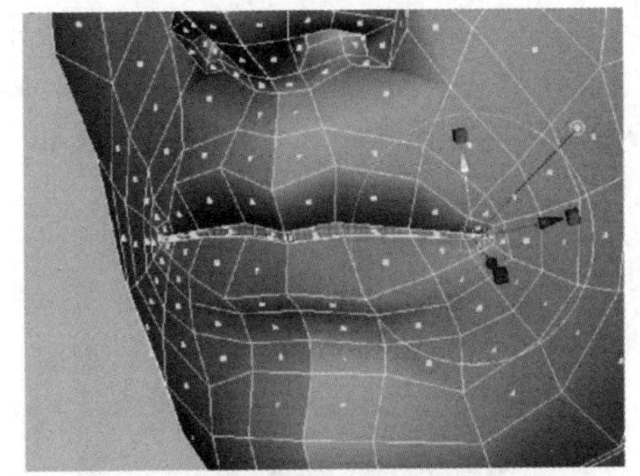

图 3-121 眼部造型与布线

（10）在进一步刻画细节之前，将脸部的线整理好，注意每条线所在的位置，不要盲目处理，在结构转折处要有足够的线，如图 3-122 所示。

（11）在头部的侧面调整一块面，和耳朵的形状相似，挤出两次，生成耳朵的体积，如图 3-123 所示。

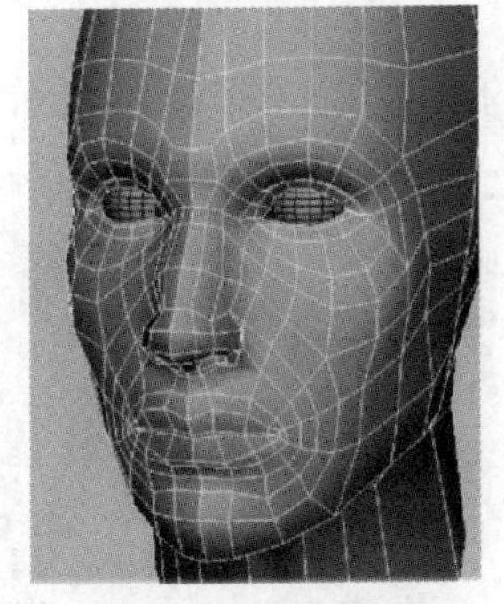

图 3-122 脸部布线

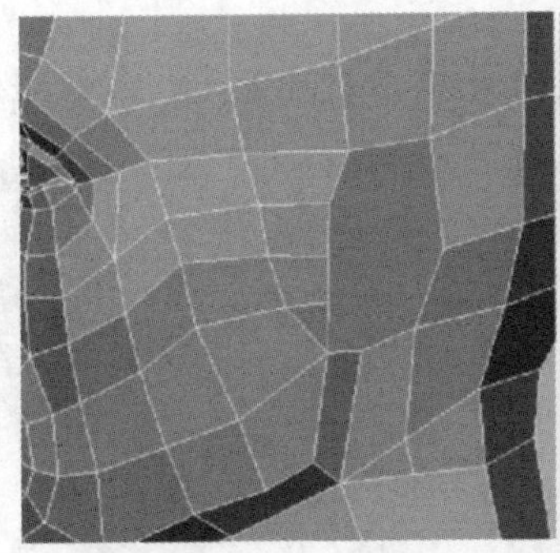

图 3-123 耳朵的造型

（12）到目前为止，已经完成了头部最主要的工作——面部的结构和五官的形状。为了添加细节，继续深入刻画，如图 3-124 所示。

（13）调整鼻部、眉弓、颧弓、下颌骨的骨点，如图 3-125 所示。

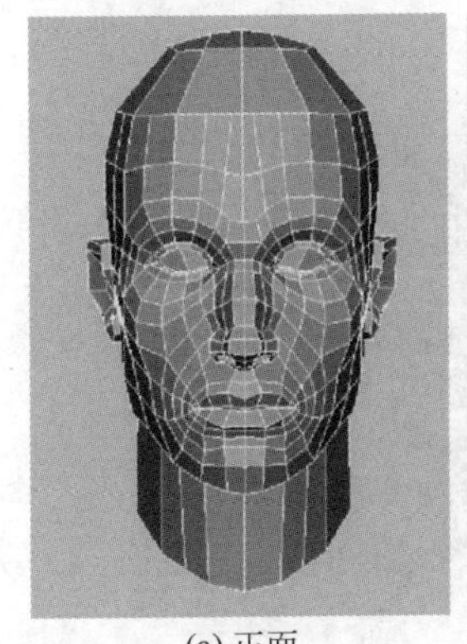

(a) 正面

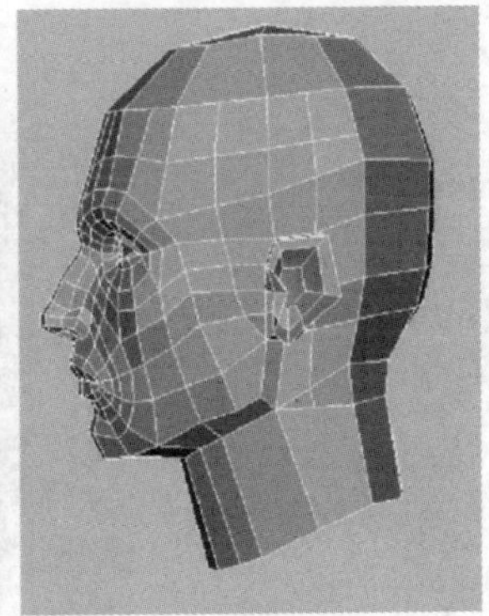

(b) 侧面

图 3-124 头部造型深入刻画

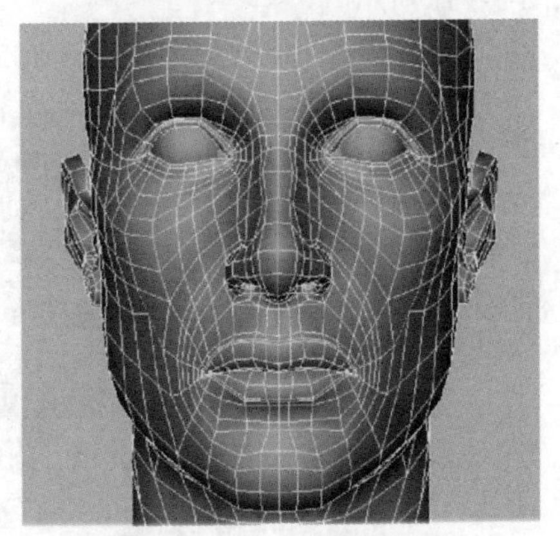

图 3-125 调整面部骨点

（14）嘴唇用两条线勾勒出唇形，如图 3-126 所示。

（15）眼皮需要多加线，在闭眼的时候需要这些线来保持形状。在外眼角处，要注意使上眼皮搭在下眼皮上，如图 3-127 所示。

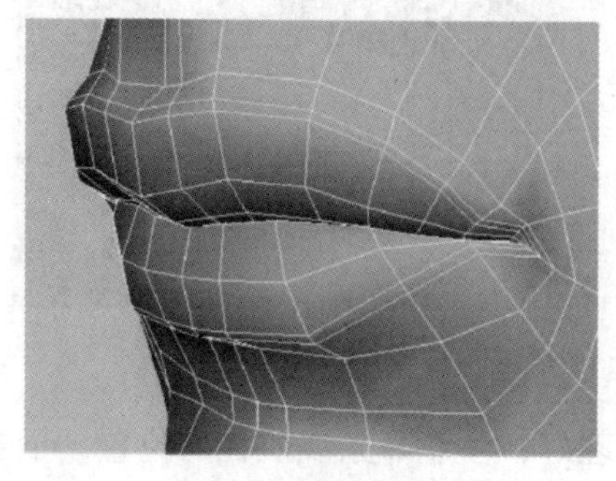
图 3-126　勾勒唇形

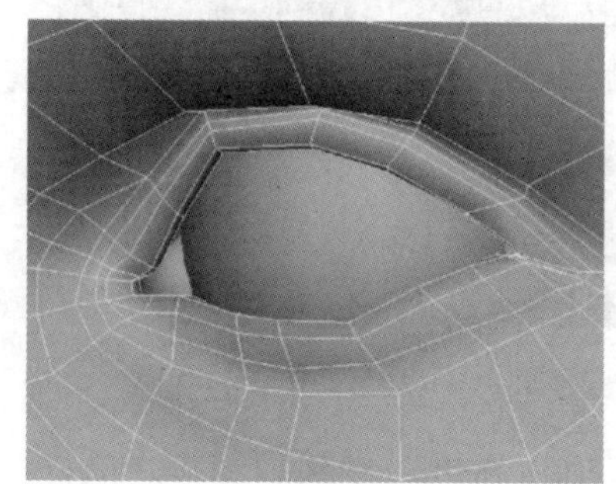
图 3-127　眼部细化

（16）鼻翼部需要添加很多线来塑形，如图 3-128 所示。

（17）完善耳部。耳郭、耳垂的形状要体现出来。耳屏和三角窝也是体现耳朵的重要结构，如图 3-129 所示。

（18）颈部要调整线符合胸锁乳突肌的走向，注意喉结部分的凸起，如图 3-130 所示。

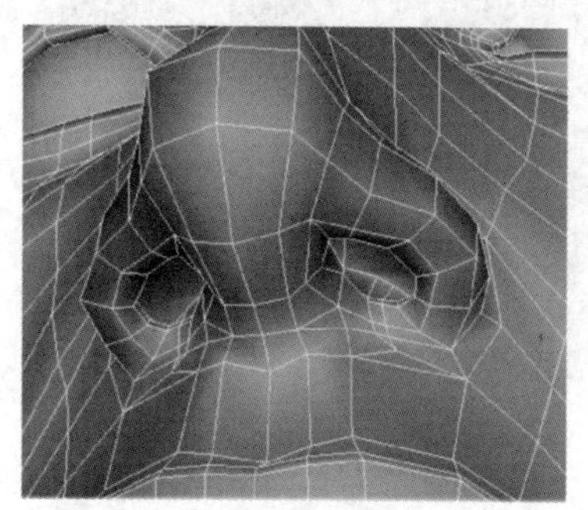
图 3-128　鼻翼部塑形

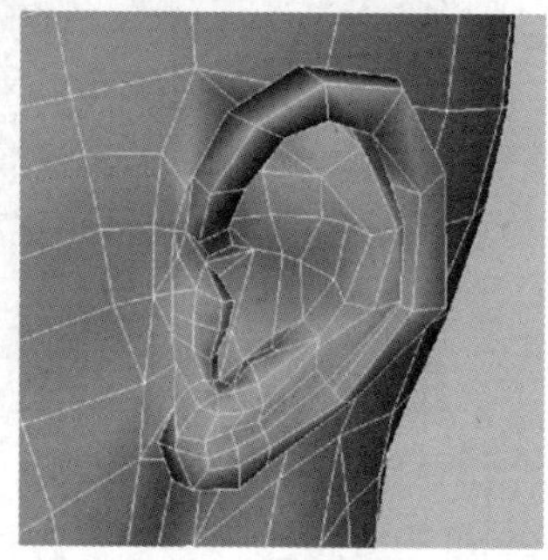
图 3-129　耳部塑形

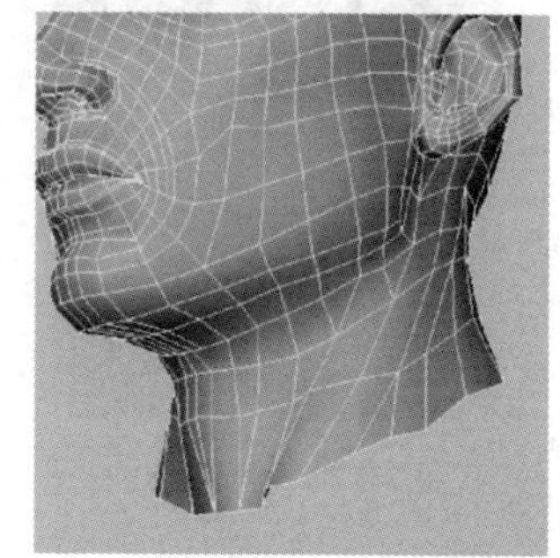
图 3-130　颈部塑形

（19）在额部、眉弓和鼻部交汇处、鼻唇沟需要添加更多的线，便于做表情动画，如图 3-131 所示。

（20）最终完成效果，如图 3-132 所示。

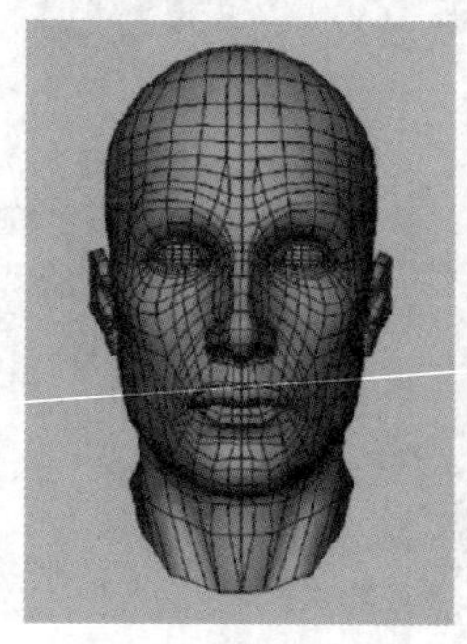
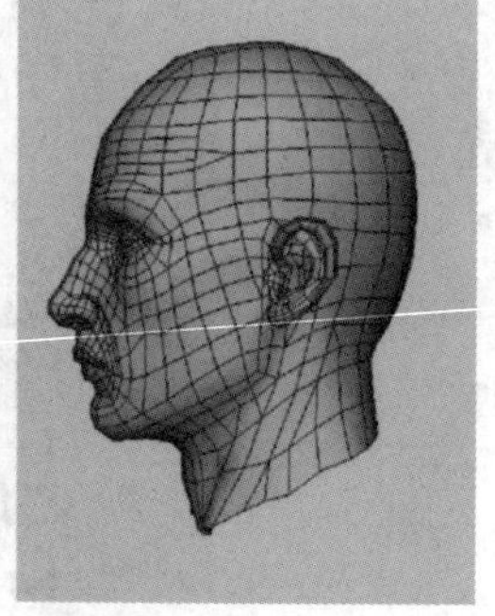
图 3-131　头部加线塑形

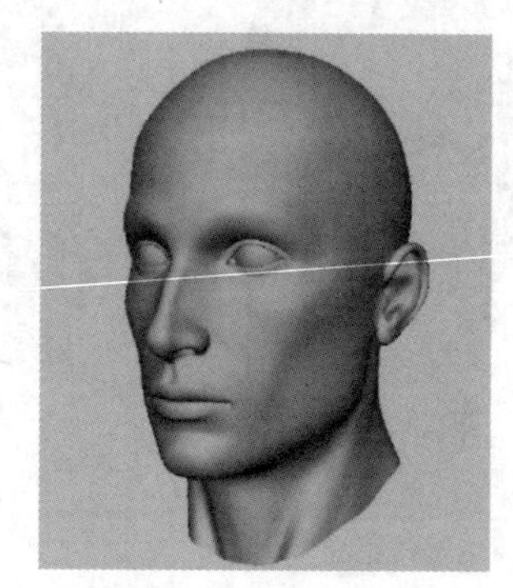
图 3-132　头部最终完成效果

项目总结

通过对项目三增强现实建模技术的学习，可以全面了解增强现实建模的规范及运用 Maya 软件进行建模的操作流程。重点学习了 Maya 的多边形建模技术、UV 拆分、贴图制作，实例部分包括产品模型、场景建筑模型和人物角色模型的制作等。需要通过大量的练习才能提高造型能力，逐渐掌握布线规律和制作技巧。

Maya 软件的建模技术主要针对多边形建模展开讲解，所以项目中增强现实建模技术基础主要基于多边形建模应用展开案例分析、讲解与案例实操，通过多层次、分阶段的实践学习可快速掌握 Maya 软件建模的技术应用技巧，完成模型制作的项目实训教学目标。

材质的制作是三维项目中非常重要的一个环节。材质和纹理是两个不同的概念，材质是由物体自身材料所决定的一种质感表现，而纹理则是物体在基本质感上表现出的更加丰富的表面特性，如颜色和纹理等，即纹理是附着在材质表面上的外在特性。材质在创建过程中技术性强一些，而纹理在创建过程中则表现为艺术性更强一些。

UV 划分是材质制作的基础。掌握 Maya 的 UV 划分技术是很有必要的，在使用 Maya 的 UV 划分工具很容易完成常见模型的 UV 划分工作。对于生物角色模型或复杂的道具模型，UV 专业划分软件会体现出其自身的优势。软件的使用主要是为了达到所需的最终效果，使用 Maya 的 UV 划分技术或者其他 UV 划分软件，得到理想的 UV 划分效果才是最终的制作目标。

纹理绘制是三维模型制作中非常重要的内容，涉及较多的美术知识，创作者的美术功底直接影响到最终的表现效果。在增强现实建模技术学习的过程中，建议在学习三维软件之外，更多地提升自身的美学素养，才能最终制作出优秀的三维模型作品。

学习者要设定合理的学习目标，分阶段完成操作练习。先使用多边形构建对象的基本形态，然后再逐步深入细节。在练习过程中，一定要重视基础训练，熟练软件的工具、命令、参数等内容，建立起三维的概念与设计思路，逐步增加难度，从而提高自己的制作水平。

巩固与提升

1. 请利用熟悉的三维软件制作中华传统器物——宫灯。成品效果如图 3-133 所示。

(a) 渲染效果

(b) 线框效果

图 3-133　宫灯

2. 请完成 Q 版卡通角色的模型制作，如图 3-134 所示。

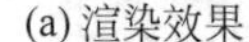

(a) 渲染效果

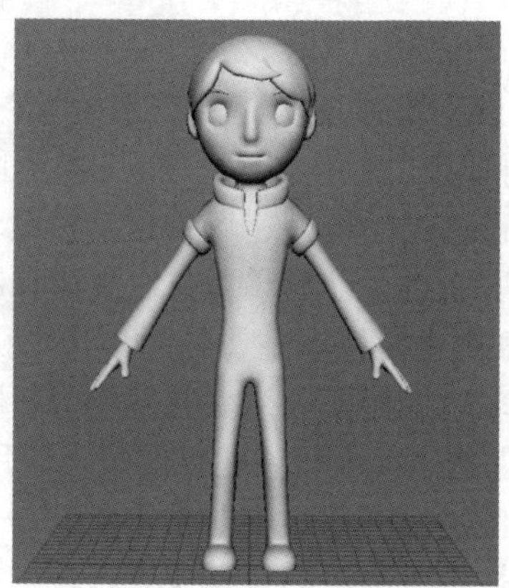

(b) 线框效果

图 3-134　Q 版卡通角色的模型

本地和云识别增强现实应用开发

项目介绍

“关键核心技术是要不来、买不来、讨不来的。只有把关键核心技术掌握在自己手中，才能从根本上保障国家经济安全、国防安全和其他安全。”只有加快突破关键核心技术，解决“卡脖子”的技术难题，才能不断提升我国发展的独立性、自主性、安全性。我们要尽快突破关键核心技术，努力实现关键核心技术自主可控，把创新主动权、发展主动权牢牢掌握在自己手中。

EasyAR是国产开发增强现实项目引擎平台的优秀代表，是拥有完全自主知识产权的增强现实开发技术，本项目选择该平台来进行增强现实项目开发，意在推广国产增强现实引擎，使更多的学生和增强现实开发者了解并使用EasyAR，为国产增强现实开发平台培养人才，壮大EasyAR开发队伍，形成强大的研发人员力量，实现更多应用场景，进而扩大EasyAR在增强现实产业方面的影响。

知识目标

- 了解EasyAR平台框架。
- 熟练掌握EasyAR与Unity引擎的配置。
- 熟练掌握EasyAR样例使用。
- 熟练掌握利用EasyAR Sense实现图像识别与跟踪开发。
- 熟练掌握利用EasyAR Sense实现运动跟踪开发。
- 熟练掌握利用EasyAR CRS实现本地与云端融合应用。
- 熟练掌握利用EasyAR CRS实现云端图库管理。

职业素养目标

- 培养学生树立科技报国的爱国情怀。

- 培养学生执着专注、精益求精、一丝不苟、科技强国的工匠精神。
- 培养学生应用科技服务社会、服务人民的职业素质。

职业能力目标

- 具有清晰的项目策划思路。
- 学会结合 EasyAR 开发本地和云端增强现实产品。
- 理论知识与项目需求相结合，培养岗位职能意识。

项目重难点

项目内容	工作任务	建议学时	知识点	重难点	重要程度
本地和云识别增强现实应用开发	EasyAR Sense 样例使用	6	EasyAR Sense 与 Unity 的结合； EasyAR Sense 样例使用	EasyAR Sense 的注册和获取许可证； 配置 Unity 开发环境 EasyAR Sense 样例使用	★★★★☆
	基于 EasyAR Sense 的本地 AR 应用开发	8	图像识别与追踪； 运动追踪	图像的选取和设置； 图像识别与追踪的实现； 运动追踪的实现	★★★★☆
	基于 EasyAR CRS 的云识别 AR 应用开发	4	本地与云端融合应用； 云端图库管理	本地与云端融合应用开发流程和实现； 云端图库管理的配置与实现	★★★☆☆

任务 4.1 EasyAR Sense 样例使用

任务要求

本任务主要是通过 EasyAR Sense 样例来了解 EasyAR Sense 开发平台，能配置好开发环境，了解其使用方法。熟悉 EasyAR Sense 操作流程，为后续结合 Unity 引擎开发增强现实项目做到举一反三。

建议学时

6 课时。

任务知识

知识点 EasyAR 简介

EasyAR 是一款非常强大的 AR 开发平台，可以帮助开发者快速构建高质量的 AR 应用程序。它提供了多种 AR 功能和技术，以及多种开发接口和工具，能够满足各种应用场景的需求。EasyAR 平台也具有良好的用户体验和易用性，可以让开发者更加专注于应用程序的设计和功能实现。EasyAR 也是一款纯国内原创的 AR 开发平台，在目前国际竞争形势下，也具有很强的现实意义。同时，EasyAR 也是国内用户量最大的 AR 开放平台，具备强大的用户基础，在商业公司中也应用得比较广泛，熟练掌握 EasyAR 对于学生的未来就业有很大的帮助。因此，对高校学生来说，学习和使用 EasyAR 平台是非常有价值的。

首先，对于计算机科学、软件工程和计算机视觉等相关专业的学生，学习和使用 EasyAR 平台，可以深入了解 AR 技术和应用开发。EasyAR 平台提供了丰富的开发文档和示例代码，可以让学生迅速掌握 AR 开发的基本知识和技能。同时，EasyAR 平台也可以作为一个项目实践的工具，让学生在实践中学习 AR 开发，锻炼编程能力和创新能力。

其次，对于文化遗产保护、教育、医疗保健等领域的学生，学习和使用 EasyAR 平台，可以更好地理解和应用 AR 技术。AR 技术在这些领域有广泛的应用，可以提供更好的用户体验和更丰富的信息展示。学生可以通过 EasyAR 平台了解 AR 应用的原理和开发流程，以及 AR 技术在实际应用中的优缺点和挑战，从而更好地应用 AR 技术解决实际问题。

最后，对于美术与设计、建筑设计、音乐、舞蹈、影视创作等艺术类专业的学生，学习和使用 EasyAR 平台可以实现更加新颖、有趣的 AR 应用。AR 技术可以与诸多艺术领域相结合，创造出更加生动和有趣的作品。

总之，EasyAR 是一款非常有价值的 AR 开发平台，对高校学生来说，学习和使用 EasyAR 平台可以更好地了解和应用 AR 技术，提升他们的编程能力和创新能力，以及拓展职业发展前景。

任务实施

任务实施 1：EasyAR Sense 样例使用

1. 前期准备

EasyAR Sense Unity Plugin 的下载、注册和使用可参考项目 2 中的任务 2.2 部分。该插件需要使用 Unity 2019.4 或更高版本，本项目使用的 Unity 版本为 2021.3.10f1。

2. 创建工程

1）创建空的 Unity 工程

创建工程时，Template 选择 3D，如图 4-1 所示。

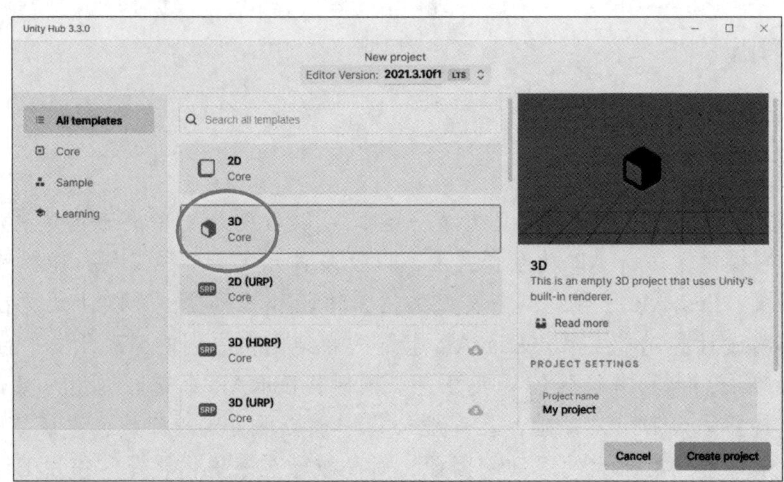

图 4-1　创建 3D 工程

2）添加插件包

插件使用 Unity 的 Package Manager 组织文件，通过 tarball 文件分发。插件的发布文件是一个 zip 包，解压该包可以看到 tgz 文件，如图 4-2 所示。注意，不要解压这个 tgz 文件。

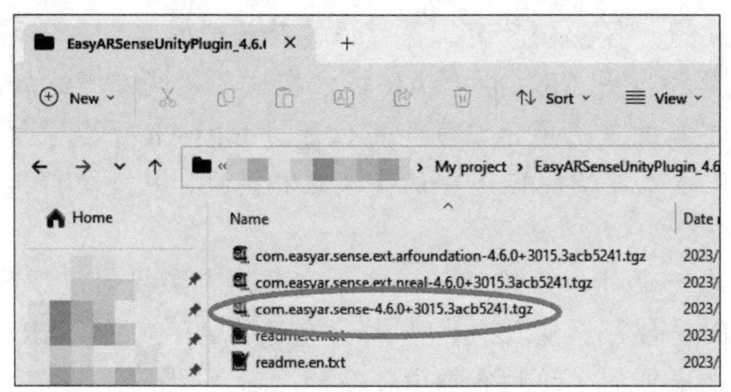

图 4-2　插件包及其文件

通常建议把上述 tgz 文件放在工程文件中，如 Packages 文件夹。然后通过 Unity 的 Package Manager 窗口来使用本地 tarball 文件安装插件，如图 4-3 所示。

在弹出的对话框中选择 com.easyar.sense-*.tgz 文件。

在导入后，tgz 文件不能被删除或移动到另一个位置，因此通常需要在导入前将这个文件放在合适的地方。如果希望与他人共享工程，可以将文件放在工程目录内，如果用到版本管理，也需要加入。

3）把样例将导入工程

样例随插件包一起分发。可以使用 Unity 的 Package Manager 窗口将样例导入工程中。

可以使用 **All Handheld AR** 选项一次性导入所有可以在手机上运行的 sample，或是使用比如 **WorldSenseing All** 选项一次性导入某个类别的 sample，如图 4-4 所示。

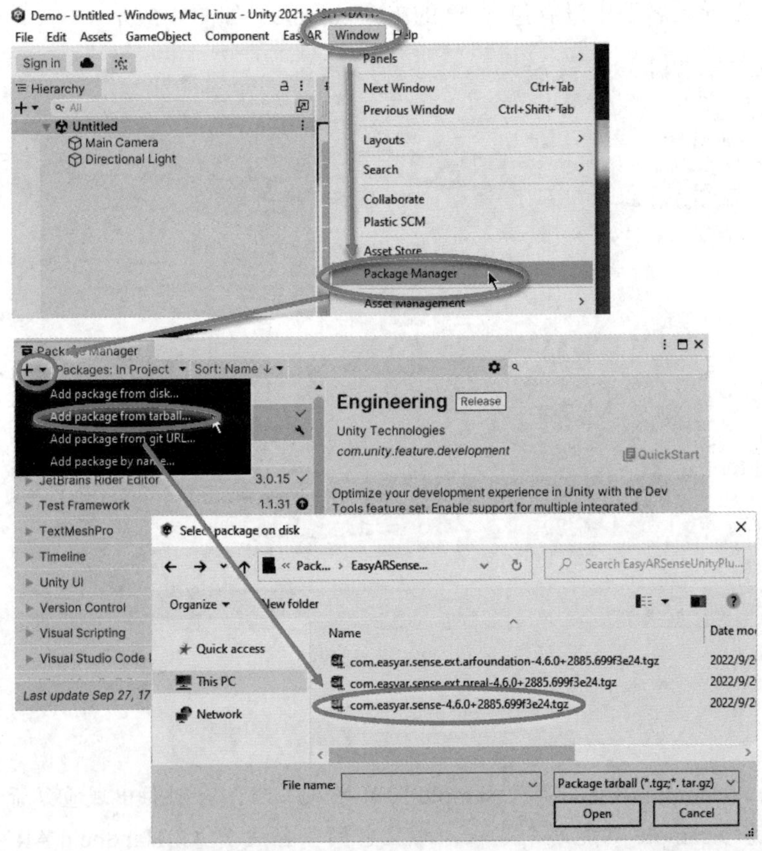

图 4-3　添加插件包

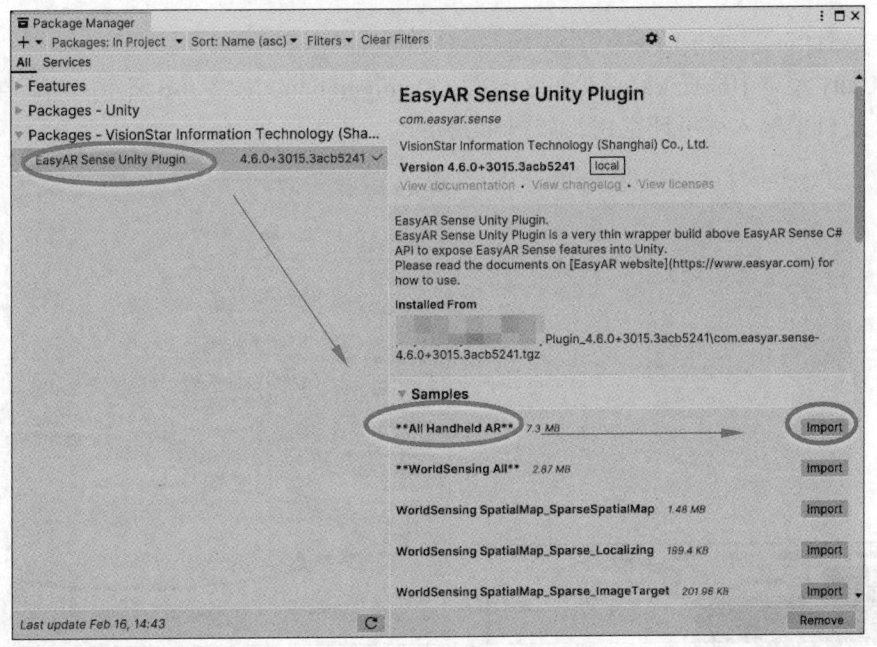

图 4-4　一次性导入一个类别的 sample

或者也可以导入名字中没有包含 ** 的单个 sample，如图 4-5 所示。

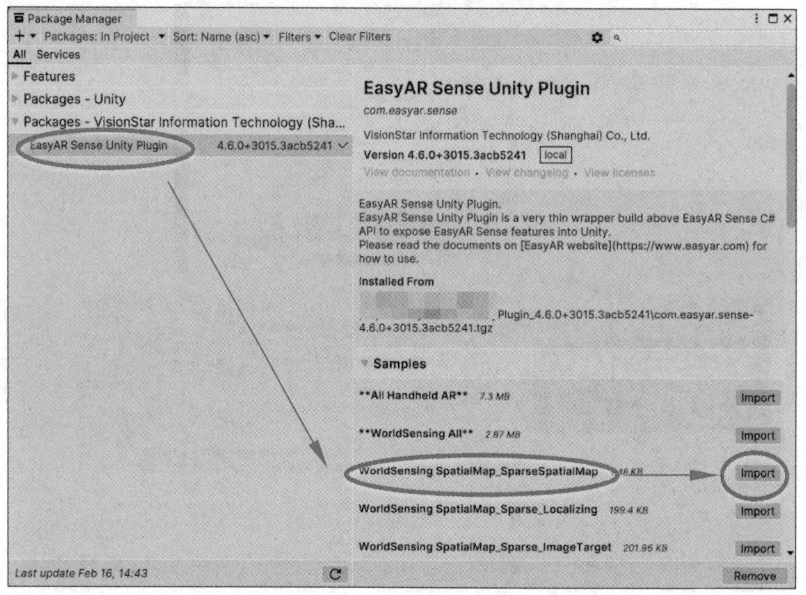

图 4-5　导入单个的 sample

** 开头的 sample 不能与其他 sample 同时导入工程，否则会出现重复资源。

AR 眼镜的 sample 只能逐个导入，而且它们不会被 **All Handheld AR** 导入，这些 sample 没有被包含在 sample 启动器中。

3. 填写许可证密钥（License Key）

从 Unity 菜单中选择 EasyAR → Sense → Configuration，如图 4-6 所示。然后在 Project Settings 窗口中输入许可证密钥，如图 4-7 所示。

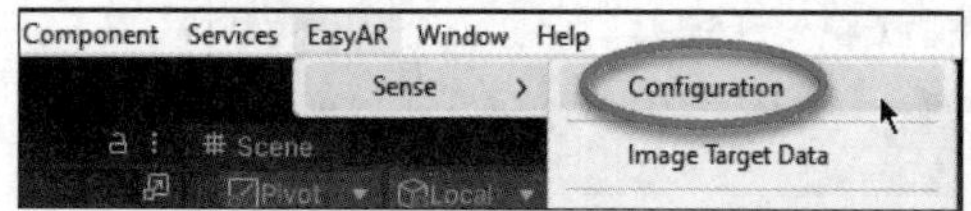

图 4-6　配置许可证

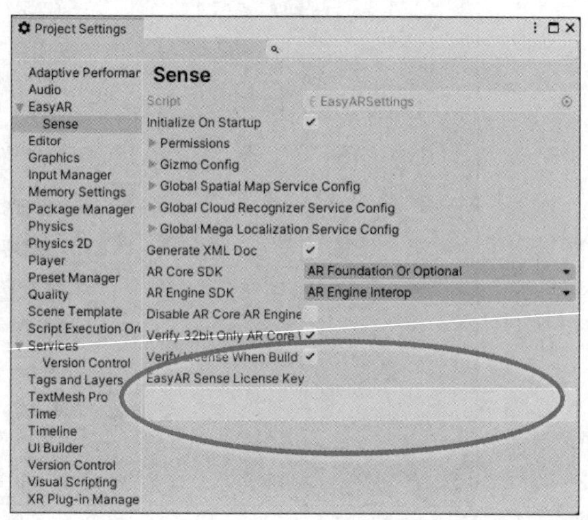

图 4-7　配置许可证

该页面也可以通过菜单 Edit → Project Settings → EasyAR 进入。

4. 创建含有 Camera 的场景

创建场景或使用工程自动创建的场景，确保场景中含有 Camera，如图 4-8 所示。

配置 Camera，如图 4-9 所示。

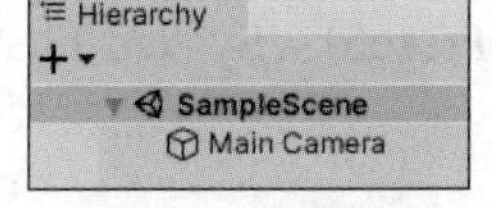

图 4-8 场景中的 Camera

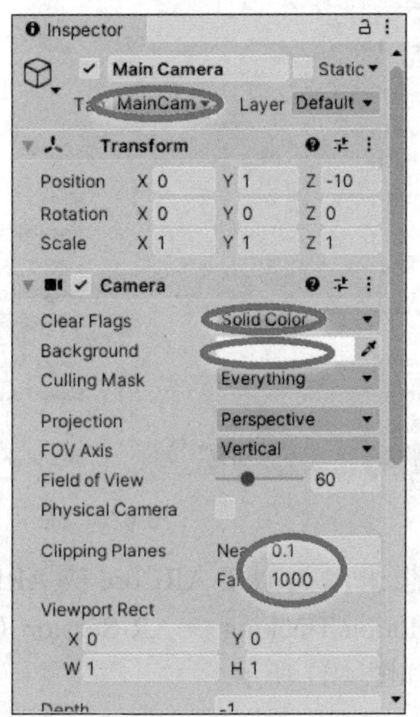

图 4-9 配置 Camera 参数

（1）Tag：可以设置 Camera 对象的 Tag 为 MainCamera，这样它会在 AR Session 启动时被 frame source 所选用。或者，也可以通过在 Inspector 窗口设置 FrameSource.Camera 来修改 FrameSource 的 Camera 为这个 Camera。

（2）Clear Flags：需要选择 Solid Color 以确保 Camera 的图像可以正常渲染。如果选择为 Skybox，Camera 的图像将无法显示。

（3）Background：这个非必需配置，考虑到使用体验，建议将背景颜色设为黑色，以便在 Camera 设备打开前和切换时以黑色显示。

（4）Clipping Planes：根据识别物体实际的物理距离设置。这里设置 Near 为 0.1（米）以避免 Camera 离物体较近时无法显示。

5. 创建 EasyAR AR Session

可以使用预设来创建 AR Session，也可以逐节点创建 AR Session。

1）使用预设创建 AR Session

在 GameObject 菜单中有许多预设，在大多数情况下，可以使用它们完成需要的功能，例如，如果要使用图像跟踪，可以使用 EasyAR Sense → Image Tracking → AR Session（Image Tracking Preset）来创建 AR Session，如图 4-10 所示。

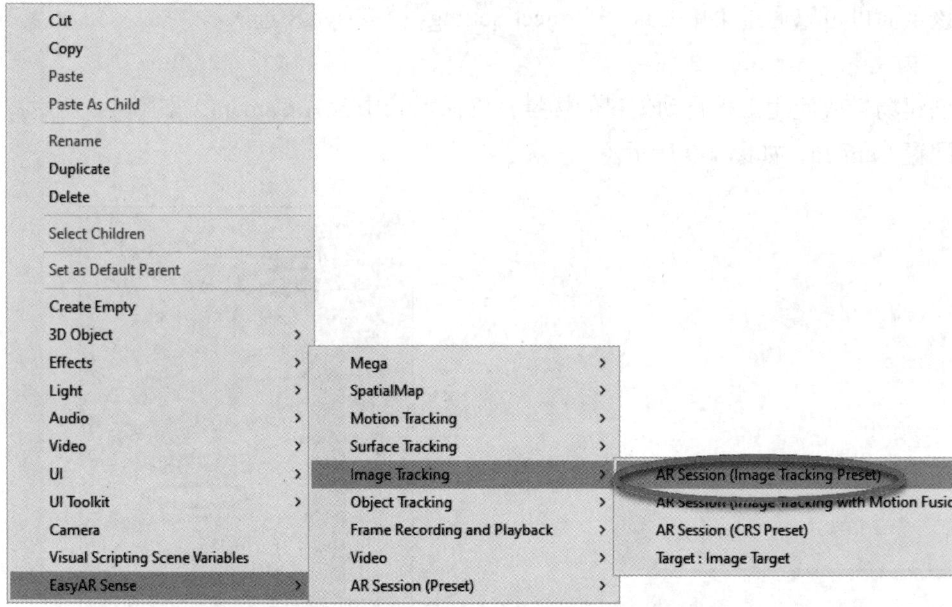

图 4-10　使用图像跟踪创建 AR Session

如果想采用类似于 ARCore 或 ARKit 的方式来使用运动跟踪，可以使用 EasyAR Sense → Motion Tracking → AR Session（Motion Tracking Preset）：System First 来创建 AR Session，如图 4-11 所示。

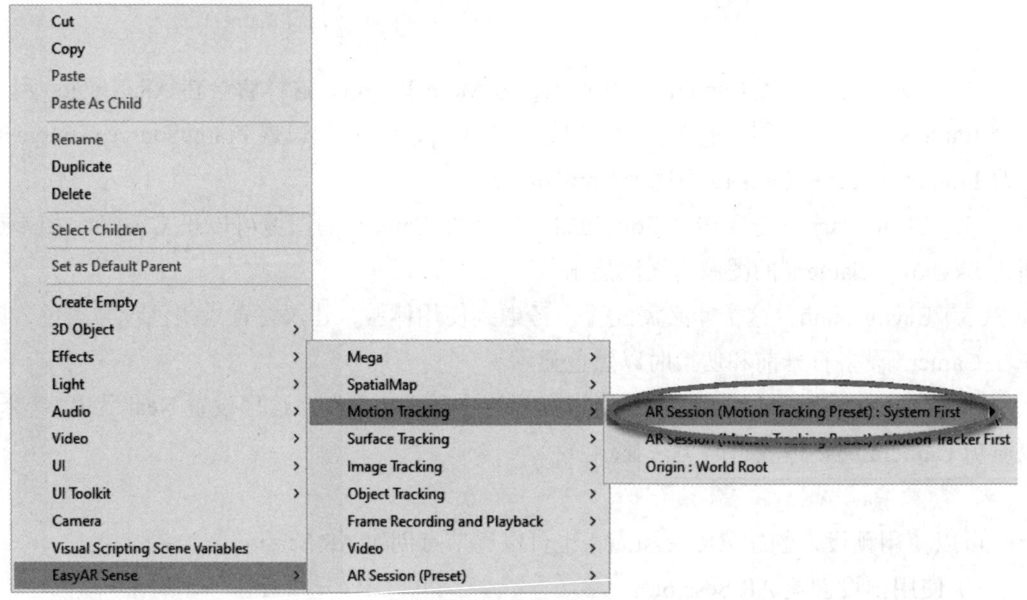

图 4-11　使用运动跟踪创建 AR Session

如果要同时使用稀疏空间地图和稠密空间地图来建图，可以使用 EasyAR Sense → SpatialMap → AR Session（Sparse and Dense SpatialMap Preset）来创建 AR Session，如图 4-12 所示。

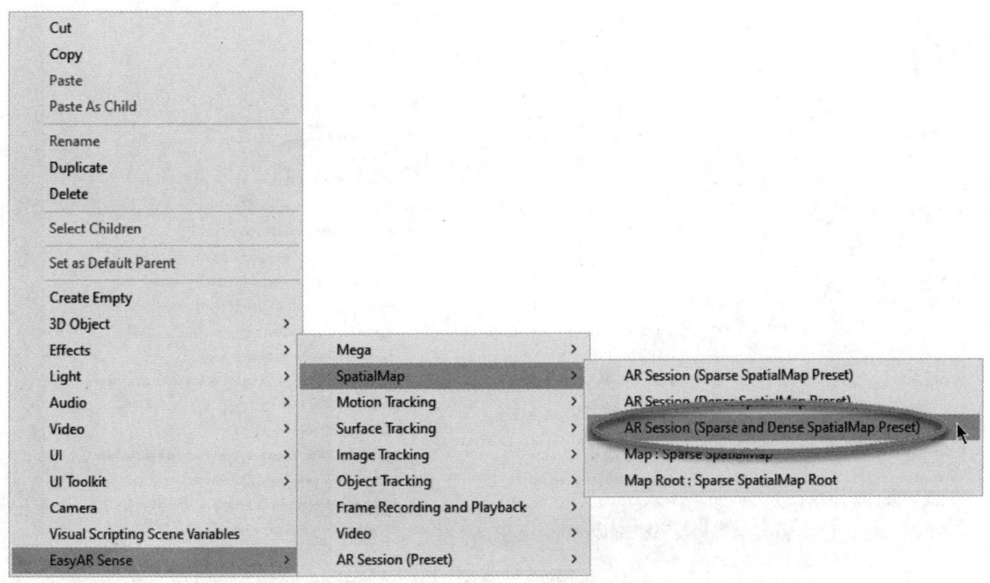

图 4-12　使用稀疏空间地图和稠密空间地图创建 **AR Session**

EasyAR Sense → AR Session（Preset）菜单收集了所有预设，如图 4-13 所示。如果在这个集合中和某个功能菜单中存在同名的预设，它们创建出来的 AR Session 也将是一样的。

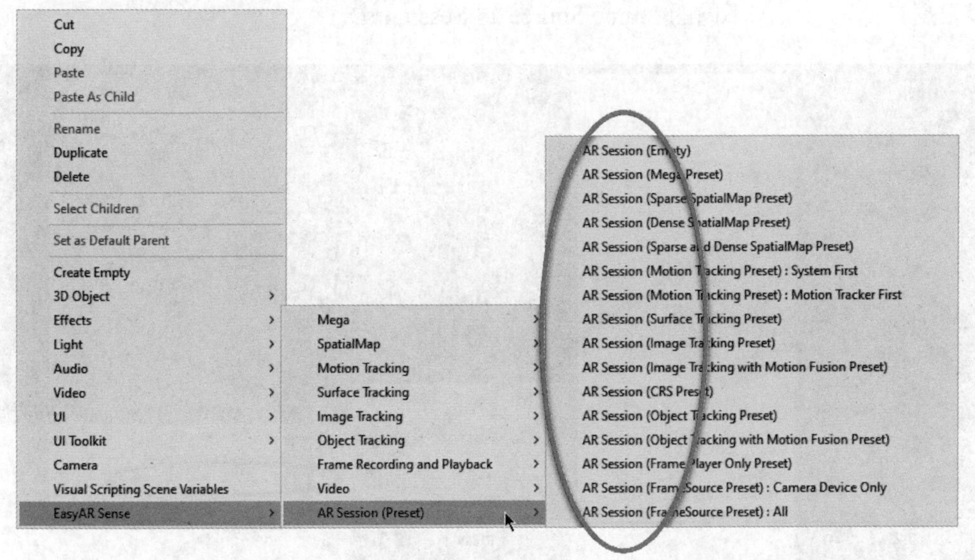

图 4-13　使用同名的预设创建 **AR Session**

2）逐节点创建 AR Session

如果 AR Session 预设不满足需求，也可以逐节点创建 AR Session。

例如，如果要在一个 Session 中同时使用稀疏空间地图和图像跟踪，可以首先使用 EasyAR Sense → AR Session（Preset）→ AR Session（Empty）创建一个空的 AR Session，如图 4-14 所示。

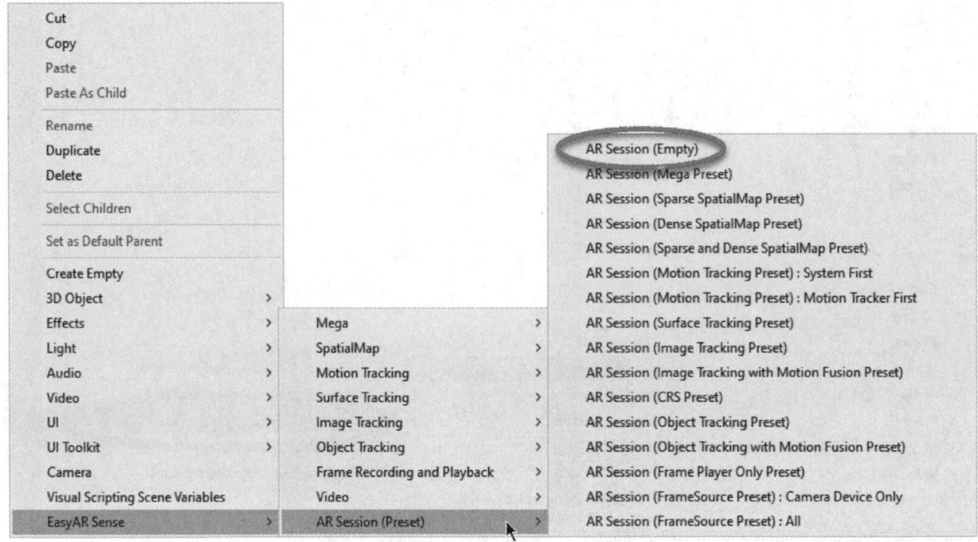

图 4-14　逐节点创建 AR Session

然后在 Session 中添加 Frame Source。为了使用稀疏空间地图，需要一个表示运动跟踪设备的 FrameSource，这通常在不同设备上会运行不同的 frame source。这里选中 AR Session（EasyAR），然后通过使用 EasyAR Sense → Motion Tracking → Frame Source：* 来创建一组 frame source，如图 4-15 所示。Session 使用的 Frame Source 会在运行时选择。可以根据具体需求添加不同的 Frame Source 到 Session 中。

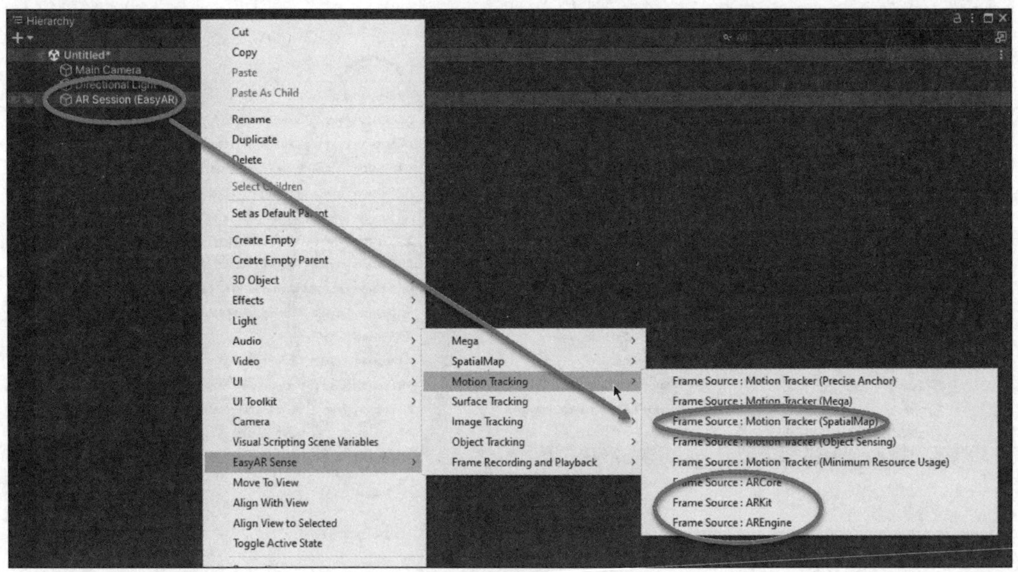

图 4-15　添加 Frame Source 到 Session 中

通过上述菜单添加多个 Frame Source，并创建一个空的 Frame Source Group 节点用于组织这些 Frame Source（非必需）。一般推荐按图 4-16 所示顺序排序，这会影响运行时 Frame Source 的选择顺序：AREngine → ARCore → ARKit → Motion Tracker。

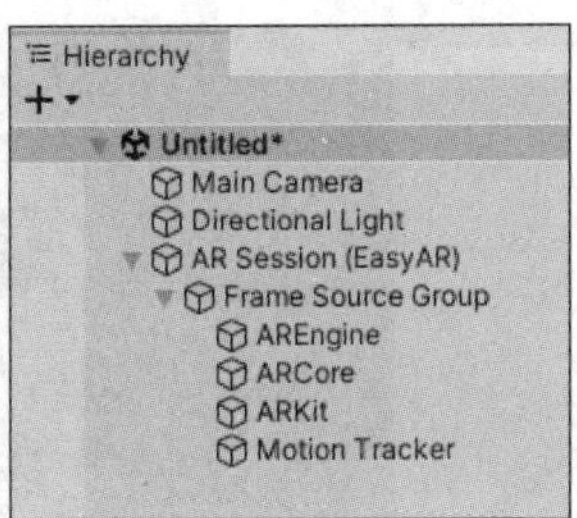

图 4-16 Frame Source Group 排序顺序

注意

如果需要使用 SpatialMap 功能，图 4-16 中的 Motion Tracker 必须通过 EasyAR Sense → Motion Tracking → Frame Source：Motion Tracker（SpatialMap）来创建，它对 Motion Tracker 在 SpatialMap 中的使用做了一些非常重要的预设。在使用其他功能时可以根据具体需要进行选择。

在添加 frame source 之后，需要添加 Session 需要使用的 Frame Filter。为了在 Session 中同时使用稀疏空间地图和图像跟踪，需要在 Session 中添加一个 Sparse SpatialMap Worker FrameFilter 和一个 ImageTracker FrameFilter，可以选中 AR Session（EasyAR），通过 EasyAR Sense → SpatialMap → Frame Filter：Sparse SpatialMap Worker 和 EasyAR Sense → Image Tracking → Frame Filter：Image Tracker 来完成，如图 4-17 和图 4-18 所示。

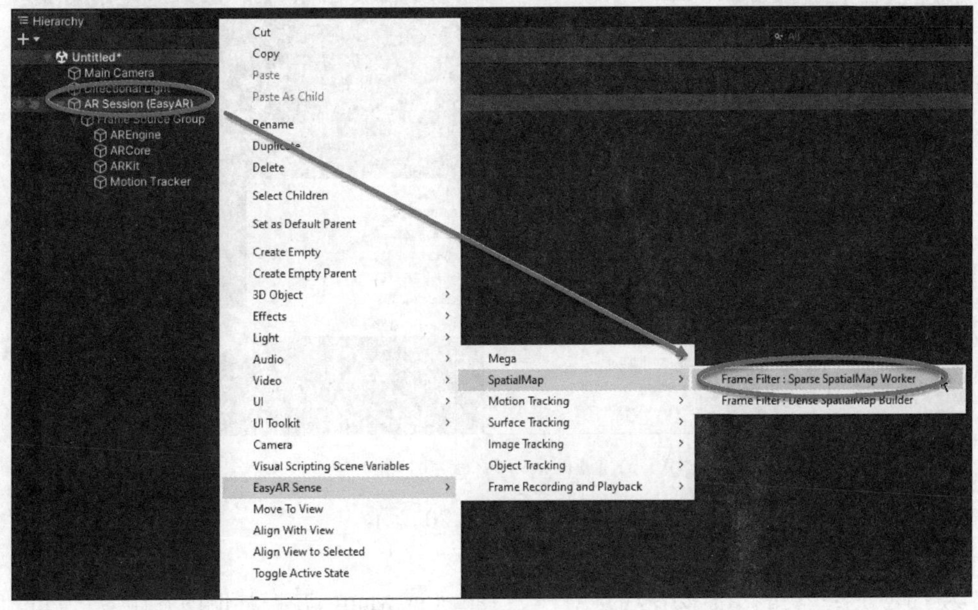

图 4-17 添加 Sparse SpatialMap Worker Frame Filter

若需要在设备上录制 Input Frame 然后在 PC 上回放，以便在 Unity 编辑器中诊断问题，可以选中 AR Session（EasyAR），然后在 Session 中添加 Frame Player 和 Frame Recorder，如图 4-19 所示。

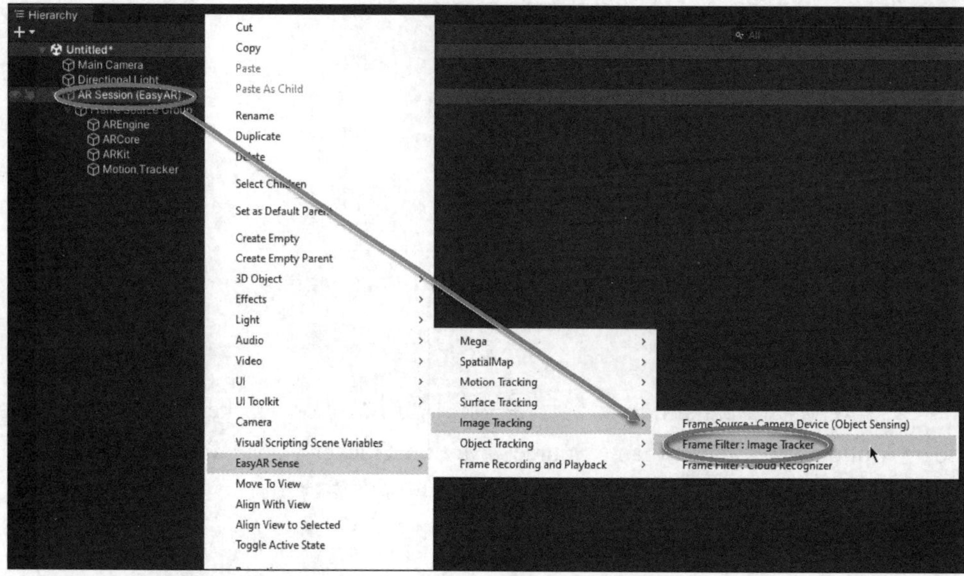

图 4-18　添加 Image Tracker Frame Filter

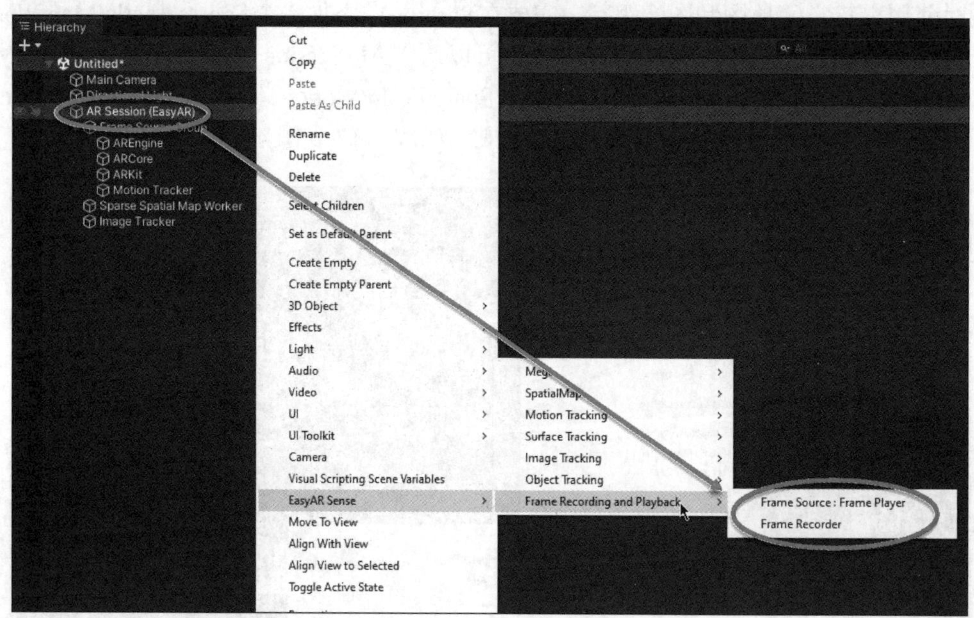

图 4-19　添加 Frame Player 和 Frame Recorder

最后，AR Session（EasyAR）的结构如图 4-20 所示。

6. 创建 Target 或 Map

为了使用某些功能，需要在场景中一个 Target 或 Map，并将其他内容作为它们的子节点，以便这些内容可以在场景中跟着 target 或 map 移动。

1）创建 ImageTarget

如果要使用图像跟踪，需要通过 EasyAR Sense → Image Tracking → Target：Image Target 创建 ImageTargetController，如图 4-21 所示。

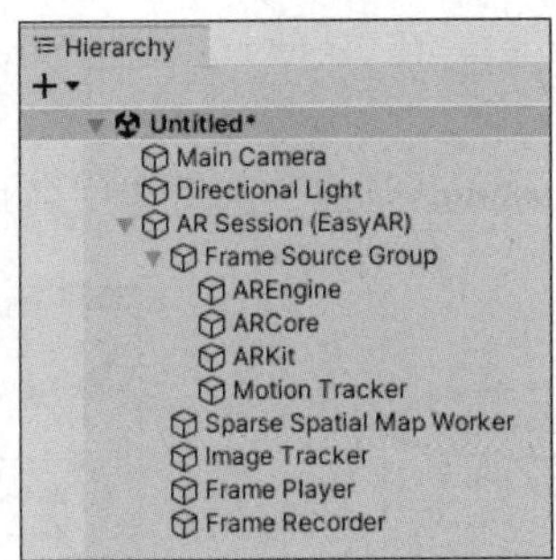

图 4-20　最终的 AR Session（EasyAR）配置

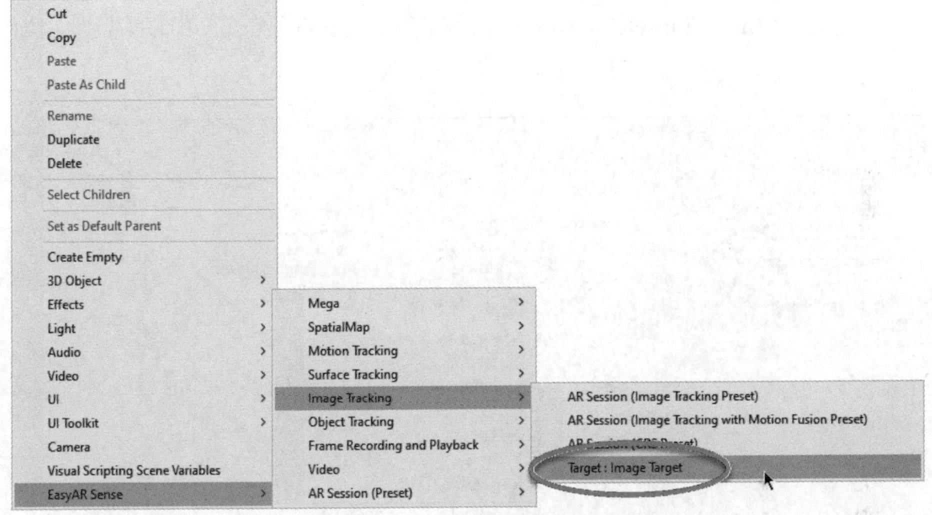

图 4-21　创建 ImageTarget

此时，Hierarchy 窗口层级结构如图 4-22 所示。

此时，场景中 ImageTarget 应该会显示成问号，如图 4-23 所示。

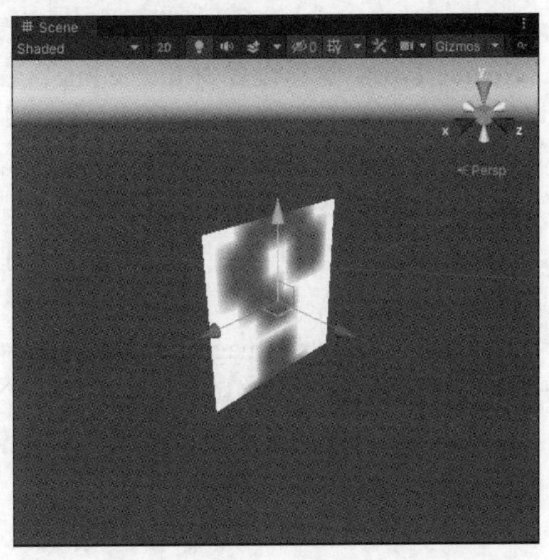

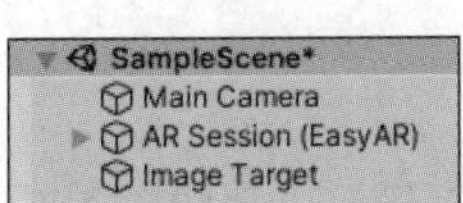

图 4-22　Hierarchy 窗口层级结构

图 4-23　ImageTarget 显示成问号

然后需要配置这个 ImageTarget。在 Assets 中创建 StreamingAssets 文件夹，如图 4-24 所示。

将需要识别的图片拖入 StreamingAssets，这里选用名片图，如图 4-25 所示。

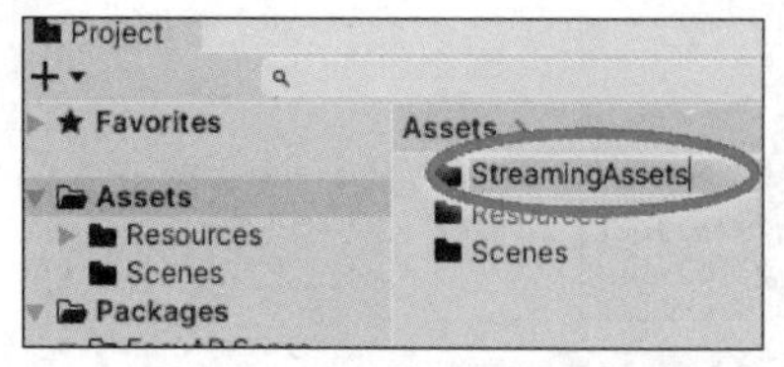

图 4-24　创建 StreamingAssets 文件夹

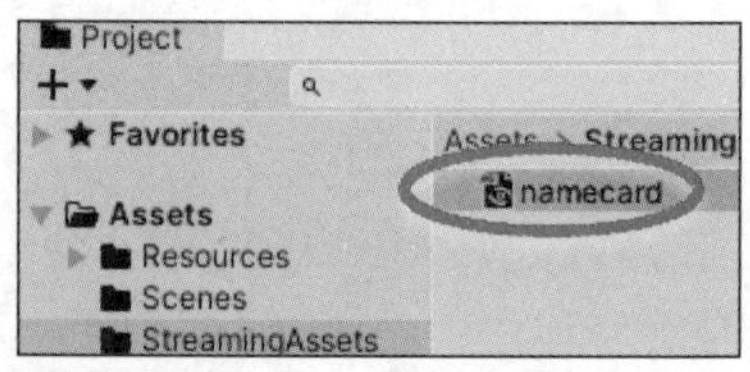

图 4-25　选用名片图

然后配置这个 ImageTargetController 以便使用 StreamingAssets 中的图片，如图 4-26 所示。

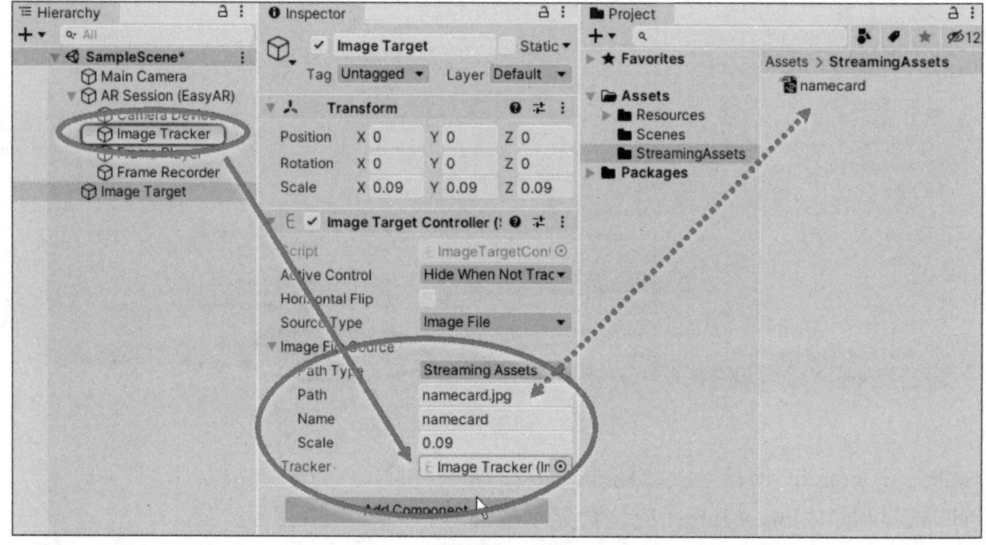

图 4-26　配置 ImageTargetController

Source Type：这里设置为 Image File，表示将使用图片文件创建 ImageTarget。

Path Type：这里设置为 Streaming Assets，表示将使用相对于 Streaming Assets 的路径。

Path：图片相对于 StreamingAssets 的路径。

Name：Target 名字。

Scale：根据现实世界中图像宽度的物理尺寸设置。这里使用的名片实际大小为 9cm，因此设为 0.09（m）。

Tracker：需要加载 Image Target Controller 的 Image Tracker Frame Filter。在添加 Image Target时，它会被默认设为场景中的其中一个 Image Tracker Frame Filter，添加后仍可修改。

场景中 Image Target 的显示将随 Path 的输入而随时改变。

2）创建 Sparse SpatialMap

如果需要使用稀疏空间地图建图功能，需要使用 EasyAR Sense → SpatialMap → Map: Sparse SpatialMap 创建 Sparse SpatialMap Controller，如图 4-27 所示。

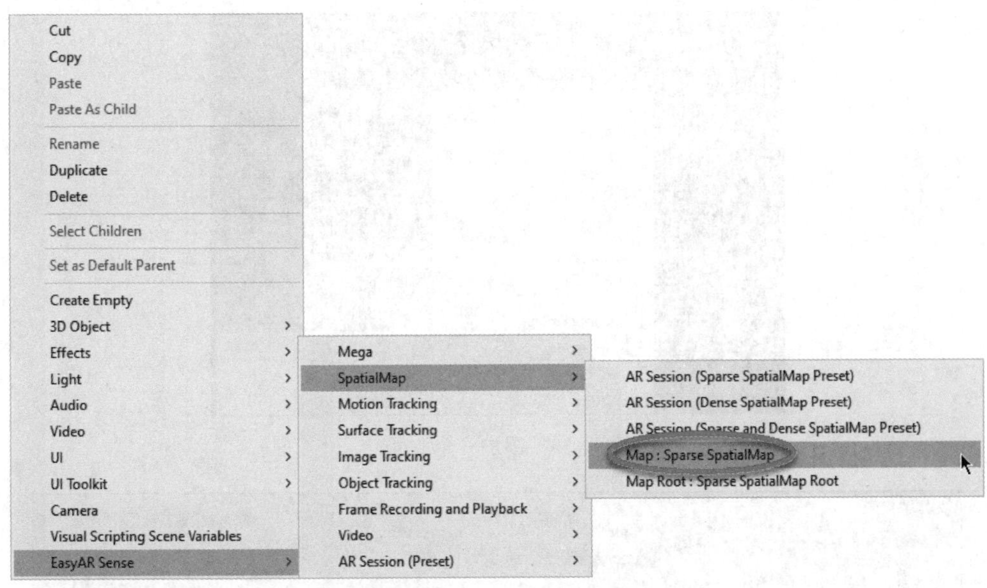

图 4-27 创建 Sparse SpatialMap

此时，Hierarchy 窗口层级结构如图 4-28 所示。然后配置 Sparse SpatialMap Controller 以用于建图，如图 4-29 所示。

SampleScene*
Main Camera
AR Session (EasyAR)
Sparse SpatialMap

图 4-28 Hierarchy 窗口层级结构

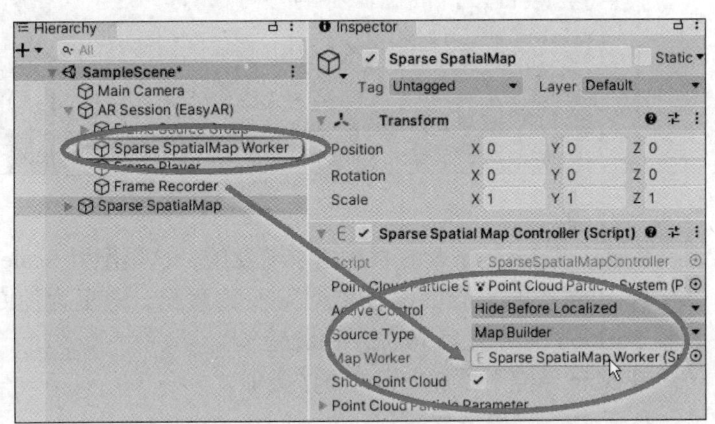

图 4-29 配置 Sparse SpatialMap Controller

Source Type：这里设置为 Map Builder，表示这个地图会用来建图。

Map Worker：需要加载 Sparse SpatialMap Controller 的 Sparse SpatialMap Worker Frame Filter。在添加 Sparse SpatialMap 时，它会被默认设为场景中的其中一个 Sparse SpatialMap Worker Frame Filter，添加后仍可修改。

Show Point Cloud：这里设置为 True，表示建图过程中会显示点云。

7. 添加跟随 Target 或 Map 的三维内容

这里展示如何在 Image Target 节点下添加三维物体，添加一个 Cube 对象，如图 4-30 所示。

此时，场景如图 4-31 所示。

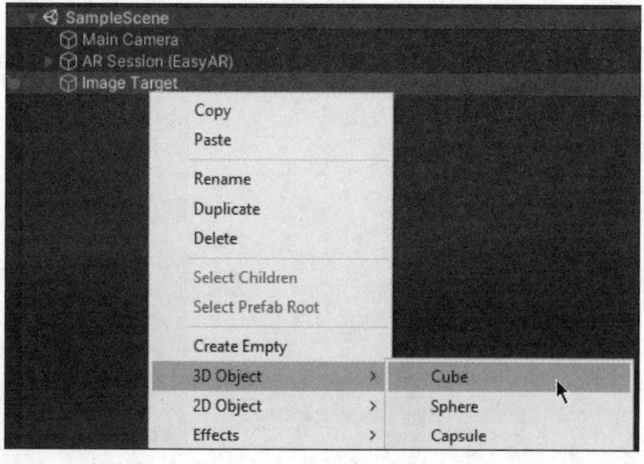

图 4-30　添加一个 Cube

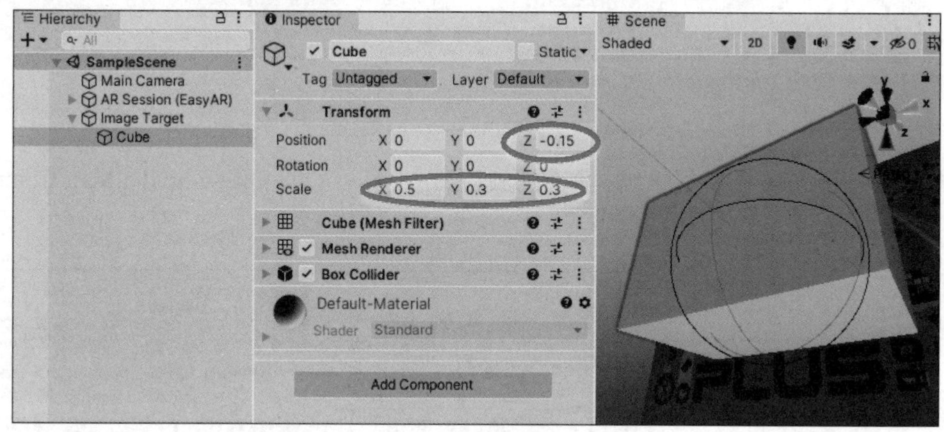

图 4-31　场景呈现

Scale：Transform 配置根据需求随意配，这里配置 Scale 为（0.5，0.3，0.3）。

Position：Transform 配置根据需求随意配，这里为使 Cube 对象底面与识别图对齐，调整 Position 的 Z 值为 −0.3/2 = −0.15。

在 Map 节点下添加内容的方法类似。

8. 在编辑器中运行

如果存在 AllSamplesLauncher 场景，可以打开（双击场景文件或 File → Open Scene）这个场景以运行所有 sample，或者也可以选择打开某个独立的 sample 场景并运行，如图 4-32 所示。

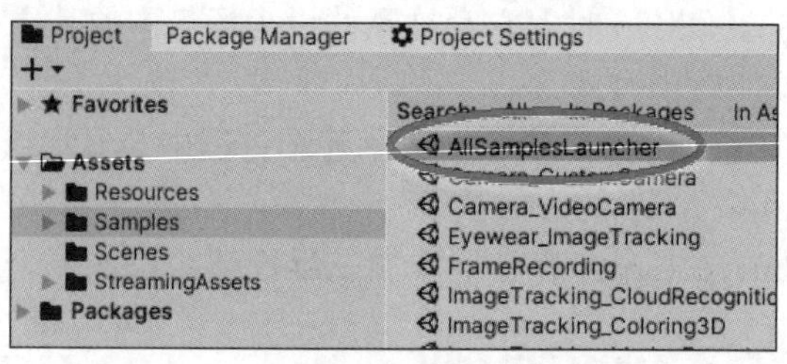

图 4-32　AllSamplesLauncher 场景

如果计算机上连接着摄像头，经过上面的配置之后，就可以直接在 Unity 编辑器中运行了，如图 4-33 所示。

图 4-33 运行效果

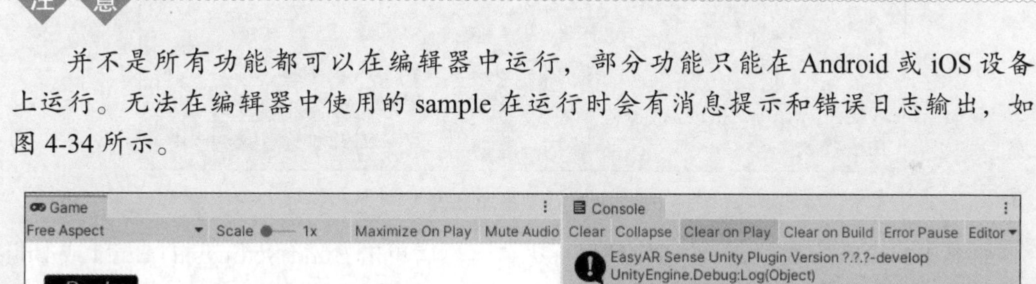

注意

并不是所有功能都可以在编辑器中运行，部分功能只能在 Android 或 iOS 设备上运行。无法在编辑器中使用的 sample 在运行时会有消息提示和错误日志输出，如图 4-34 所示。

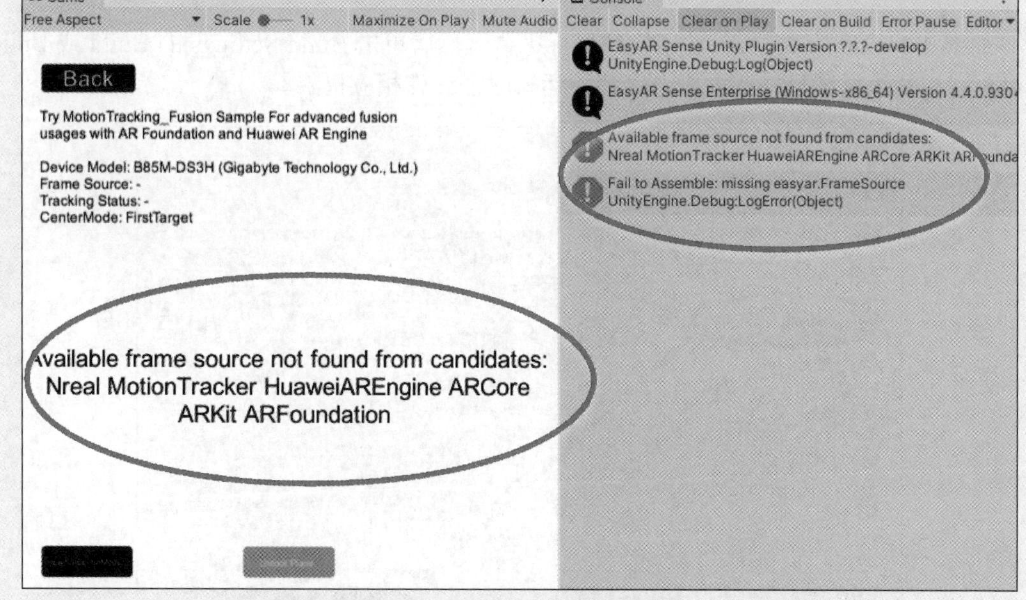

图 4-34 消息提示和错误日志输出

9. 在 Android 或 iOS 设备上运行

将场景添加到 build settings，如图 4-35 所示。

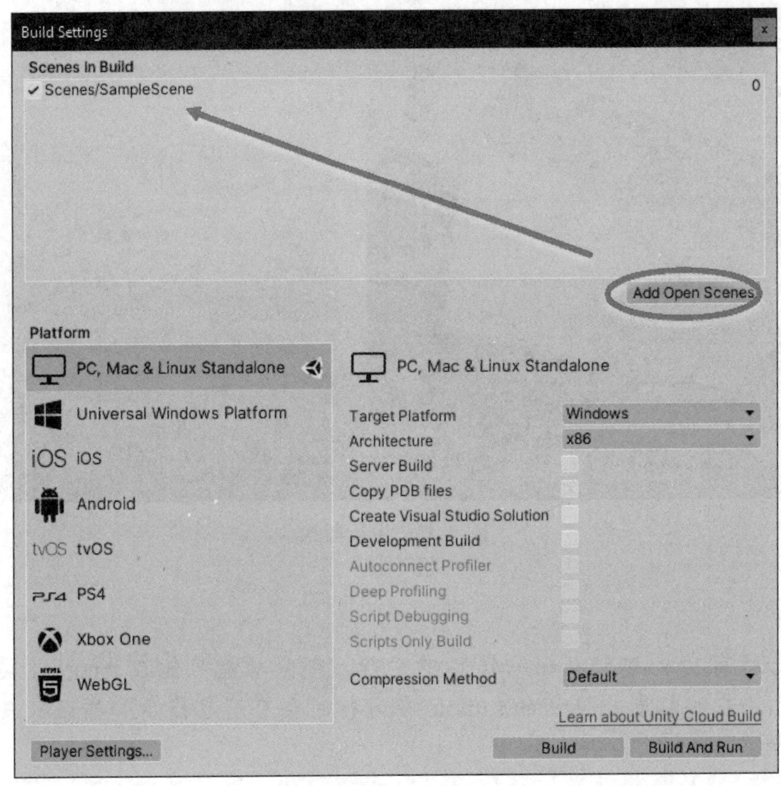

图 4-35　添加场景

如图 4-36 和图 4-37 所示，切换到目标平台，然后单击 Build Settings 的 Build 或 Build And Run 按钮编译项目并在手机上安装，运行时需允许相应权限。

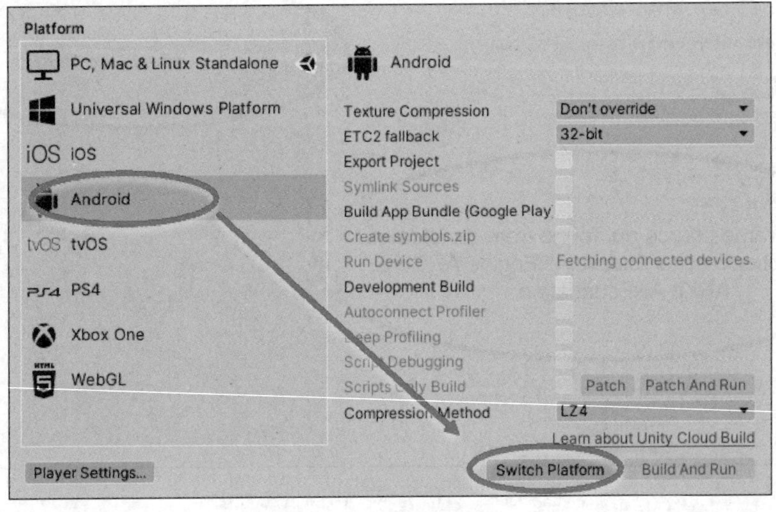

图 4-36　切换到目标平台

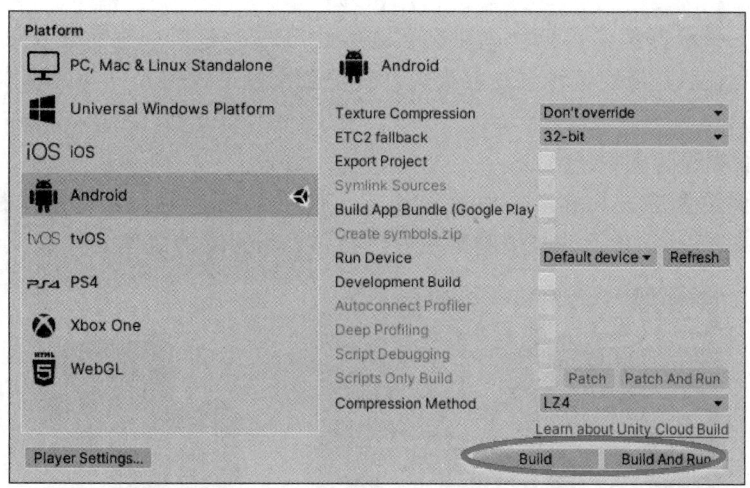

图 4-37 单击 **Build** 或 **Build And Run** 按钮

任务 4.2 基于 EasyAR Sense 的本地 AR 应用开发

任务要求

本任务主要是利用 EasyAR Sense 开发本地 AR 应用，实现图片识别和跟踪与运动跟踪项目，熟悉项目开发一般流程和程序开发技能。

建议学时

8 课时。

任务知识

知识点 Planar Image Tracking 与模板图像

Planar Image Tracking 是用于检测与跟踪日常生活中有纹理的平面物体。所谓“平面物体”，可以是一本书、一张名片、一幅海报，甚至是一面涂鸦墙，总之就是具有平坦表面的物体。这些物体的表面应当具有丰富且不重复的纹理。

在使用 Planar Image Tracking 之前，首先得准备好目标物体及其模板图像。根据使用场景，可以有多种方式来进行准备。比如，可以直接用相机以正视角度拍摄目标物体，所得照片即可作为目标物体的模板图像。也可以先进行图案的设计或绘制，然后通过打印得到所需的模板图像。需要注意的是，图像的格式建议采用 jpg 或 png。

必须确保模板图像或目标物体拥有合适的纹理。“合适”一词意味着纹理应当具有丰富的细节，且不是遵循某种重复性模式。纹理细节缺乏或模式重复的物体是不利于检测和跟踪的。

选择模版图像遵循以下几点。

（1）模板图像应当具有丰富的纹理细节。如图 4-38 所示，左边物体适于 EasyAR 的检测和跟踪，EasyAR 无法检测和跟踪右边物体，因为它的纹理太少了。

图 4-38　模板图像应当具有丰富的纹理细节

（2）纹理不应该遵循某种重复模式。如图 4-39 所示，这类图像不适于 EasyAR 的检测和跟踪。

（3）图像内容本身应当尽可能地充满整个画面。如图 4-40 所示，左边图像会比右边图像更适于 EasyAR 的检测和跟踪。

图 4-39　某种重复模式的图像

图 4-40　图像内容本身充满整个画面

（4）模板图像不能过于狭长，其短边的长度至少应该达到长边长度的 20%。如图 4-41 所示，这幅图像不适用于 EasyAR 的检测和跟踪。

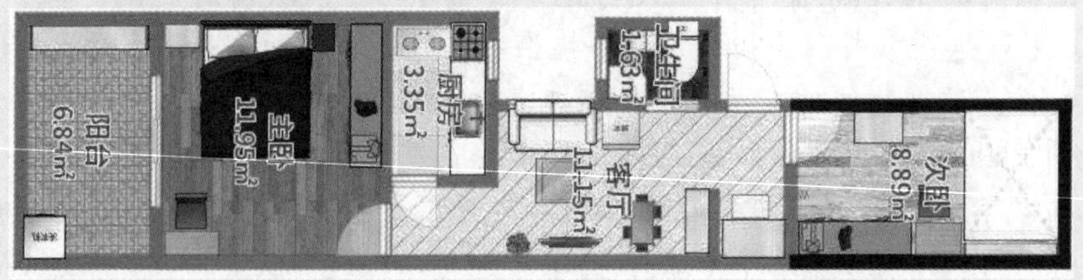

图 4-41　模板图像短边的长度达到长边长度的 20%

（5）模板图像的尺寸不能过小，也不能过大。建议分辨率介于 SQCIF（128px×96px）和 QVGA（1280px×960px）之间。如果模板图像的尺寸过小，则不能够保证能有足够多的特征点。如果模板图像的尺寸过大，则会给自动生成目标数据时带来不必要的内存开销和计算时间。

（6）模板图像如果带有不透明通道，则默认会按照白色背景的方式进行处理。如果本意并非如此，请避免使用不透明通道，如图 4-42 所示。

图 4-42　模板图像不透明通道默认按照白色背景的方式进行处理

创建一个 Planar Image Tracking 实例，仅需要准备好一张目标物体的设计图，或者是其正视角度的照片。目标物体的 Target 数据是在 Tracker 中自动生成的，除了准备上述图像，不需要进行任何额外的操作或配置。

任务实施

任务实施 2：图像识别与跟踪

在 Unity 的 Scene 视图中设置 UI，如图 4-43 所示。

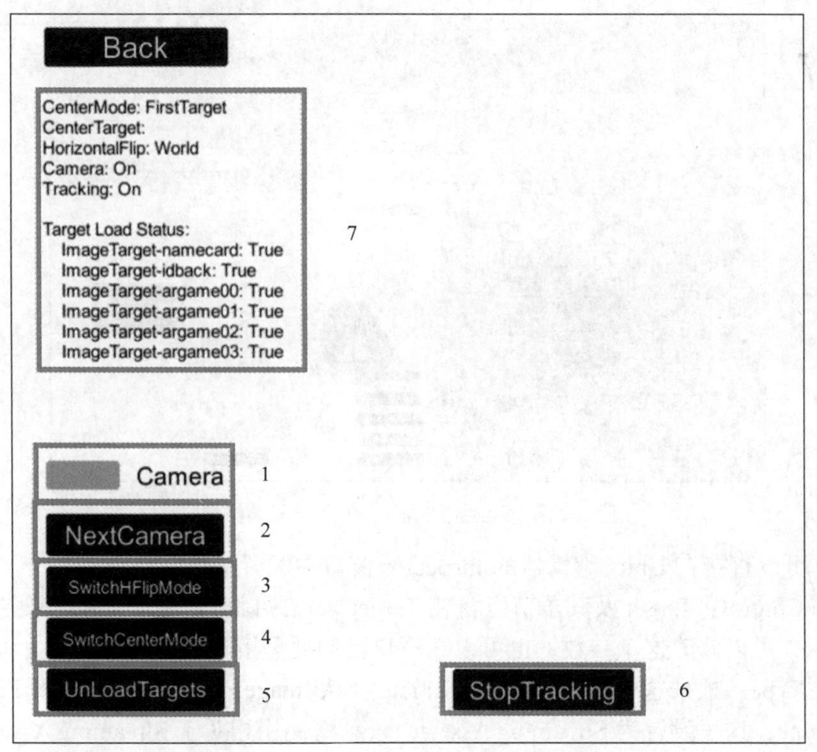

图 4-43　在 Unity 的 Scene 视图中设置 UI

标记 1：是否打开 Camera。
标记 2：按照索引逐个切换 Camera。
标记 3：切换水平翻转模式。
标记 4：切换世界中心模式。
标记 5：卸载 / 加载场景中所有 ImageTarget。
标记 6：停止跟踪 / 开始跟踪。
标记 7：显示系统状态和操作提示。

1. 场景中的 Target 的选择和设置

如果要替换 sample 中的图像，需选择一个纹理丰富的 *.jpg 或 *.png 文件。

模板图像准备妥当之后，将文件放置在 assets 目录下。目标物体的 Target 数据会在 Tracker 启动时自动进行计算生成，检测与跟踪的过程也将在那之后自动运行。

配置如图 4-44 所示的 Hierarchy 窗口层级结构。

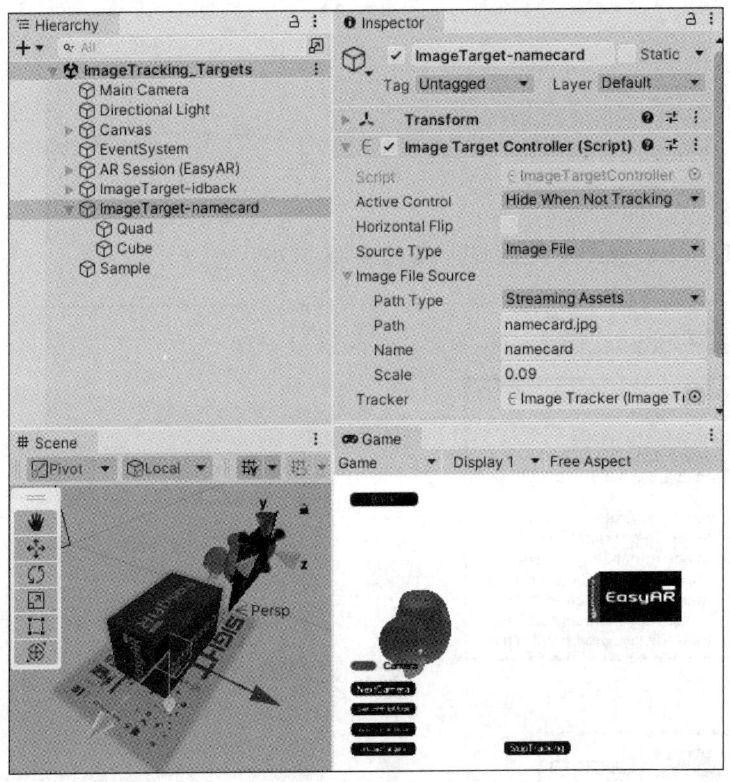

图 4-44　项目的 Hierarchy 窗口层级结构

Target 可以直接在 Unity 编辑器的 Inspector 窗口中配置。

Active Control：Target 及其子节点将在 Target 未被跟踪时隐藏。如果需要在跟踪丢失时保持显示，可以修改这个参数，也可以编写自己的处理策略。

Source Type：根据这个参数的数值，Targets 会从 Image File 或 Target Data File 中创建。

Path Type：这里设置为 Streaming Assets，表示将使用相对于 Streaming Assets 的路径。

Path：这个样例中使用图像相对于 Streaming Assets 的路径。

Name：Target 名称，可以随意输入。

Scale：根据识别图宽度实际的物理尺寸进行设置。

Tracker：需要加载 ImageTarget 的 Tracker。

Gizmo 将会在 Target 设置有效的时候显示，如有需要也可以在全局配置中关闭。在 game view 中不会显示。在 game view 中，namecard 的图像是场景中 ImageTarget-namecard 节点下的一个 quad。

图 4-44 中的方块和鸭子的 Transform 被调整为底面与识别图对齐。在运行这个场景并跟踪到 Target 的时候，方块和鸭子会在图像上面显示。

2. 在脚本中创建 Target——从图像创建

可以在脚本中使用图像来创建 Target。基本上需要做的事情就是把 Inspector 中的配置在脚本中通过代码再做一遍。首先需要创建一个空的 GameObject 并添加 ImageTargetController。

```
private ImageTargetController CreateTargetNode(string targetName)
{
    GameObject go = new GameObject(targetName);
    var targetController = go.AddComponent<ImageTargetController>();
    …
}
```

然后像在 inspector 中一样设置 ImageTargetController 的 Tracker、SourceType、ImageFileSource.PathType、ImageFileSource.Path、ImageFileSource.Name、ImageFileSource.Scale 的值。

```
var targetController = CreateTargetNode("ImageTarget-argame00");
targetController.Tracker = imageTracker;
targetController.SourceType = ImageTargetController.DataSource.ImageFile;
targetController.ImageFileSource.PathType = PathType.StreamingAssets;
targetController.ImageFileSource.Path = "sightplus/argame00.jpg";
targetController.ImageFileSource.Name = "argame00";
targetController.ImageFileSource.Scale = 0.1f;
```

在 GameObject 节点下添加物体，以便在 Target 被跟踪时显示。

```
GameObject duck02 = Instantiate(Resources.Load("duck02")) as GameObject;
duck02.transform.parent = targetController.gameObject.transform;
```

3. 在脚本中创建 Target——从列表创建

可以在脚本中通过一个有详细信息的列表创建 Target。需要自己定义这个列表的描述。加载 json 文件的接口已经废弃并在 Sense 新版本中不再被支持。自己定义列表可以在不损失性能的情况下提供定义自己的 Target 描述的灵活性。

类似于 EasyAR Sense 1.0 的 json 配置的定义可以这样描述。

```
var imageJosn = JsonUtility.FromJson<ImageJson>(@"
{
    ""images"" :
    [
        {
            ""image"" : ""sightplus/argame01.png"",
            ""name"" : ""argame01""
        },
        {
            ""image"" : ""sightplus/argame02.jpg"",
            ""name"" : ""argame02"",
            ""scale"" : 0.2
        },
        {
            ""image"" : ""sightplus/argame03.jpg"",
            ""name"" : ""argame03"",
            ""scale"" : 1,
            ""uid"" : ""uid string will be ignored""
        }
    ]
}");
```

只需要通过一个循环来创建 Target 就可以，所有耗时过长的处理会在背景线程中进行。

```
foreach (var image in imageJosn.images)
{
    targetController = CreateTargetNode("ImageTarget-" + image.name);
    targetController.Tracker = imageTracker;
    targetController.ImageFileSource.PathType = PathType.StreamingAssets;
    targetController.ImageFileSource.Path = image.image;
    targetController.ImageFileSource.Name = image.name;
    targetController.ImageFileSource.Scale = image.scale;

    var duck03 = Instantiate(Resources.Load("duck03")) as GameObject;
    duck03.transform.parent = targetController.gameObject.transform;
}
```

4. 创建 Target 事件

Target 事件可以用来处理自定义操作。这个 sample 使用这些事件来输出一些日志。在使用中可以删除这些日志，也可以添加自己的应用逻辑。

```
controller.TargetFound += () =>
{
```

```
        Debug.LogFormat("Found target {{id = {0}, name = {1}}}", controller.
        Target.runtimeID(), controller.Target.name());
    };
    controller.TargetLost += () =>
    {
        Debug.LogFormat("Lost target {{id = {0}, name = {1}}}", controller.
        Target.runtimeID(), controller.Target.name());
    };
    controller.TargetLoad += (Target target, bool status) =>
    {
        Debug.LogFormat("Load target {{id = {0}, name = {1}, size = {2}}}
        into {3} => {4}", target.runtimeID(), target.name(), controller.Size,
        controller.Tracker.name, status);
    };
    controller.TargetUnload += (Target target, bool status) =>
    {
        Debug.LogFormat("Unload target {{id = {0}, name = {1}}} => {2}",
        target.runtimeID(), target.name(), status);
    };
```

5. 加载和卸载 Target

Target 的加载和卸载非常简单。设置 ImageTargetController.Tracker 为 null，target 就会被卸载，而设为某个 tracker，target 就会立即被加载进去。

```
public void UnloadTargets()
{
    foreach (var item in imageTargetControllers)
    {
        item.Key.Tracker = null;
    }
}
public void LoadTargets()
{
    foreach (var item in imageTargetControllers)
    {
        item.Key.Tracker = imageTracker;
    }
}
```

6. 开关跟踪

ImageTrackerFrameFilter.enabled 可以控制图像跟踪功能的开关。可以在不需要的时候关闭跟踪来节省资源。跟踪关闭的时候不会对 Camera 或其他跟踪功能产生影响。

```
public void Tracking(bool on)
{
    imageTracker.enabled = on;
}
```

7. 开关相机

VideoCameraDevice.enabled 可以控制 Camera 设备的开关。如果 Camera 关闭，跟踪功能将停止收到数据，整个 AR 链条将停止。

```
public void EnableCamera(bool enable)
{
    cameraDevice.enabled = enable;
}
```

8. 设置中心模式

在物体感知功能中，有三个 ARSession.CenterMode 的模式是有效的。

在 ARSession.ARCenterMode.Camera 模式中，设备运动时 Camera 不会自动移动，如图 4-45 所示。

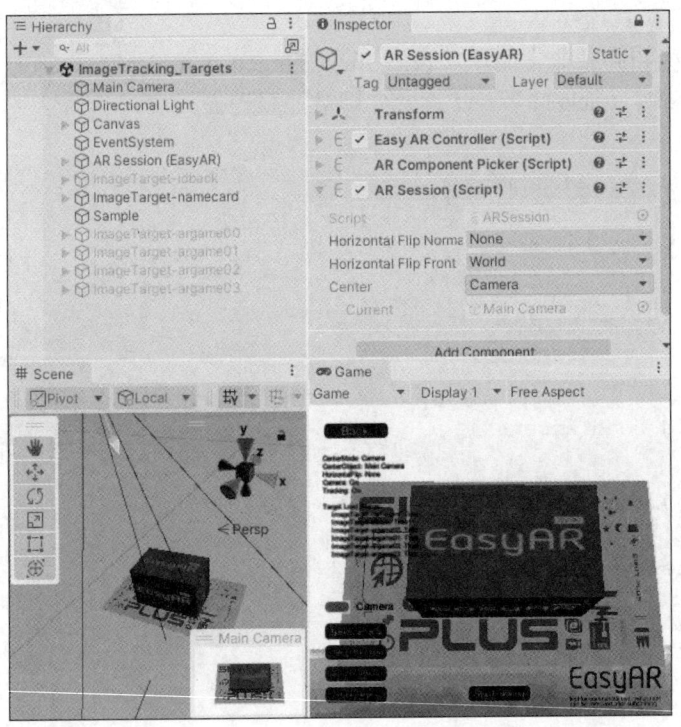

图 4-45　ARSession.ARCenterMode.Camera 模式

在 ARSession.ARCenterMode.FirstTarget 或 RSession.ARCenterMode.SpecificTarget 模式中，Camera 会在设备运动时自动移动，而 Target 不会动，如图 4-46 所示。

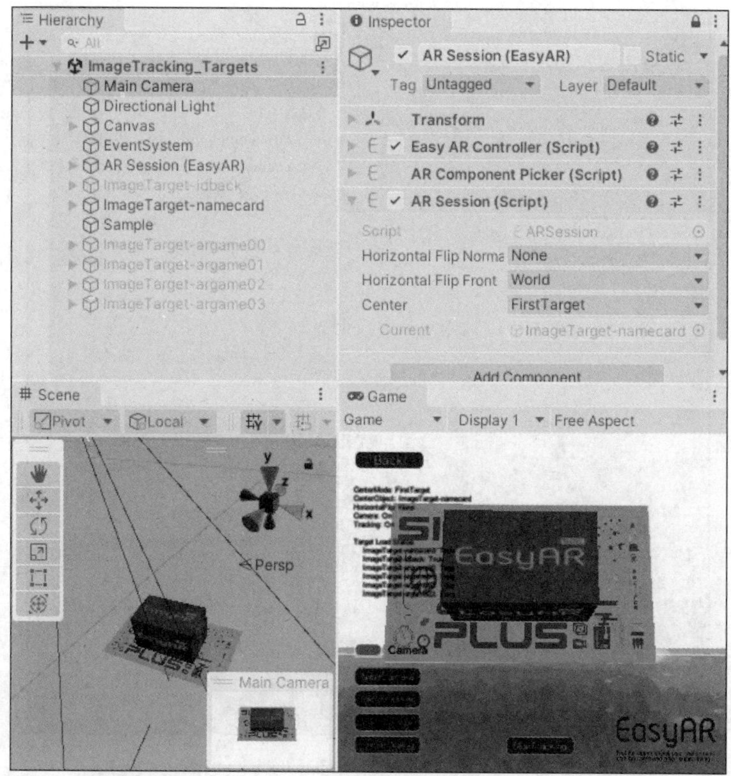

图 4-46　ARSession.ARCenterMode.FirstTarget 模式或 ARSession.ARCenterMode.SpecificTarget 模式

为了说明 ARSession.ARCenterMode.FirstTarget 与 ARSession.ARCenterMode.SpecificTarget 之间的不同，可以修改 tracker 配置，以便同时跟踪两个 Target。

在 ARSession.ARCenterMode.FirstTarget 模式中，有 Target 被跟踪时 Camera 会移动，而中心将会是第一个被跟踪到的 Target，这个 Target 丢失的时候中心会切换到其他 Target，如图 4-47 所示。

在中心 Target 没有变化的时候，ARSession.ARCenterMode.SpecificTarget 模式会一直使用指定的 Target 作为中心，如果这个 Target 丢失，Camera 将不会移动，如图 4-48 所示。

ARSession.CenterMode 可以随时修改并将立即生效，如图 4-49 所示。

9. 水平翻转摄像机图像

ARSession.HorizontalFlipNormal 及 ARSession.HorizontalFlipFront 控制了 Camera 图像是如何进行镜像显示的。在 Camera 图像镜像显示时，Camera 投影矩阵或 Target Scale 会同时改变，以便确保跟踪行为可以继续。

ARHorizontalFlipMode.None 模式下没有镜像显示，如图 4-50 所示。

在 ARHorizontalFlipMode.World 模式下，Camera 图像会镜像显示，Camera 投影矩阵会变化进行镜像渲染，TargetScale 不会改变，如图 4-51 所示。投影矩阵的改变将对场景中所有物体产生副作用，如果这个效果不是想要的，可以选择 ARHorizontalFlipMode.Target 模式。

在 ARHorizontalFlipMode.Target 模式下，Camera 图像会镜像显示，Target Scale 会改变进行镜像渲染，Camera 投影矩阵不会改变，如图 4-52 所示。

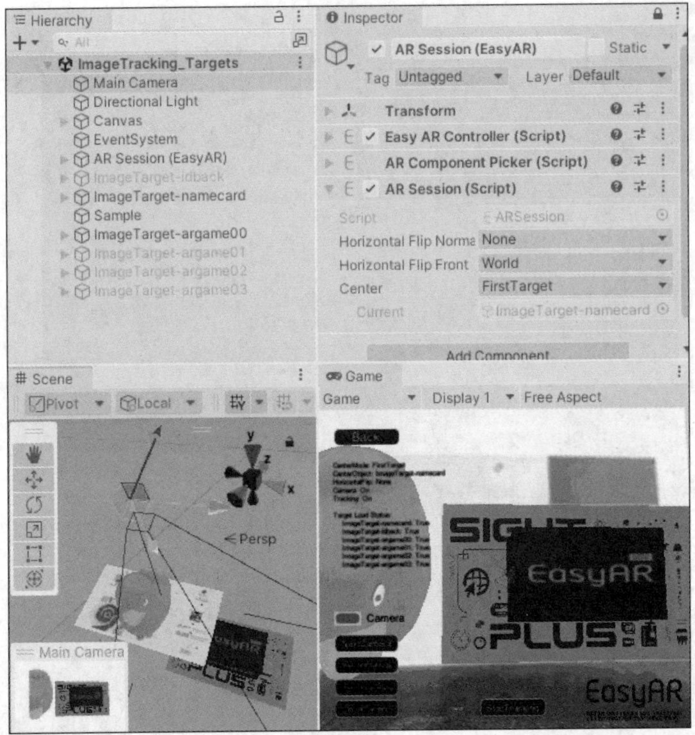

图 4-47　ARSession.ARCenterMode.FirstTarget 模式

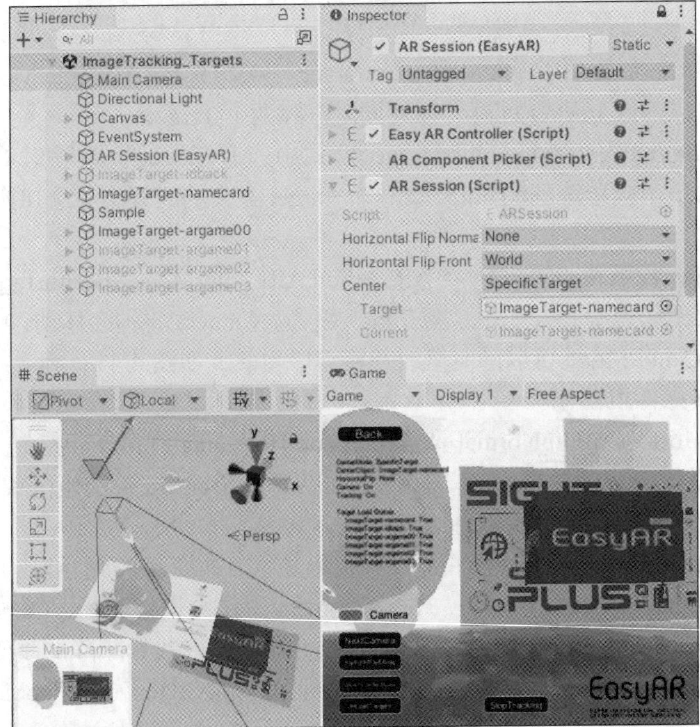

图 4-48　ARSession.ARCenterMode.SpecificTarget 模式

图 4-49　修改 ARSession.CenterMode 就会立即生效

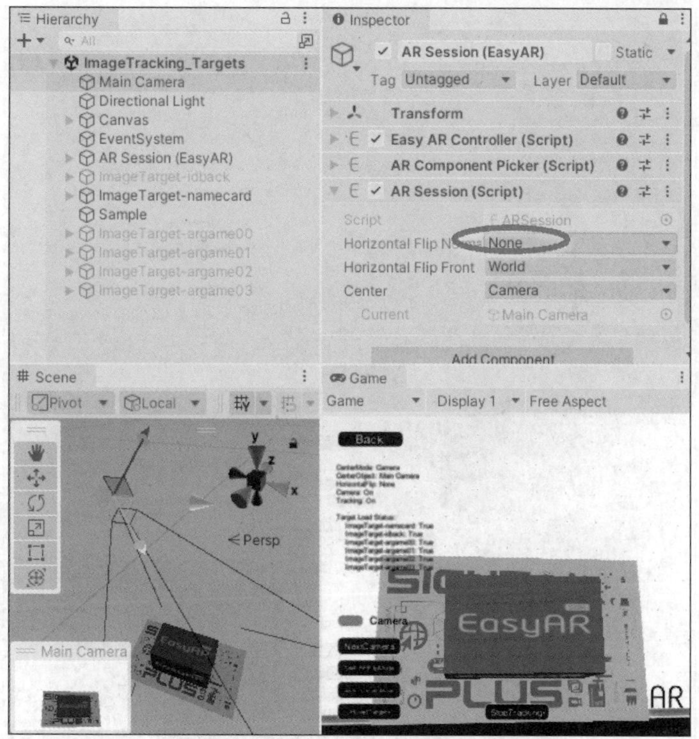

图 4-50　ARHorizontalFlipMode.None 模式

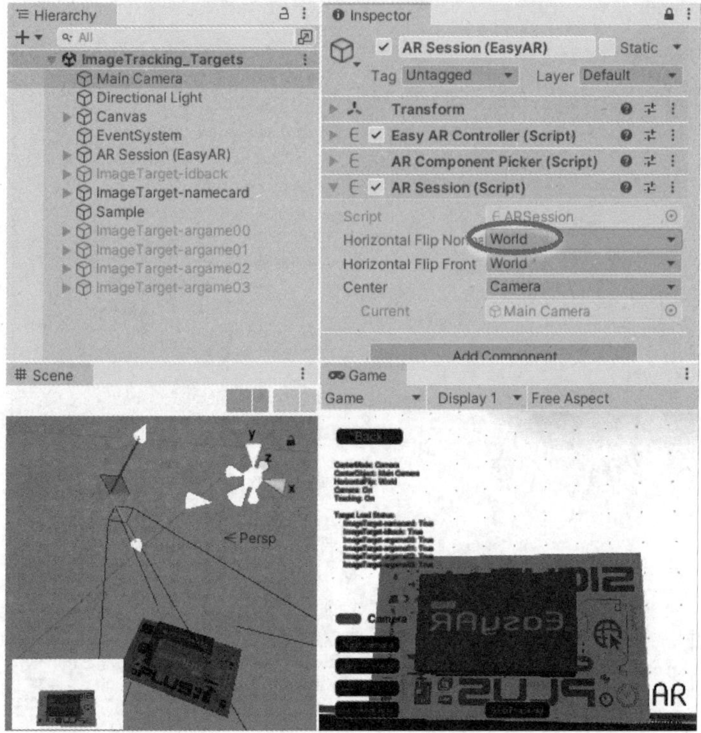

图 4-51　ARHorizontalFlipMode.World 模式

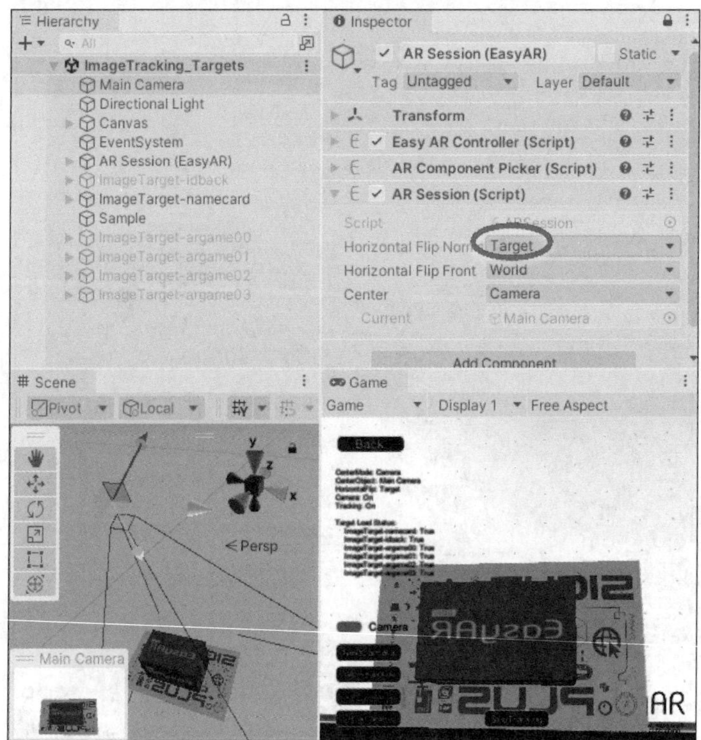

图 4-52　ARHorizontalFlipMode.Target 模式

ARSession.HorizontalFlipNormal 及 ARSession.HorizontalFlipFront 可随时修改并将立即生效，如图 4-53 所示。

图 4-53　ARSession.HorizontalFlipNormal 及 ARSession.HorizontalFlipFront 模式

任务实施

任务实施 3：运动追踪

在 Unity 的 Scene 视图中设置如图 4-54 所示 UI。

标记 1：显示系统状态和操作提示。

标记 2：在 Cube 放在平面上之后，继续检测平面。

标记 3：切换世界中心模式。

如果运行时 EasyARMotionTracker 被选择使用，开始时 sample 会检测水平面。水平面检测将在 Cube 放在平面上后停止，然后可以单击 Unlock Plane 来重新开始检测。

场景中的 Cube 可以使用单指移动放在平面上。双指捏合可以放大缩小 Cube，双指同时水平移动可以水平旋转 Cube。

如果运行时 EasyARMotionTracker 以外的 Frame Source 被选中，则不会进行水平面检测。

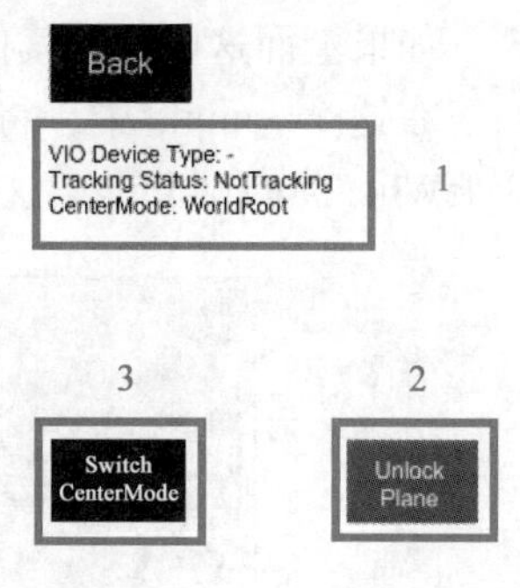

图 4-54　在 Unity 的 Scene 视图中设置 UI

1. Frame Source 选择策略

Frame Source 会根据 Transform 排序，从上到下选择第一个可以支持设备的加以运行。

如果需要调整选择策略，手动调整 Frame Source 的排序即可。

在该样例中，如果设备支持 EasyAR Motion Tracker，会选择使用 EasyAR Motion Tracker，否则会依次判断 AREngine、ARCore、ARKit，选择第一个支持的 Frame Source，如图 4-55 所示。

如果所有列出的 Frame Source 都不支持，则会弹出错误消息，如图 4-56 所示。

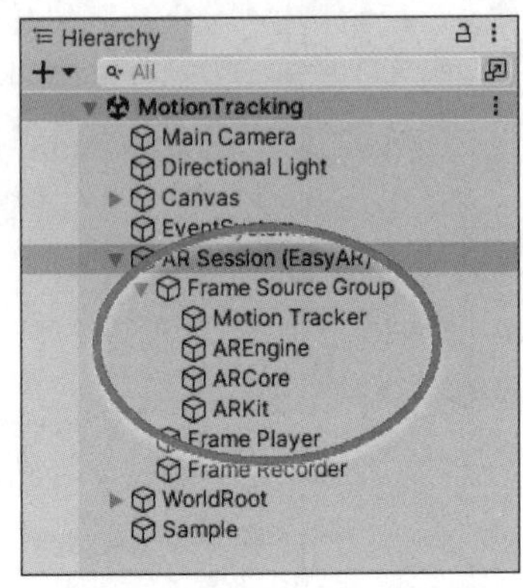

图 4-55　Frame Source 选取

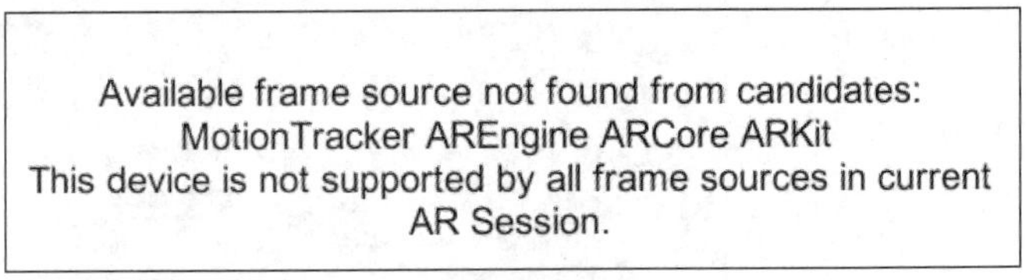

Available frame source not found from candidates:
MotionTracker AREngine ARCore ARKit
This device is not supported by all frame sources in current
AR Session.

图 4-56　弹出错误消息

这个错误消息并不完全代表设备不被支持，严格地说，是在 AR Session 下所有可供选择的 Frame Source 中没能找到支持这个设备的 Frame Source。这通常有两种可能。

- 设备完全不被支持，比如在 Windows 系统上使用外接 USB 相机，还希望使用运动跟踪功能的时候。
- 支持的 Frame Source 不在 AR Session 可选范围内，比如如果删除 AR Session 下面的 ARkit，然后在支持 ARKit 的手机上运行时就属于这种情况。

2. 世界中心下的物体

WorldRoot 可以用来实现这些功能。

- 在跟踪状态变化时控制物体的显示和隐藏。
- 根据 ARSession.CenterMode 相对 Camera 一起移动。

如果上面这些都有其他地方处理，那可以忽略 WorldRoot。

在这个 sample 中，将 WorldRootController.ActiveControl 设置为 ActiveControlStrategy.HideWhenNotTracking，这样 Cube 会在跟踪失败时隐藏，如图 4-57 所示。

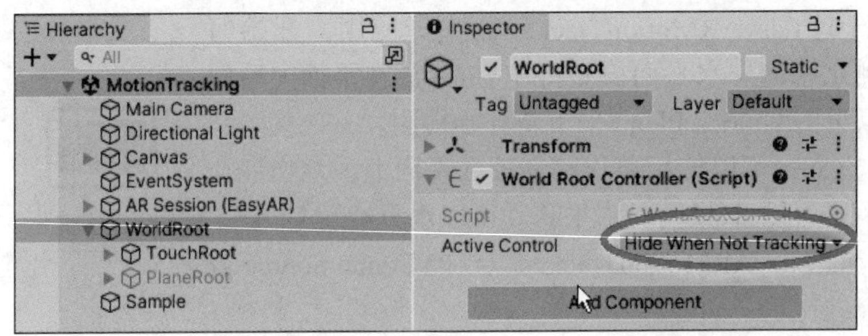

图 4-57　WorldRoot 设置

3. 检测平面

这部分只有在运行 EasyAR Motion Tracking 时才有效。

可以使用 MotionTrackerFrameFilter.HitTestAgainstHorizontalPlane 获取世界中平面的位置。可以在这个位置放置一个平面。

```
var viewPoint = new Vector2(0.5f, 0.333f);
var points = motionTracker.HitTestAgainstHorizontalPlane(viewPoint);
if (points.Count > 0)
{
    Plane.transform.position = points[0];
    …
}
```

在平面检测到之后，保持平面不动直至它即将超出视野。

```
var viewportPoint = Session.Assembly.Camera.WorldToViewportPoint
(Plane.transform.position);
if (!Plane.activeSelf || viewportPoint.x < 0 || viewportPoint.x > 1 ||
viewportPoint.y < 0 || viewportPoint.y > 1 || Mathf.Abs(Plane.transform.
position.y - points[0].y) > 0.15)
{
    …
}
```

4. 在平面上移动物体

运行 EasyAR Motion Tracking 时才有效。

可以对 Plane 执行 Raycast 并移动 Cube。

```
Ray ray = Session.Assembly.Camera.ScreenPointToRay(touch.position);
RaycastHit hitInfo;
if (Physics.Raycast(ray, out hitInfo))
{
    TouchControl.transform.position = hitInfo.point;
    …
}
```

5. 设置中心模式

在 ARSession.ARCenterMode.SessionOrigin 模式中，Camera 会在设备运动时自动移动，而 SessionOrigin 不会动。在 ARSession.ARCenterMode.Camera 模式中，当设备运动时，Camera 不会自动移动。

任务 4.3　基于 EasyAR CRS 的云识别 AR 应用开发

任务要求

本任务主要是 EasyAR CRS 的云识别 AR 应用开发，了解本地与云端融合应用的开发流程以及云端图库管理开发流程。

建议学时

4 课时。

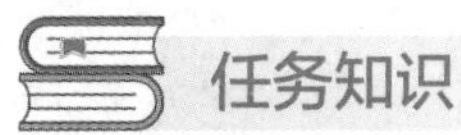

任务知识

知识点　EasyAR 云识别服务

云识别服务（Cloud Recognition Service，CRS）是云端识别图片的解决方案，帮助开发者在线实时管理百万级别的被识别图。通过 CRS 解耦应用和识别目标，利用云端的强大且低廉的算力，使算力有限的手机等智能终端能够利用单一的应用识别数万张图像，而且被识别的目标图像可以作为内容动态更新管理，而无须应用升级。

EasyAR CRS 可以支持 EasyAR Sense Basic 和 EasyAR Sense Pro，基于 EasyAR Sense 的应用会将图像信息作为识别请求发送到云端进行识别，服务器会在关联的云端图库（Cloud’Database）里检索与之匹配的目标图像，然后调用引擎加载视频或三维模型等渲染出相应的 AR 效果。

用户可以创建多个 CRS 图库，每一个图库都是安全并被独立隔离的，用户完全不用担心识别目标冲突或者内容被其他账户窃取的情况。

CRS 公有云服务分基本并发量使用和高并发量使用两种模式。

（1）基本并发量（应用大概日活跃用户数小于 1K）。大部分一般 AR 应用的扫描量都属于这种情况，用户可以自助在线开通使用。

（2）对高并发量用户，分配专享的资源保障大流量的识别请求。

本地识别和云识别的性能对比见表 4-1 所示。

表 4-1　本地识别和云识别性能对比

对 比 项	本地识别	云 识 别
目标图像容量	1000 张	没有限制，支持 10 万张
在线添加目标	不支持	支持
在线更新 meta 内容	不支持	支持
管理目标图像	由开发人员进行维护	WebU/API/ 自动化

任务实施

任务实施 4：本地与云端融合应用

1. 运行前配置

使用云识别需配置服务器访问信息，这些信息可以在 EasyAR 官网的开发中心中的“云识别管理”页面中获得。在 Unity 中输入这些信息有两种方法。

一种是全局配置，所有使用全局配置的云识别场景都会使用这个配置。从 Unity 菜单栏中选择 EasyAR → Sense → Configuration，如图 4-58 所示。

然后在 Project Settings 中输入从开发中心获取的信息，如图 4-59 所示。

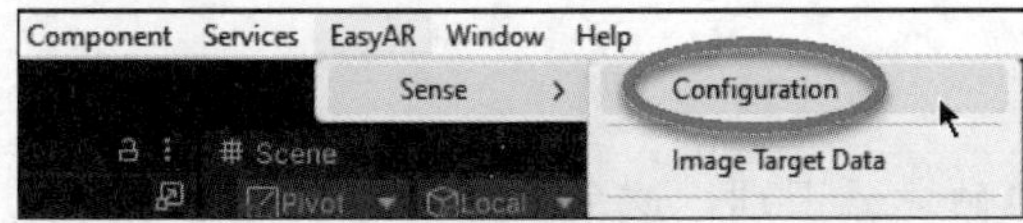

图 4-58　全局配置

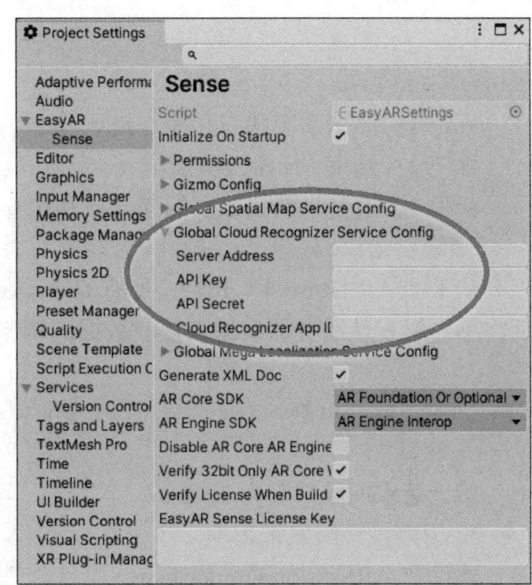

图 4-59　Project Settings 设置

另一种是在场景中配置，它只对当前场景有效，如图 4-60 所示。

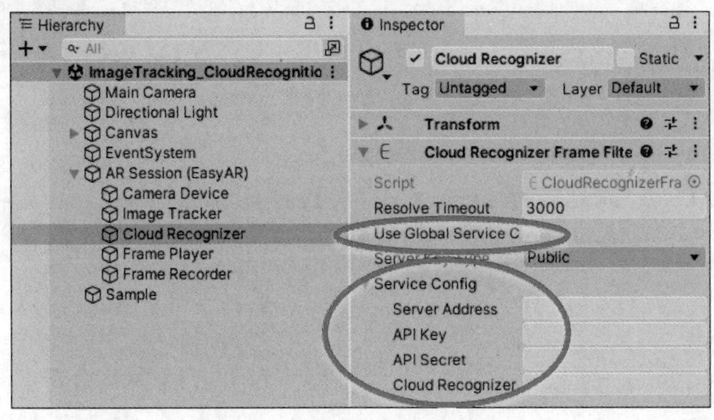

图 4-60　在场景中配置

在 Unity 的 Scene 视图中进行 UI 设置，如图 4-61 所示。

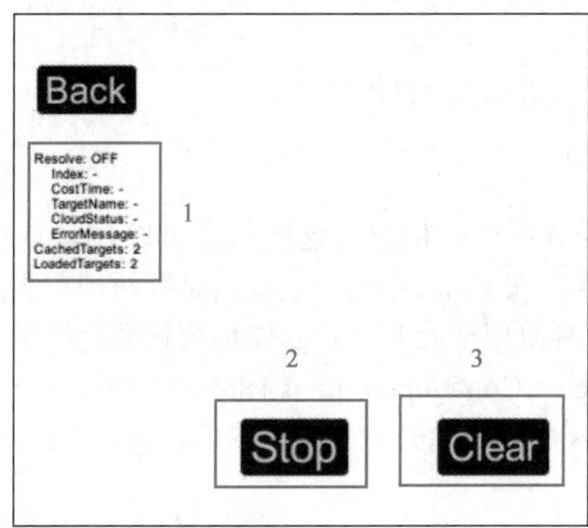

图 4-61　在 Unity 的 Scene 视图中设置 UI

标记 1：显示系统状态和操作提示。

标记 2：结束 / 开始云识别。

标记 3：清空当前云识别的 Target 和缓存。

2. 触发云识别

从 EasyAR Sense 4.1 开始，所有 CloudRecognizer 的请求都由用户代码触发，SDK 内部将不再触发从服务器发送和接收数据的调用。也就是说可以自由控制请求的频次。

```
CloudRecognizer.Resolve(iFrame, (result) => {});
```

最低请求间隔限制为 300ms。

3. 周期性地触发云识别

建议在 ARSession.FrameChange 事件处理中触发云识别，这个事件会在 Frame 图像数据变化时发生。可以在事件中获取 InputFrame。

```
public void StartAutoResolve(float resolveRate)
{
    …
    Session.FrameChange += AutoResolve;
    …
}
private void AutoResolve(OutputFrame oframe, Matrix4x4 displayCompensation)
{
    …
    using (var iFrame = oframe.inputFrame())
    {
        CloudRecognizer.Resolve(iFrame, (result) => {});
    }
```

```
}
```

在这个 sample 中，如果 Target 在被跟踪或是前一次的 resolve 未完成或时间间隔未到达预设值（1s）时，resolve 不会被调用。

```
private void AutoResolve(OutputFrame oframe, Matrix4x4 displayCompensation)
{
    var time = Time.time;
    if (isTracking || resolveInfo.Running || time - resolveInfo.ResolveTime
< autoResolveRate)
    {
        return;
    }
    resolveInfo.ResolveTime = time;
    resolveInfo.Running = true;
    …
}
```

4. 云识别结果

云识别是 EasyAR 的独立功能，可以不与图像跟踪一起使用。如果在识别之后不需要跟踪，直接使用 resolve 结果即可。

```
CloudRecognizer.Resolve(iFrame, (result) =>
{
    …
    resolveInfo.CloudStatus = result.getStatus();
    …
    var target = result.getTarget();
    …
});
```

5. 跟踪云返回的 Target

如果需要跟踪服务器识别到的图像，就需要用到结果中的 Target 信息。

在这个 sample 中，Target 被复制了一份，因为它会在 ImageTargetController 中被引用，因此需要保留一份内部对象的引用。

```
CloudRecognizer.Resolve(iFrame, (result) =>
{
    …
    var target = result.getTarget();
    if (target.OnSome)
    {
```

```
        using (var targetValue = target.Value)
        {
            …
            LoadCloudTarget(targetValue.Clone());
        }
    }
});
```

创建一个有 ImageTargetController 的 GameObject，并将 resolve 回调中的 ImageTarget 赋给 ImageTargetController.TargetSource，这样 controller 可以使用 ImageTargetController.DataSource.Target 来初始化。

```
private void LoadCloudTarget(ImageTarget target)
{
    …
    var go = new GameObject(uid);
    targetObjs.Add(go);
    var targetController = go.AddComponent<ImageTargetController>();
    targetController.SourceType = ImageTargetController.DataSource.Target;
    targetController.TargetSource = target;
    LoadTargetIntoTracker(targetController);

    targetController.TargetLoad += (loadedTarget, result) =>
    {
        …
        AddCubeOnTarget(targetController);
    };

    …
}
```

没有必要多次加载同一个 Target，并且这样做也会失败。

```
if (!loadedCloudTargetUids.Contains(targetValue.uid()))
{
    LoadCloudTarget(targetValue.Clone());
}
```

6. 使用离线缓存

一个好的实践是，将识别到的 Target 保持在文件存储中，以便在下次启动时加载。这会对下次应用启动时的识别有好处，可以减少响应时间，而且可以在离线状态下使用识别过的 Target。

可以使用 ImageTarget.save 将 Target 保存为 .etd 文件。

```
target.save(OfflineCachePath + "/" + target.uid() + ".etd")
```

然后可以在下次运行时通过 ImageTargetController.DataSource.TargetDataFile 类型的数据使用 .etd 文件创建 target。

```
private void LoadOfflineTarget(string file)
{
    var go = new GameObject(Path.GetFileNameWithoutExtension(file)+"-offline");
    targetObjs.Add(go);
    var targetController = go.AddComponent<ImageTargetController>();
    targetController.SourceType = ImageTargetController.DataSource.
TargetDataFile;
    targetController.TargetDataFileSource.PathType = PathType.Absolute;
    targetController.TargetDataFileSource.Path = file;
    LoadTargetIntoTracker(targetController);
    targetController.TargetLoad += (loadedTarget, result) =>
    {
        …
        loadedCloudTargetUids.Add(loadedTarget.uid());
        cachedTargetCount++;
        AddCubeOnTarget(targetController);
    };
}
```

任务实施

任务实施 5：云端图库管理

1. 目标图像管理 API

目标图像可以通过以下方式管理。

- 通过 WebUI 里的“开发者中心”进行管理。
- 通过调用 Web Service API 管理。

2. CRS API 访问接入

在开始管理目标图像之前，必须先进入开发者中心的 CRS 创建一个新的 CRS 应用实例。

步骤 1　注册并登录账户→开发者中心→云识别管理。

步骤 2　创建新 CRS 应用实例。

步骤 3　进入管理→查看密钥：

- CRS AppId：CRS 应用 id 号；
- API Key：应用密钥；

- API Secret：应用密文；
- Cloud URL：云端 URI；
  - ➢ Server-end URL：用于目标图像管理；
  - ➢ Client-end URL：为客户端提供图像识别服务。

3. Web Service API

CRS API 使用 HTTP REST 传输标准。API 包括两部分参数内容。

- 公共参数：用于认证。
  - ➢ Timestamp：请求发起的时间；
  - ➢ apiKey：应用密文对应的应用密钥；
  - ➢ appId：应用 id 号；
  - ➢ signature：签名。
- 应用 API 特有参数。

4. API 示例：新增一个目标图像

新增一个 test-target.jpg 的目标图像文件，图像文件 base64( ) 编码请求 API。

```
POST /targets HTTP/1.1
Host:Date: Mon, 1 Jan 2018 00:00:00 GMT
Content-Type: application/json
{
    "image":"/9j/4AAQSkZJRgABAQAAAQABAAD/2wBDAAMCAgM...",
    "active":"1",
    "name":"easyar",
    "size":"5",
    "meta":"496fbbabc2b38ecs3460a...",
    "type":"ImageTarget",
    "timestamp": 1514736000000,
    "apiKey": "8b485c648c3056e79c2a85ee9b51f9dc",
    "appId": "C:CN1:f9f903c36da8bd64d71d491077bbaafd",
    "signature": "89985e2420899196db5bdf16b3c2ed0922c0c221"
}
```

返回示例。

```
HTTP/1.1 200 OK
Content-Type: application/json
{
    "statusCode": 0,
    "result": {
        "targetId":"e61db301-e80f-4025-b822-9a00eb48d8d2",
        "trackingImage":"/9j/4AAQSkZJRgABAQAAAQABAAD/2wBDAAMCAgM...",
        "name": "easyar",
        "size": "5",
```

```
            "meta": "496fbbabc2b38ecs3460a...",
            "type": "ImageTarget",
            "modified":1514735000000
            "active":"1",
            "trackableRate": 0,
            "detectableRate": 0,
            "detectableDistinctiveness" : 0,
            "detectableFeatureCount", 0,
            "trackableDistinctiveness", 0,
            "trackableFeatureCount", 0,
            "trackableFeatureDistribution", 0,
            "trackablePatchContrast", 0,
            "trackablePatchAmbiguity", 0
        },
        "timestamp": 1514736000000
    }
```

项目总结

本项目介绍了利用国产增强现实开发平台 EasyAR 开发本地和云识别 AR 项目，使学生了解国产 AR 开发引擎平台并掌握其开发流程，通过本项目的学习，使学生能利用 EasyAR 开发平台实现增强现实项目的开发。

巩固与提升

1. 请在 Unity 引擎中正确配置 EasyAR Sense 开发环境。
2. 利用 EasyAR Sense 实现图像识别和跟踪。
3. 利用 EasyAR CRS 实现云识别 AR 应用开发。

大空间增强现实应用开发

项目介绍

随着增强现实技术的应用越来越广泛，并逐步深入到日常生活中，人们对增强现实应用也越来越熟悉，如增强现实导航等应用是市民出行或外出旅游的生活利器，这也是增强现实大空间最常见应用场景之一。目前，人们对增强现实应用的期望也增长中，EasyAR Mega 能提供景点、商城、教育等方面的数字化场景解决方案，尤其在日前元宇宙产业发展迅猛的阶段，大空间 AR 开发也必将借此东风得到发展。

知识目标

- 熟练掌握 EasyAR Mega 框架。
- 熟练掌握 Mega 云服务使用。
- 熟练掌握 Mega 开发工具使用。
- 熟练掌握 Mega 项目开发。
- 熟练掌握 Mega 项目发布。

职业素养目标

- 培养学生探索技术、科技强国的工匠精神。
- 培养学生热爱科学、拥抱新技术、拓展新应用的开拓精神。
- 培养学生掌握科学技术服务社会的职业素质。

职业能力目标

- 具有清晰的项目策划思路。
- 学会结合 EasyAR Mega 开发大空间应用。
- 理论知识与项目需求相结合，培养岗位职能意识。

项目重难点

项目内容	工作任务	建议学时	知识点	重难点	重要程度
大空间增强现实应用开发	Mega 云服务使用	4	EasyAR Mega 介绍； 构建 Mega Block； 配置定位服务	构建 Mega Block 配置定位服务	★★★★★
	Mega 开发工具使用	4	标注并在现场验证 Mega 的效果； 录制 EIF 并远程验证 Mega 效果	Mega 开发工具使用配置	★★★★☆
	Mega 应用开发	6	创建 EasyAR Mega 场景； 导入工具并摆放 3D 内容； 配置 Mega Tracker 使用的 Block 根节点； 编辑器中运行； 配置在手机等移动设备上运行	Mega 开发工具使用与开发流程	★★★★★
	发布到 AR 眼镜	4	Mega 应用开发实现； 不同终端的发布	发布配置设置	★★★★☆

任务 5.1　Mega 云服务使用

任务要求

本任务主要是熟悉 EasyAR Mega 大空间功能，了解利用 EasyAR Mega 云服务使用的一般流程，实现 Mega 数据采集、构建 MegaBlock、配置定位服务等功能，为后续大空间项目开发打好基础。

建议学时

4 课时。

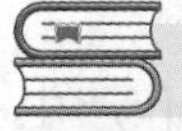

任务知识

知识点　Mega 简介

EasyAR Mega 提供城市级空间计算方案，通过灵活的采集方案、稳定的建图定位能力及完善的工具链，为文旅、商圈、教育、工业等众多行业进行 AR 数字化赋能。它让可以在世界上任意地点（比如东方明珠塔尖、南京路步行街两侧或是真武庙整个景区内等）显示一些虚拟内容，而且看上去这些虚拟对象就跟真实存在于那些地方一样。

与传统 AR 能力相比，EasyAR Mega 存在这样一些区别，如表 5-1 所示。

表 5-1　图像跟踪、运动跟踪（SLAM）与 Mega 大空间的能力对比

类型	图像跟踪	运动跟踪（SLAM）	Mega 大空间 AR
功能	对平面图像进行实时识别与跟踪	获取设备相对现实世界的位置和姿态	对整个真实世界的 AR 内容与环境关联融合
特点	（1）印刷物和 3D 内容完美关联并融合； （2）需要告知哪些印刷物可以体验 AR	（1）AR 内容和场景的关联性低； （2）随时随地可以体验 AR	（1）AR 空间感知与环境关联融合； （2）全场景覆盖，无需单点提示告知

EasyAR Mega 的能力主要由云服务和 SDK 提供。云服务管理一般需要在网页端（EasyAR 开发中心）进行。Mega 云服务使用流程如图 5-1 所示。

图 5-1　Mega 云服务使用流程

任务实施

任务实施 1：Mega 云服务使用

1. 数据采集

EasyAR Mega使用GoPro Max全景相机进行采集，获取需要展示AR内容的场所数据，并通过云服务构建 Mega Block。

2. 构建 Mega Block

1）准备工作

Mega 数据采集有以下三种采集方式：

- 采集路线规划；
- Mega Block 空间数据采集；
- EIF 远程调试数据采集。

2）准备建图数据

没用的数据就不需要上传（比如用来演练操作产生的视频、采集过程中错误操作产生的废弃视频等）。

每个采集区域都需要准备好一个主文件夹，命名规则为省属城市的拼音全称 + 景区 / 商区名称的拼音全称 + 区域编号，例如：shanghaiwaitan1（Windows 系统数据文件夹必须用数字或英文字母，且文件夹请勿放在桌面）

请将主文件夹设置在计算机本地硬盘内，并将 TF 内存卡内的采集数据复制到主文件

夹内进行整理，以保证最终文件上传过程稳定。

每个区域的主文件夹下需包含如下两个子文件夹。

- 360：存储该区域采集时所产生的 360 文件，名称与 LRV 文件一一对应。
- Lowres：存储该区域采集时所产生的 LRV 文件。

单个区域的数据文件整理完后，文件结构如图 5-2 所示（若非意外关机或内存卡存满的情况，文件扩展名前的视频尾号应该都一样）。

shanghaiwaitan1

名称	修改日期
▼ 360	今天 下午7:11
GS010131.360	2021年6月1日 下午1:46
GS020131.360	2021年6月1日 下午1:46
GS030131.360	2021年6月1日 下午1:46
GS040131.360	2021年6月1日 下午1:46
▼ lowres	今天 下午6:57
GS010131.LRV	2021年6月1日 下午1:44
GS020131.LRV	2021年6月1日 下午1:44
GS030131.LRV	2021年6月1日 下午1:44
GS040131.LRV	2021年6月1日 下午1:44

图 5-2 数据文件结构

如果文件名与图 5-2 差异过大，参考图 5-3 所示命名规范，暂勿上传，并立即联系采图人员确认。

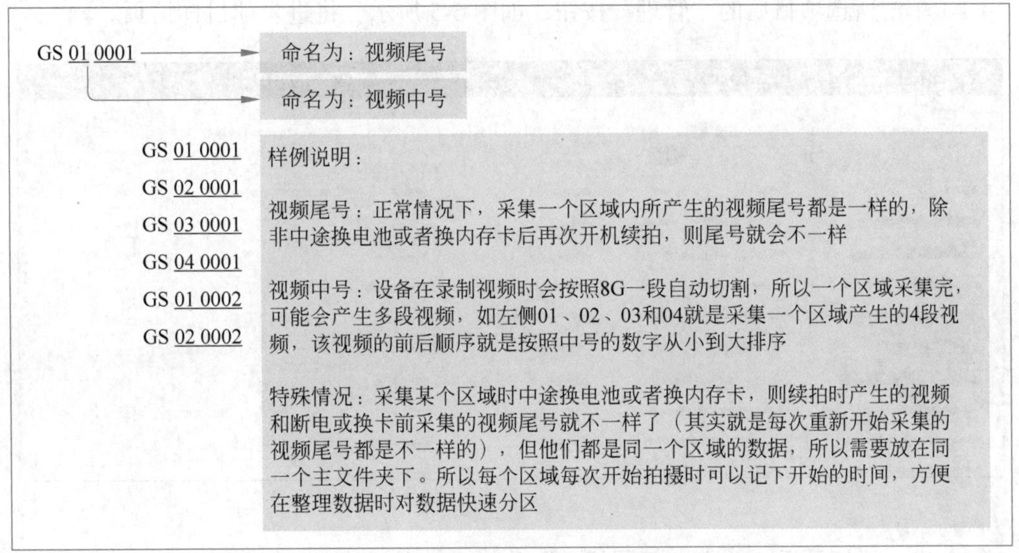

图 5-3 GoPro Max 命名规范

图 5-3 是 GoPro Max 的命名规范，如果文件名与上图 5-3 不符合，建图将出现不可预知的问题，即使建图成功，也不一定能使用。如文件名中包含（1）（2）或 [1][2] 等。

3）使用 Mega Block 建图

登录 EasyAR 开发中心后，可在左侧菜单栏单击“Mega Block 建图”，进入项目列表，如图 5-4 所示。

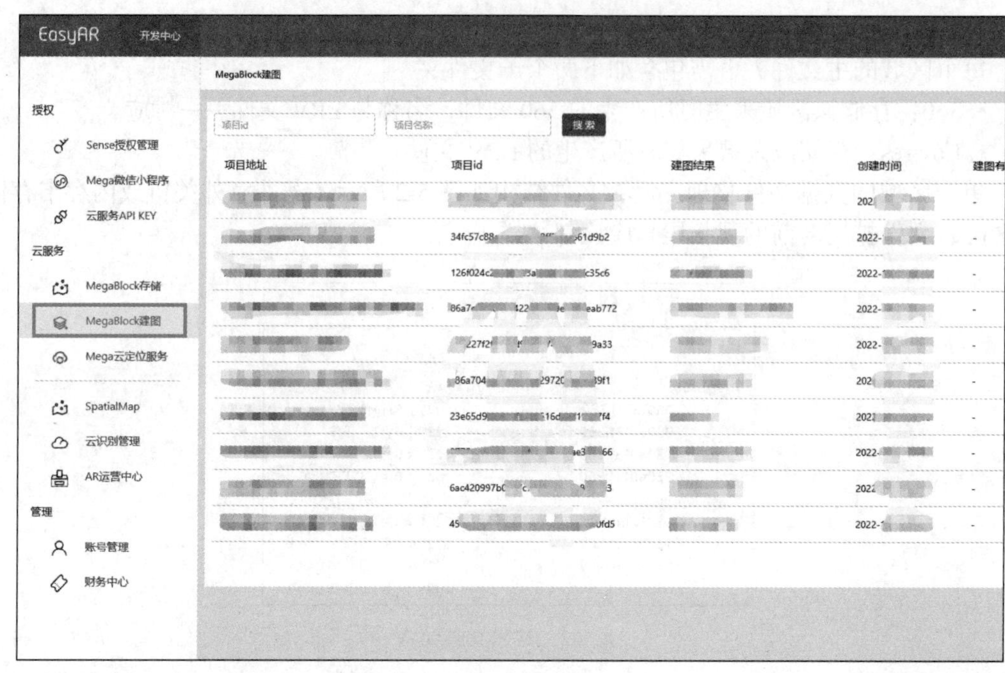

图 5-4　项目列表

4）创建建图任务

（1）单击所选项目后的“管理”按钮，如图 5-5 所示，将进入项目详情页。

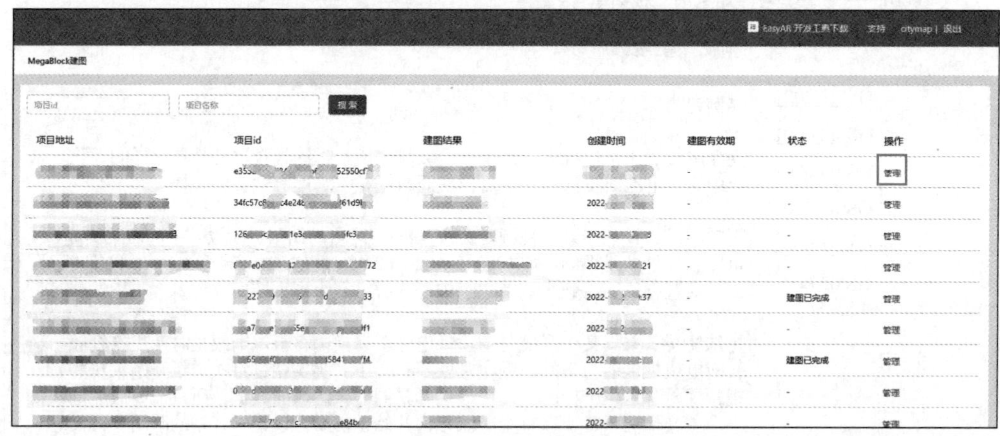

图 5-5　项目详情页

（2）进入详情页后，单击“单图任务”并创建一个新的建图任务，如图 5-6 所示。

（3）输入任务名称，并确认添加该任务。一个建图任务对应该项目内一次完整的数据采集，若一个项目中划分了 N 多区域需要采集数据和建图，请创建对应数量的任务。任务名称命名规则为：景区 / 商圈简称 + 区域编号，例如“周庄 - 区域 1”，如图 5-7 所示。

（4）若数据采集和上传由外部人员进行，则添加完任务后，就可以通知账号权限为“仅上传数据”的外部人员进行数据上传了。若是由自己或拥有权限的人员采集数据和上传，则直接进行之后的步骤即可。

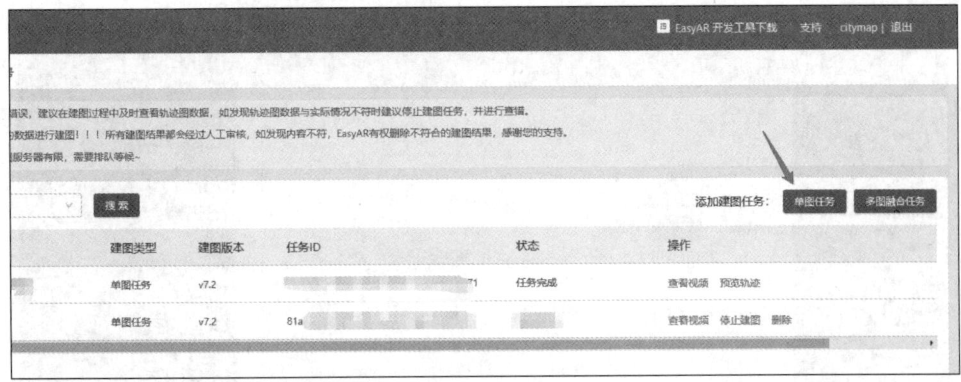

图 5-6 创建一个新的建图任务

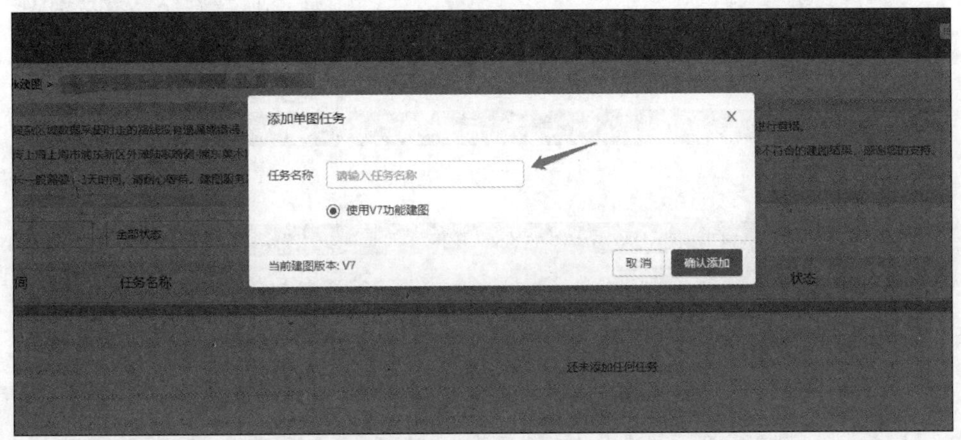

图 5-7 添加任务名称

5）上传数据

（1）选择刚刚整理好采集数据的主文件夹，内含 lowers 和 360 两个文件夹。

（2）选择 EIF 数据，通过 Mega Toolbox 手机端采集的 EIF 数据，选择时需注意 EIF 数据和建图视频数据的对应关系，例如采图数据是美罗城 1 层的，那么与该数据一起上传的 EIF 数据也应该是美罗城 1 层的。同一建图区域支持录制多段 EIF 数据一起上传，但需注意每个 EIF 格式的文件应该都有对应的 json 文件。

（3）上传区域：根据上传操作人所在地点就近选择。

单击“确认上传”，就会执行上传过程，如图 5-8 所示。需要注意在该过程中要保持计算机开机状态，网络畅通。如果发生中断情况，请重新上传。

（4）上传过程中，列表中会显示上传进度和状态，如图 5-9 所示。注意，数据在上传中时请不要关闭浏览器、刷新页面，或者单击其他菜单，否则上传进度会直接终止，如终止则需重新操作选择数据。

（5）若上传失败，可单击“重试按钮”进行断点续传，如图 5-10 所示。

6）开始建图

（1）上传完成后，该任务状态会自动进入建图流程，并显示状态“排队中”或“生成中”，如图 5-11 所示。

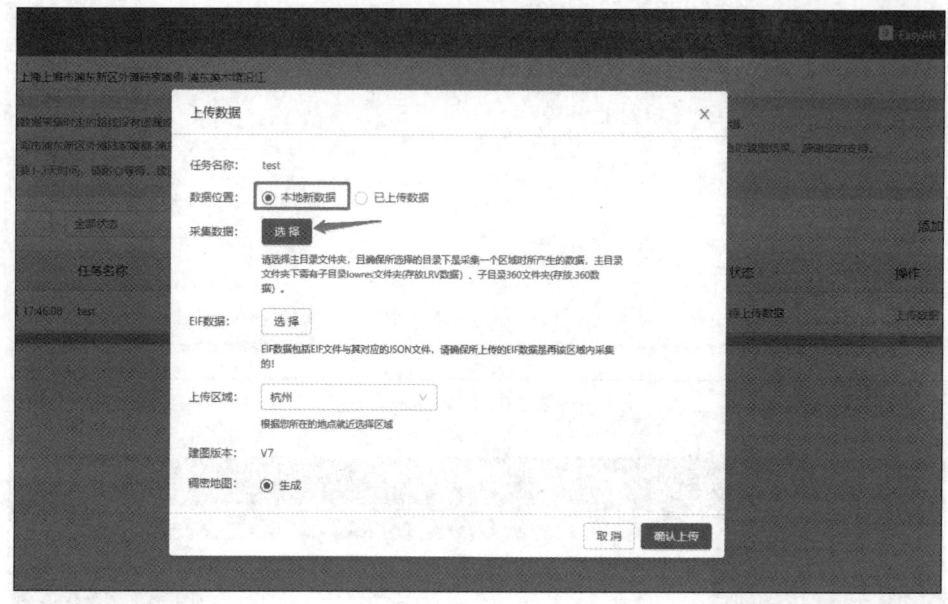

图 5-8 确认上传

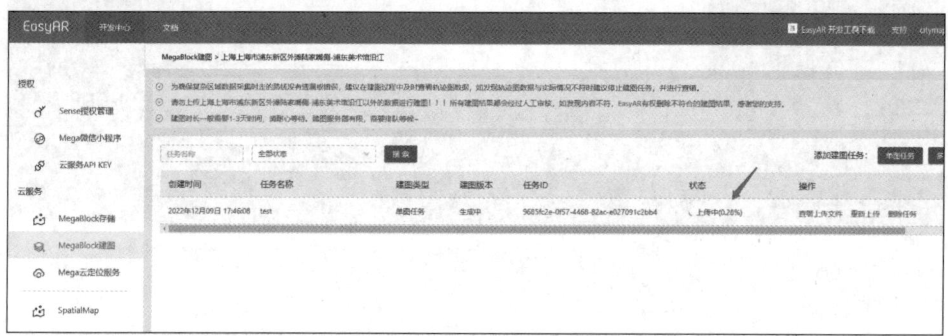

图 5-9 上传进度和状态

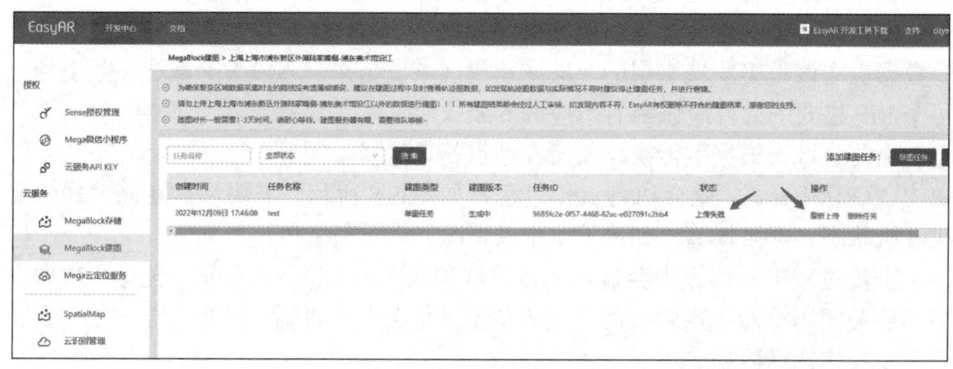

图 5-10 单击"重试按钮"进行断点续传

（2）若建图生成失败，则可单击"重新生成"按钮再次生成。若一直生成失败，请联系 EasyAR 工作人员。

（3）建图过程中会生成轨迹图，单击"预览轨迹"进行查看，如图 5-12 所示。

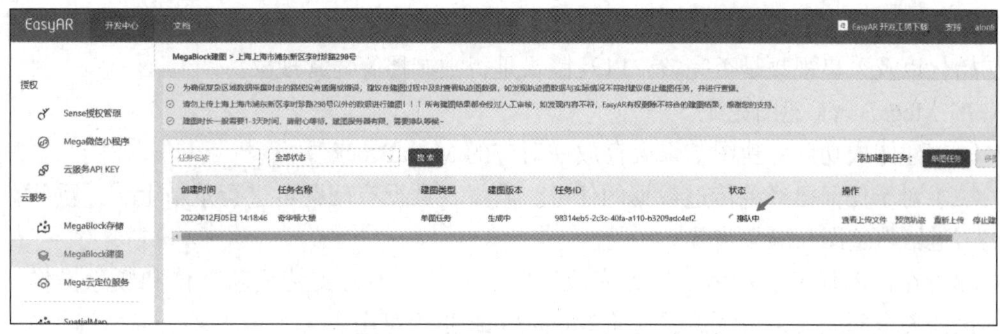

图 5-11　自动进入建图流程

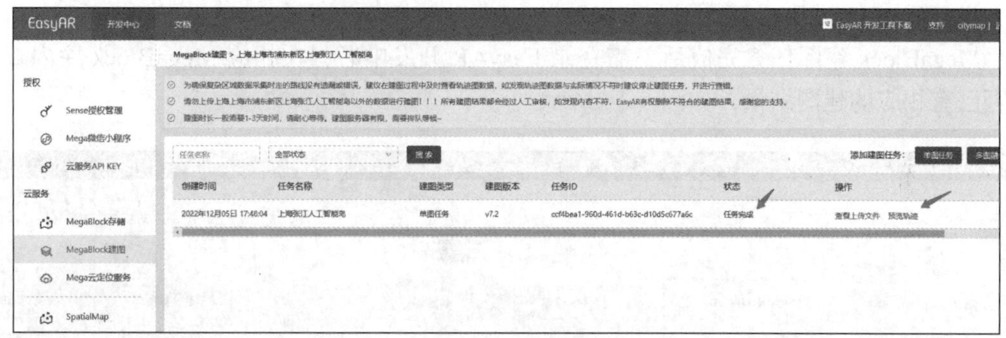

图 5-12　生成轨迹图

（4）查看轨迹图是否与采集时的路线规划一致，即走的路径是否与规划的路径一致，确保没有漏采区域（可将路线规划图与轨迹图进行形状对比）。若条件满足，可再进行剩余数据的补充上传，若不满足可以重新采集，或者补充采集后再重新上传。

（5）现已支持户外采集时通过 GPS 信息查看采集路线，如图 5-13 所示。

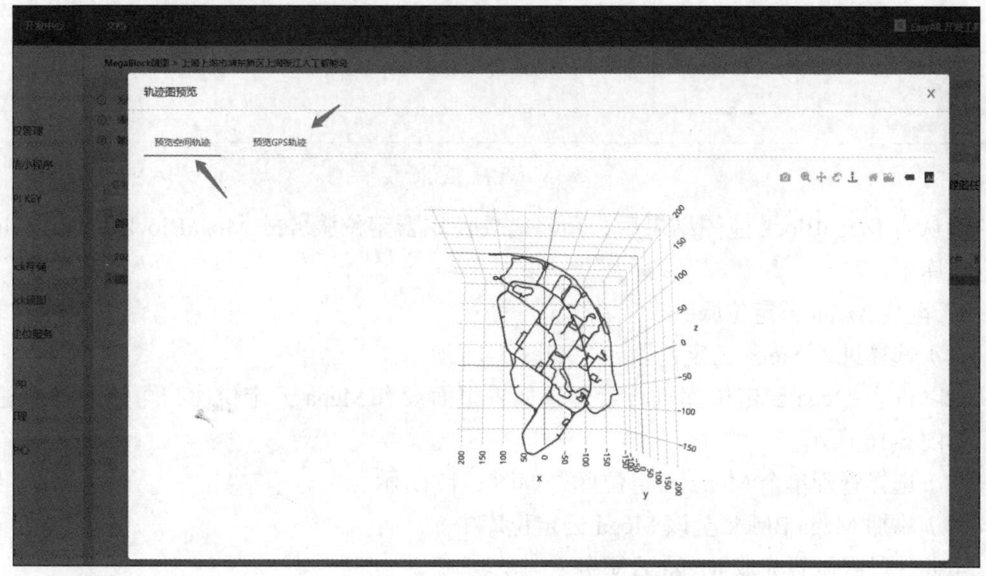

图 5-13　通过 GPS 信息查看采集路线

（6）单击“查看上传文件”，可对 LRV 视频进行检查，主要检查视频开始时是否进行了初始化以及采集视频是否完整，以及镜头是否被遮挡等异常现象。

7）MegaBlock 建图完成

（1）建图成功后，建图结果会存放在对应的 MegaBlock 中。

（2）对于任何已经上传过数据的任务，若发现数据有问题可进行重新上传，重新上传时仍需进行轨迹图校验等步骤。

（3）在建图任务显示为“任务完成”状态后，将不再支持重新上传和删除操作。至此，该任务全部完成，后续需要检验 MegaBlock 是否可用。

3. 配置定位服务

1）确认 MegaBlock 建图结果

MegaBlock 建图任务完成后，需登录 EasyAR 开发中心，在相应 MegaBlock 库内查看是否已有相应的建图结果，如图 5-14 所示。

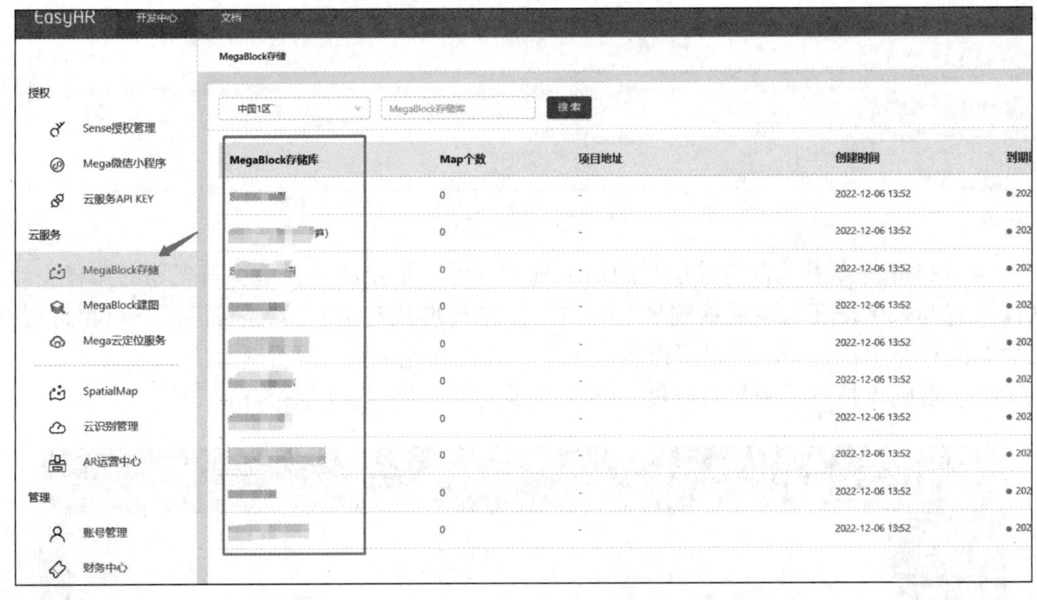

图 5-14　查看建图结果

确认有 MegaBlock 建图结果后，请将需要使用云定位服务的 MegaBlock 添加至 Mega 云定位库中。

2）配置 Mega 云定位服务

（1）选择进入 Mega 云定位服务，如图 5-15 所示。

（2）进入 Mega 云定位库进行管理，如果里面没有 Mega 云定位库，可以手动新建一个，如图 5-16 所示。

（3）选择管理单个 Mega 云定位库，如图 5-17 所示。

（4）添加 Mega Block 至该 Mega 云定位库中

至此，已经配置完成 Mega 云服务。

图 5-15　进入 Mega 云定位服务

图 5-16　进入 Mega 云定位库进行管理

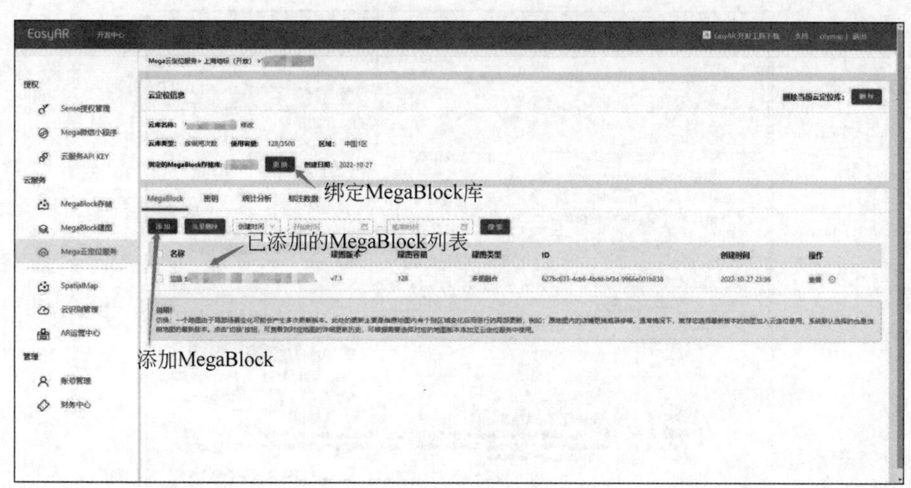

图 5-17　管理单个 Mega 云定位库

任务 5.2 Mega 开发工具使用

任务要求

本任务主要是熟悉 EasyAR Mega 开发工具的使用方法，实现数据标注和验证等功能。

建议学时

4 课时。

任务实施

任务实施 2：标注并在现场验证 Mega 的效果

1. 获取 Mega Studio

1）下载 Mega Studio

登录 EasyAR 账号，进入开发中心，如图 5-18 所示。

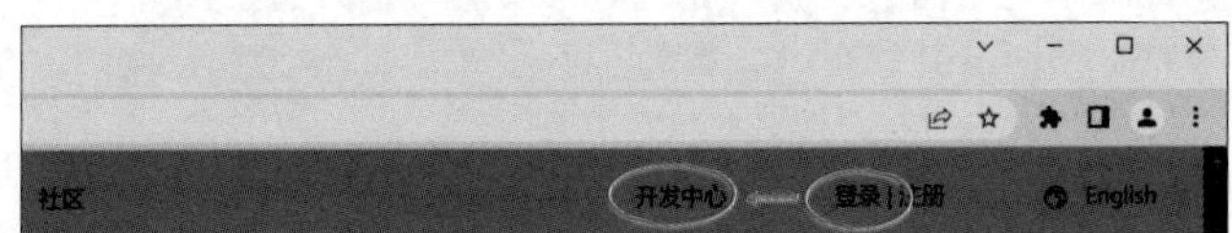

图 5-18 登录 EasyAR 账号

进入下载页面下载图 5-19 中箭头所指的文件。

图 5-19 下载 Mega Studio

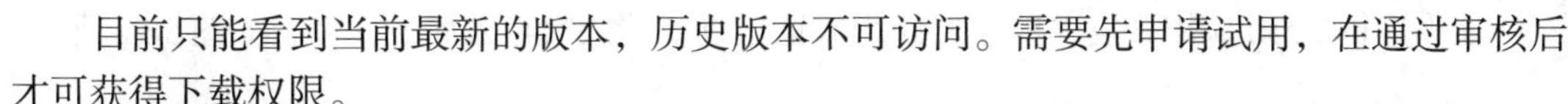

目前只能看到当前最新的版本，历史版本不可访问。需要先申请试用，在通过审核后才可获得下载权限。

下载后会得到两个 zip 文件，如图 5-20 所示。

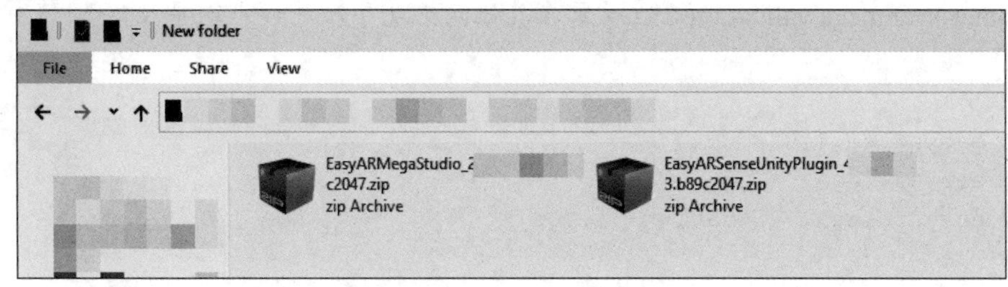

图 5-20 下载的两个 zip 文件

2）在项目中导入 package（UPM 包）

将需要导入的 tgz 文件放在 Unity 项目文件夹内，使用 Unity 的 Package Manager 导入需要的 package。

如只需使用标注工具或 Block 浏览工具，请导入文件如图 5-21 所示。

```
com.easyar.mega-**.tgz
```

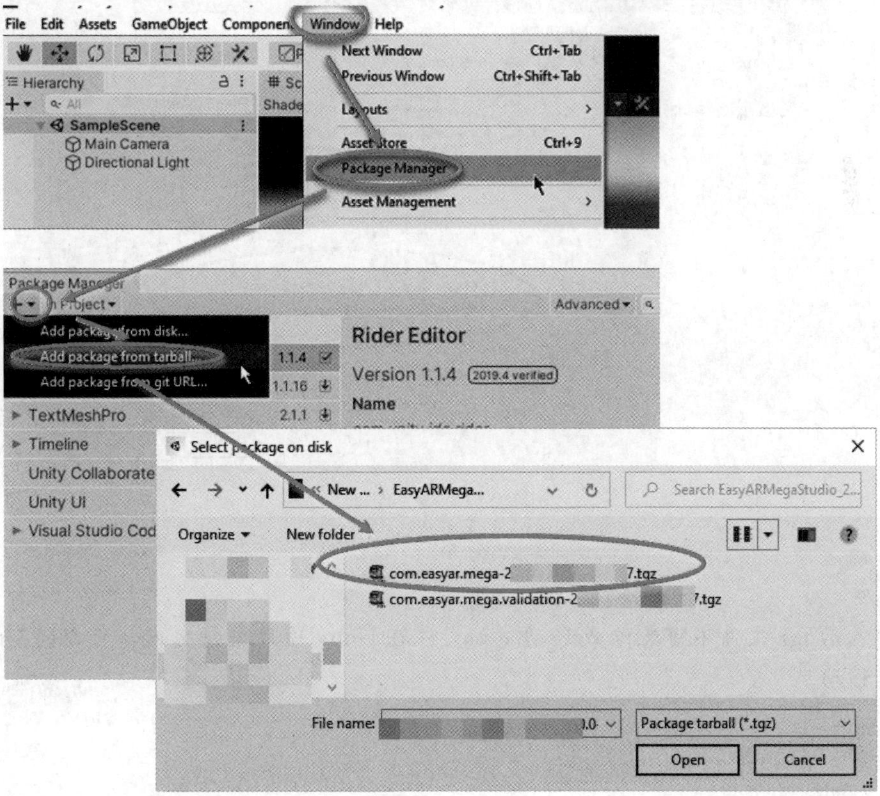

图 5-21 导入文件

如需进行 Unity 应用开发，或需要使用验证工具，请依次导入如下文件，如图 5-22 所示。

com.easyar.mega.validation-**.tgz 需在其他两个包导入之后才能导入。

```
com.easyar.sense-**.tgz
com.easyar.mega-**.tgz
com.easyar.mega.Validation-**.tgz
```

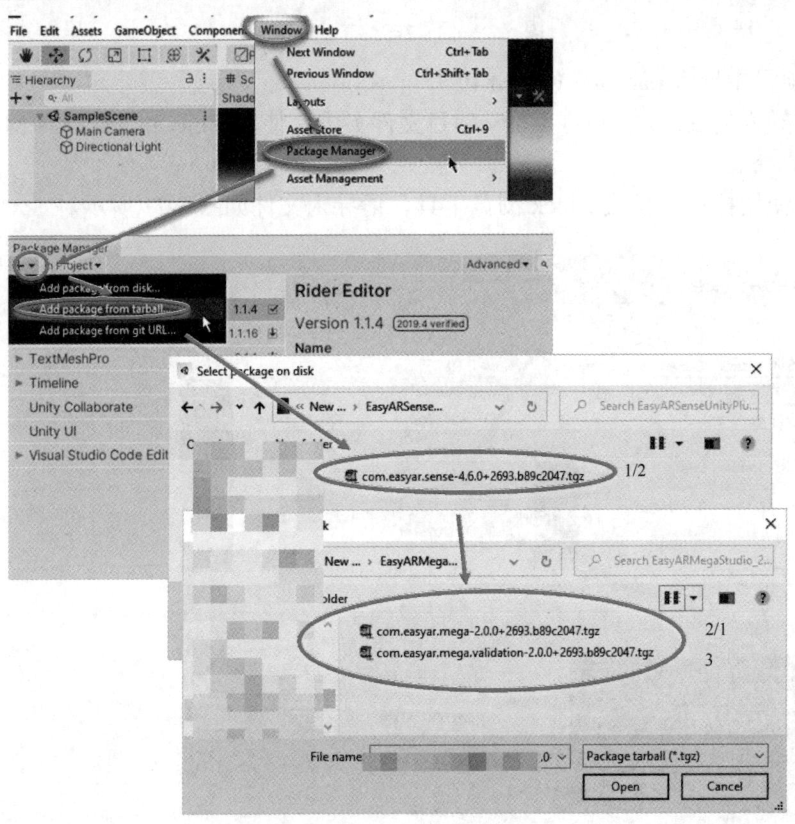

图 5-22　导入文件

导入后 tgz 文件不可删除或移动（如文件在 Unity 项目文件夹内，可以随 Unity 项目一起移动）。

2. 使用 Mega Studio 进行标注

1）添加标注工具

在 Hierachy 窗口空白处右击，选择 EasyAR Mega → Tool → Annotation Tool（Edit

Mode），如图 5-23 所示。

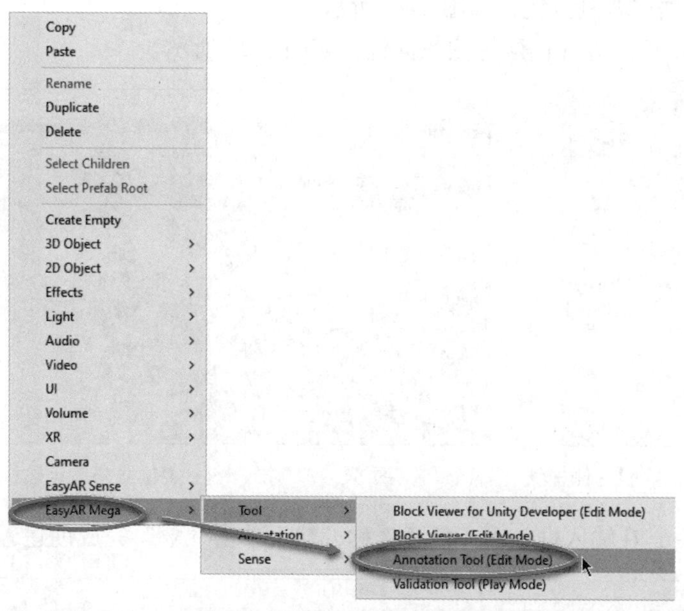

图 5-23 添加标注工具

添加后会多出来两个节点，如图 5-24 所示。

该工具是编辑时工具，只能在编辑器中且非运行状态使用，即需要在图 5-25 中的按钮没有按下时使用。

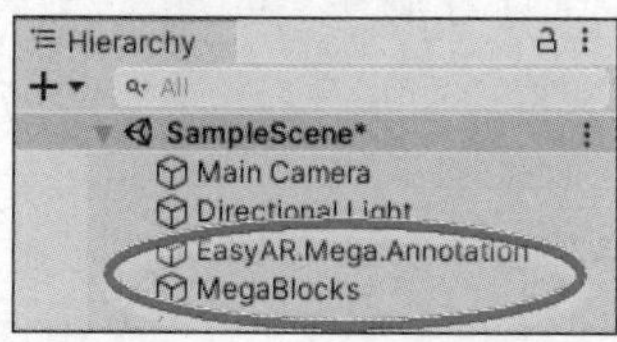

图 5-24 Hierarchy 窗口结构

图 5-25 在编辑器中且非运行状态使用

2）登录 EasyAR 账号

选中 EasyAR.Mega.Annotation 节点，在 Inspector 窗口中填写账号信息并登录，如图 5-26 所示。

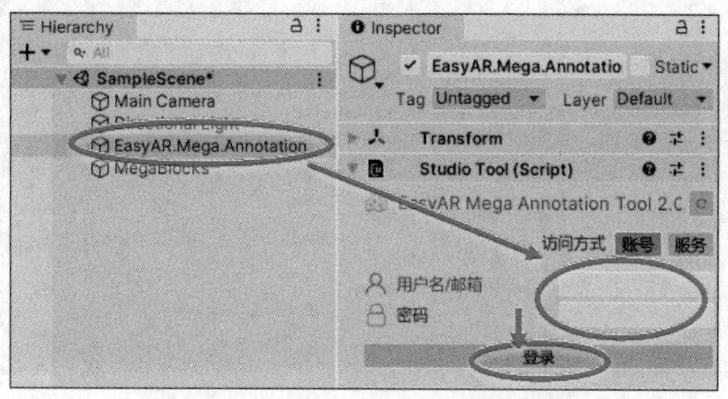

图 5-26 在 Inspector 窗口中填写账号信息并登录

3）选择标注数据包

单击标注数据包右侧按钮，如图 5-27 所示。

选择 Mega 定位服务并创建标注数据包，如图 5-28 所示。

图 5-27　点击标注数据包右侧按钮

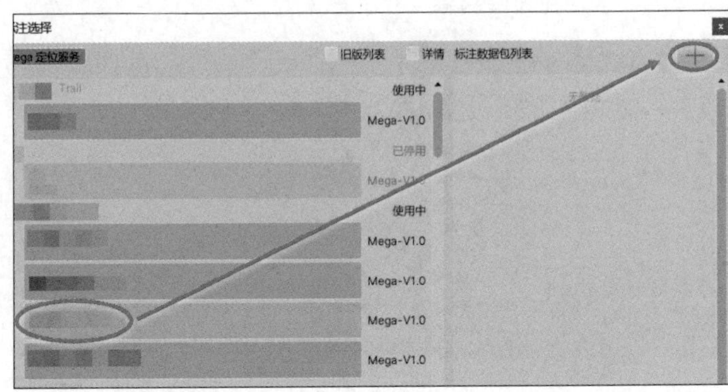

图 5-28　选择 Mega 定位服务并创建标注数据包

单击“+”后，在输入框中输入任意名称，然后单击“√”完成创建，如图 5-29 所示。

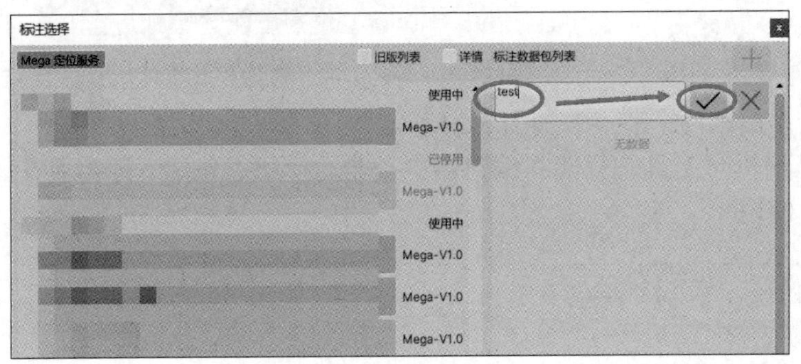

图 5-29　完成创建标注数据包

选择创建完成的标注数据包，如图 5-30 所示。

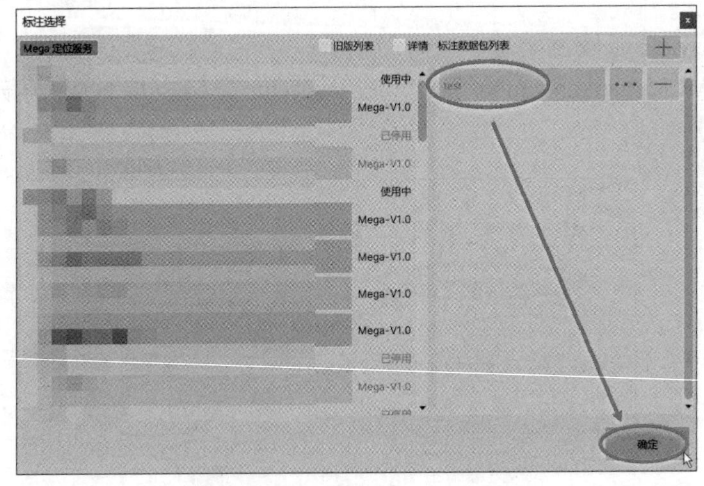

图 5-30　选择创建好的标注数据包

在选择服务或标注数据包之后，当前库中的 Block 列表会显示在 MegaBlocks 节点下，并显示在 Inspector 窗口中，如图 5-31 所示。

4）加载 Block

单击加载选择 Block，如图 5-32 所示。

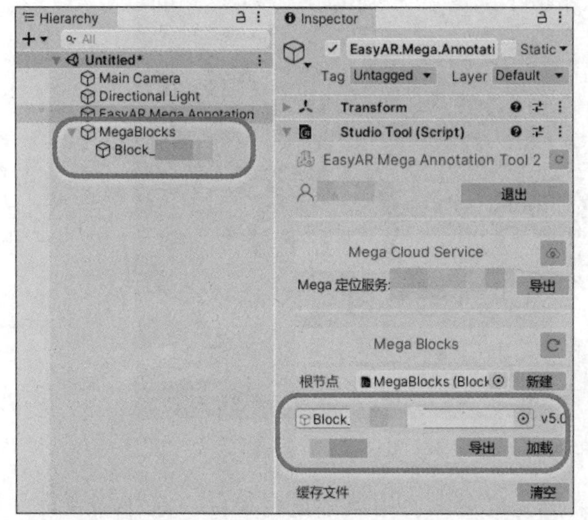

图 5-31　Inspector 窗口中的 Block 列表

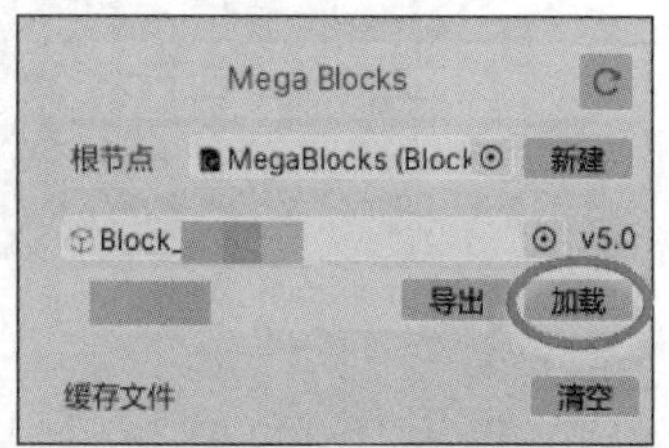

图 5-32　加载选择 Block

加载完成后，Block 会显示在 Scene 视图中，如图 5-33 所示。

图 5-33　Scene 视图显示 Block

5）创建标注

可通过以下两种方式完成。

（1）在 Scene 视图中完成。按住 Ctrl（Windows）键或 Command（Mac）键，然后在需要标注的地方单击即可，如图 5-34 所示。

图 5-34　在 Scene 中完成视图标注

（2）使用 Hierarchy 窗口中的右键菜单，也可以使用菜单进行标注。选中需要标注的 Block 节点（一般名称以 Block_ 开头），右击选择 EasyAR Mega → Annotation → * 添加，如图 5-35 所示。

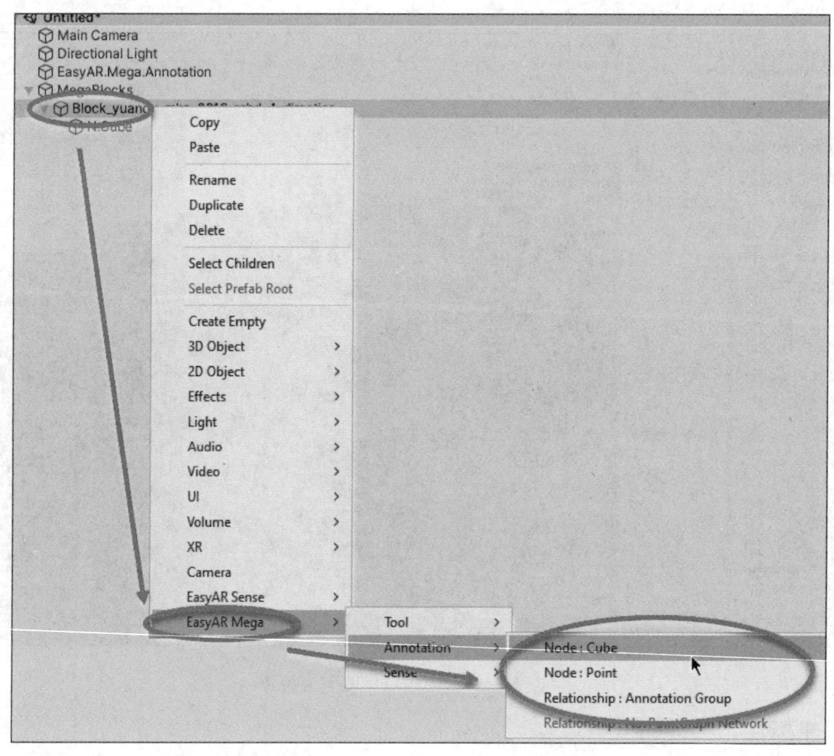

图 5-35　使用 Hierarchy 窗口中的右键菜单进行标注

6）修改标注名称

标注数据节点可以根据需要进行命名，名称会体现在标注结果中，如图 5-36 所示。

创建之后标注可以随意移动，标注的节点可以调整位置、旋转和缩放，这些信息将会被记录在标注结果中。

需要注意的是，如果标注数据在 Hierachy 节点层级中的位置不正确（比如不在 Block_ 开头的节点下），标注方块选中时会显示框线而不是白色方块。这种情况下这个标注节点是不受控制的，标注结果中也不会体现，如图 5-37 所示。

7）上传标注数据

标注完成后，可以更新标注数据到服务器，如图 5-38 所示。

图 5-36 命名标注数据节点

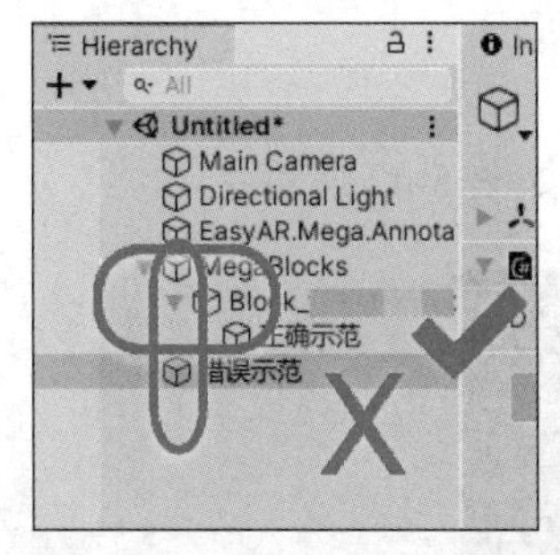

图 5-37 正确和错误标注的对比

图 5-38 更新标注数据到服务器

上传标注数据之后，在 MegaToolbox 中的验证工具中可以使用，使用 EasyAR 账号登录 Toolbox，并选择该标注数据包即可进行现场跟踪定位验证。

在标注数据更新到服务器后，还可在对应服务管理中查看该记录，如图 5-39 所示。

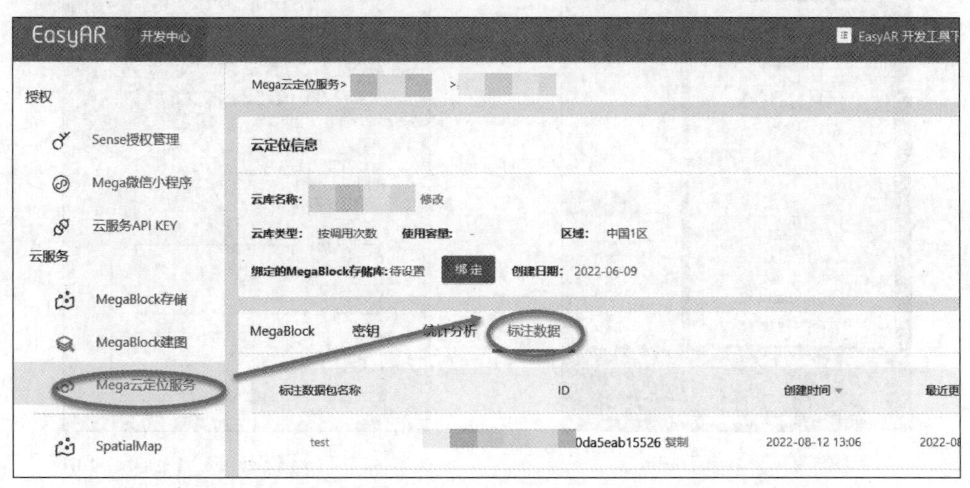

图 5-39 查看记录

单击进入之后，可以看到标注内容的一部分细节，如图 5-40 所示。

3. 获取 MegaToolbox

1）安装测试工具应用包

安卓版前往下载链接 EasyAR iOS 版：在 App Store 搜索 MegaToolbox。

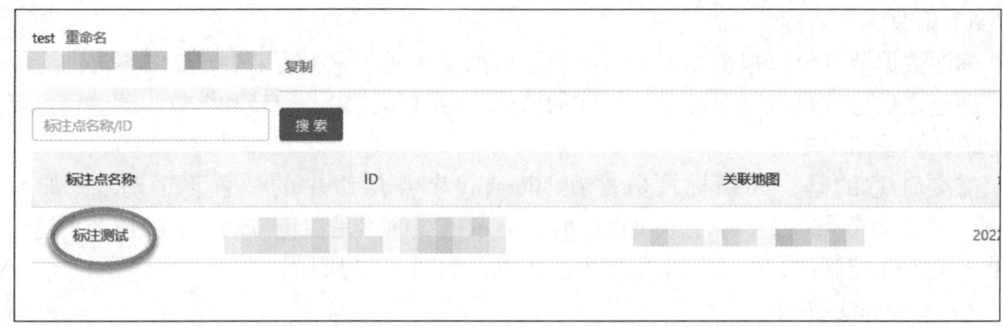

图 5-40　查看标注内容细节

安装后的操作界面如图 5-41 所示。

2）启动测试

打开 EasyAR Mega Toolbox，如图 5-42 所示。

图 5-41　MegaToolbox

图 5-42　打开 EasyAR Mega Toolbox

4．使用 MegaToolbox 进行现场验证

1）登录账号

安装完成后登录 EasyAR 账号，如图 5-43 所示。

2）选择标注数据包进行验证

选择云定位服务（CLS 库）和前面创建的标注数据包，如图 5-44 所示。

点击底部按钮后开始定位，有定位结果时会显示定位结果的窗口，窗口上会显示当前定位的结果与定位耗时，定位成功时会显示出当前定位到的 Block 名称，并且在空间中显示该标注数据的内容，如图 5-45 所示。

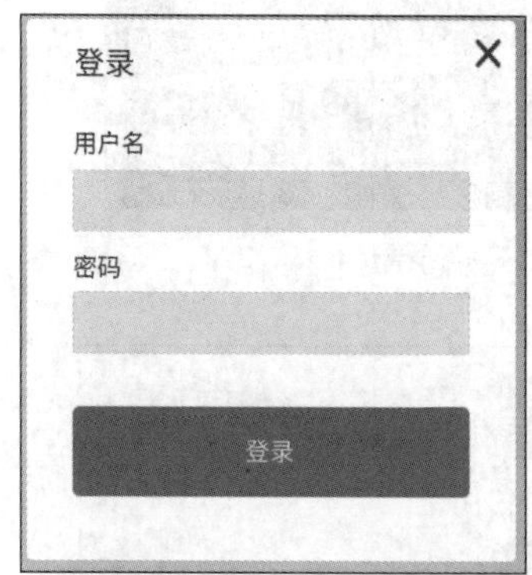

图 5-43　登录 EasyAR 账号

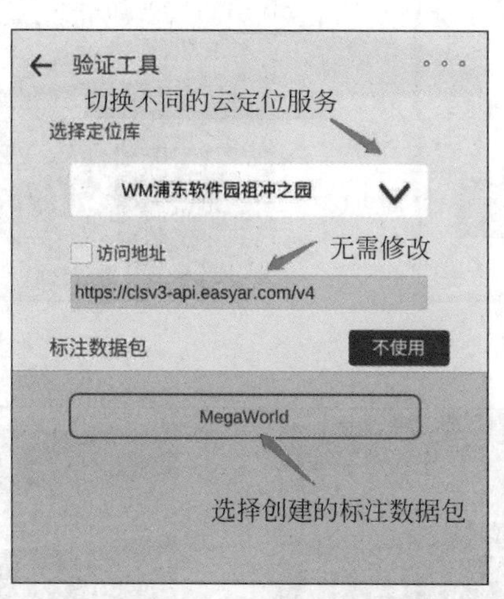

图 5-44　选择创建的标注数据包

图 5-45　点击底部按钮后开始定位

任务实施

任务实施 3：录制 EIF 并远程验证 Mega 效果

1. 获取 MegaToolbox

获取方法见任务实施 2 中的介绍。

2. 使用 MegaToolbox 录制 EIF

1）采集

单击“录制 EIF”进入 EIF 录制工具，在“文件名”字段填写文件名，后期将以文件名来判断数据对应的采图区域或者测试点位，然后点击“进入”按钮（文件名仅支持英文和数字，如 meiluocheng2 为美罗城 2 层），如图 5-46 所示。

命名文件后进入相机开启页面，先不要点击底部的开始录制按钮，此时可将相机先朝向地面或者较近处纹理丰富的区域进行初始化设置，观察到面板参数 Tracking Statusd 的值变为“Tracking”，再将手机抬起朝向需要录制测试数据的地方，点击底部按钮开始录制，如图 5-47 所示。

录制过程中，需要在之前采图区域内行走，重点应关注那些需要识别内容效果的点位附近。录制时模拟正常游客视角，避免突然大幅转向或者长时间朝向白墙 / 地面等无纹理的区域，每段录制时长建议不超过 10 分钟。录制完成即可点击底部按钮停止录制，如图 5-48 所示。

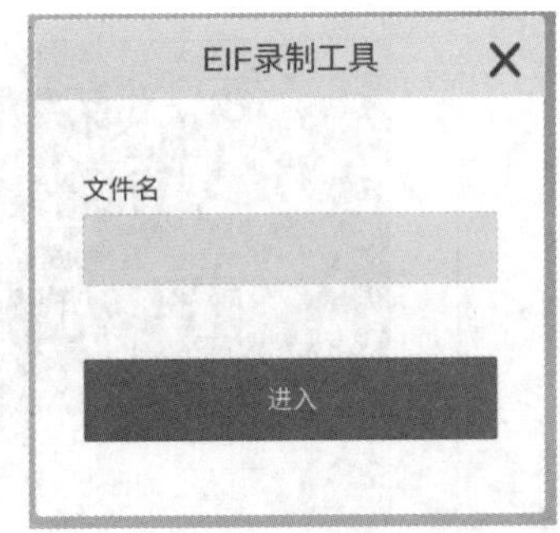

图 5-46　填写文件名

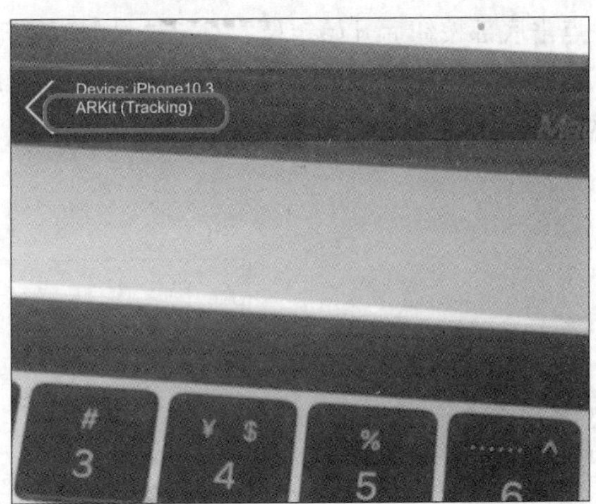

图 5-47　开始录制

图 5-48　录制过程

2）数据导出

（1）Android 版本。将 Android 设备直接连接计算机，读取本地文件，进入本地文件路径：Android/data/com.easyar.mega.toolbox/files/MegaStudio/FrameStream。然后，选择对应日期的数据文件导出即可。注意，该文件中除了有 eif 文件，还包含与 eif 文件对应的 json 文件，两者需同时导出。

（2）iOS 版本。iOS 版本数据导出步骤如下。

① iPhone 连接 Mac 计算机。将 iPhone 连接 Mac 计算机，在 Mac 计算机打开 Finder，单击手机图标，单击“信任”按钮后，在手机端也点击“信任”，如图 5-49 所示。

授信后单击“文件”菜单，找到 MegaToolbox 应用下的 MegaStudio 文件夹，将其拖曳到 Mac 计算机桌面，如图 5-50 所示。

当该文件夹数据量较大时，请注意是否全部导出完成，建议先查看桌面文件夹大小，和上图中的对应文件夹作对比。导出完成后文件夹显示如下，录制的数据格式为 eif 和 json，两者一一对应，都是有用数据，如图 5-51 所示。

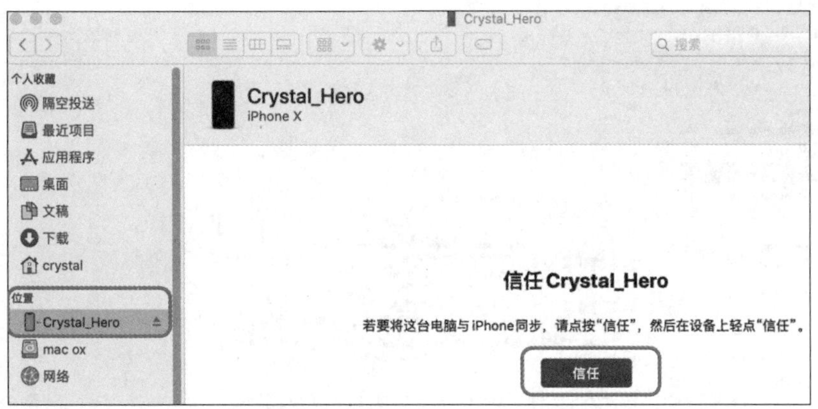

图 5-49 单击"信任"按钮

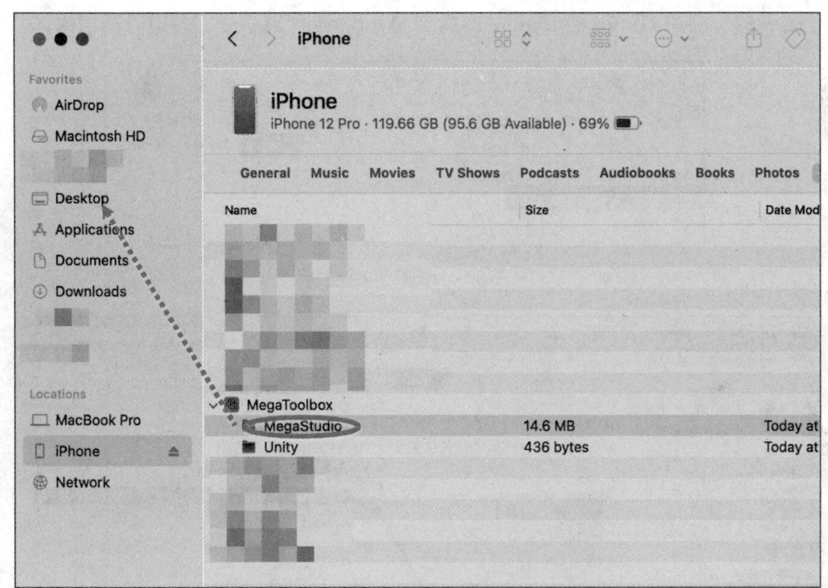

图 5-50 拖曳到计算机桌面

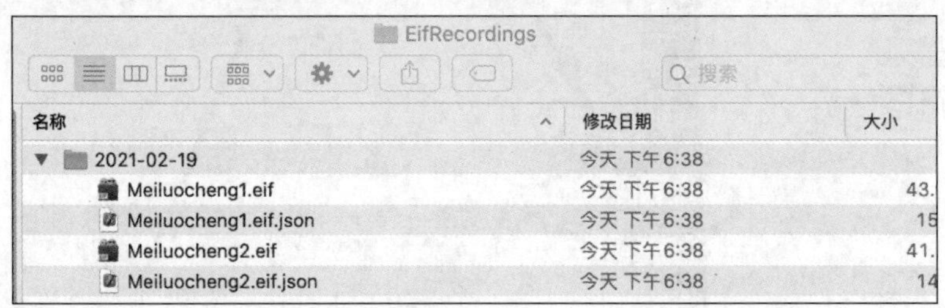

图 5-51 查看桌面文件夹大小

② iPhone 连接 Windows 计算机。在 Windows 计算机上下载并安装 iTunes。待 iTunes 安装完成后，将手机连接到计算机并进行授信操作，如图 5-52 所示。单击手机图标，如图 5-53 所示。单击"文件共享"(File Sharing)栏，找到 MegaToolbox 应用下的 MegaStudio 文件夹，单击"保存"按钮，如图 5-54 所示。

图 5-52　利用 iTunes 将 iPhone 连接到 Windows 计算机上，并进行授信操作

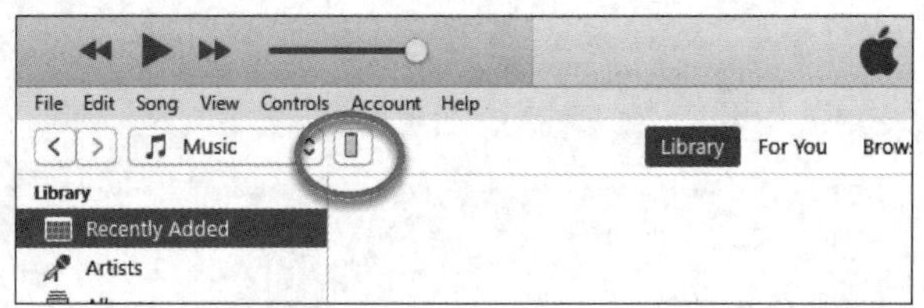

图 5-53　单击手机图标

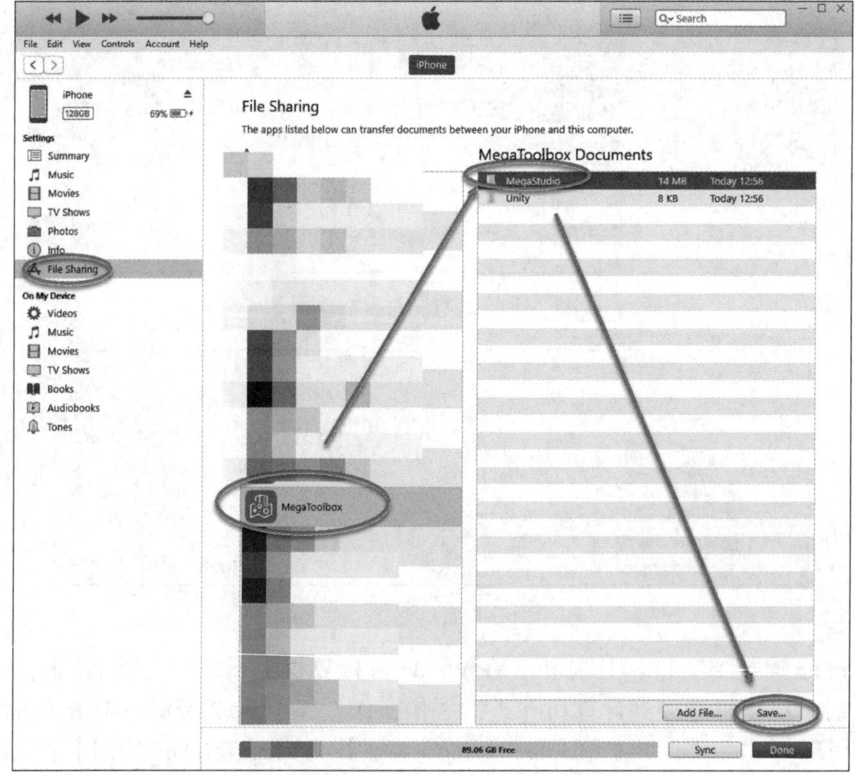

图 5-54　共享并保存文件夹

当该文件夹数据量较大时请注意是否全部导出完成，建议先查看桌面文件夹大小，与上图中的对应文件夹进行对比。导出完成后文件夹显示如下，录制的数据格式为 eif 和 json，两者一一对应，都是有用数据，如图 5-55 所示。

EifRecordings

名称	修改日期	大小
▼ 2021-02-19	今天 下午6:38	--
Meiluocheng1.eif	今天 下午6:38	43.9 MB
Meiluocheng1.eif.json	今天 下午6:38	159 KB
Meiluocheng2.eif	今天 下午6:38	41.2 MB
Meiluocheng2.eif.json	今天 下午6:38	141 KB

图 5-55　查看桌面文件夹大小

EIF 测试数据需和采图视频数据一起上传到建图服务中。上传时需注意 EIF 数据和建图视频数据的对应关系，例如采图数据是美罗城 1 层的，那么与该数据一起上传的 EIF 也应该是美罗城 1 层的。

3. 获取 Mega Studio

1）下载 Mega Studio

参考“【任务实施】1. 标注并在现场验证 Mega 效果” - “1. 获取 MegaStudio” - “1）下载 MegaStudio”部分的操作，在此不再赘述。

2）下载并安装 Unity

版本要求：2019.4 或之后的版本。

步骤 1：下载安装 Unity。从 Unity 网站获取安装包，遵循官方指引进行安装，如图 5-56 所示。

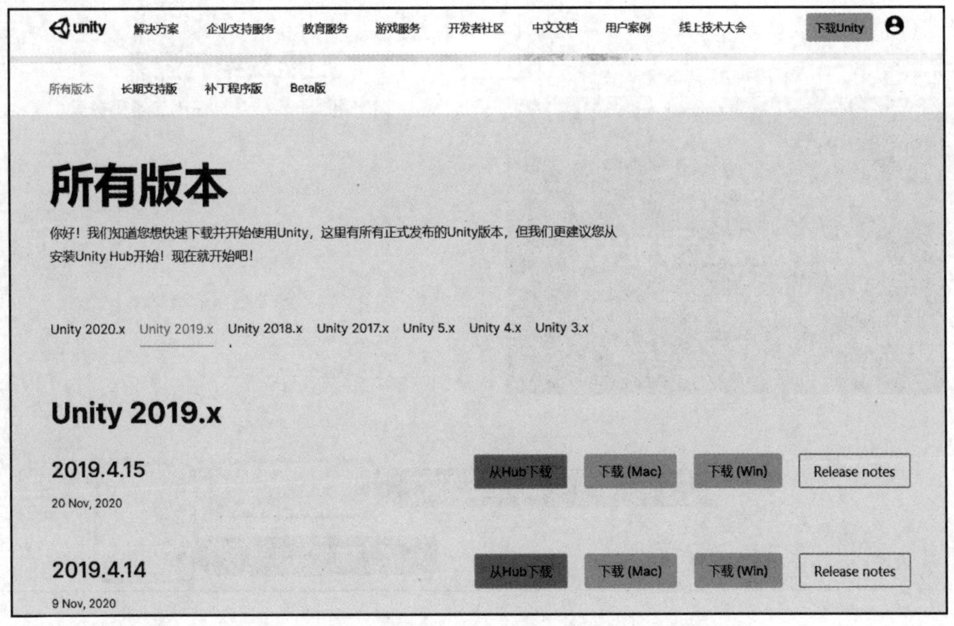

图 5-56　下载 Unity

注意

Unity 安装包和 Unity Hub 都需要安装。

步骤 2：登录或注册 Unity。打开 Unity Hub 登录账号，若没有 Unity 账号请注册，如图 5-57 与图 5-58 所示。

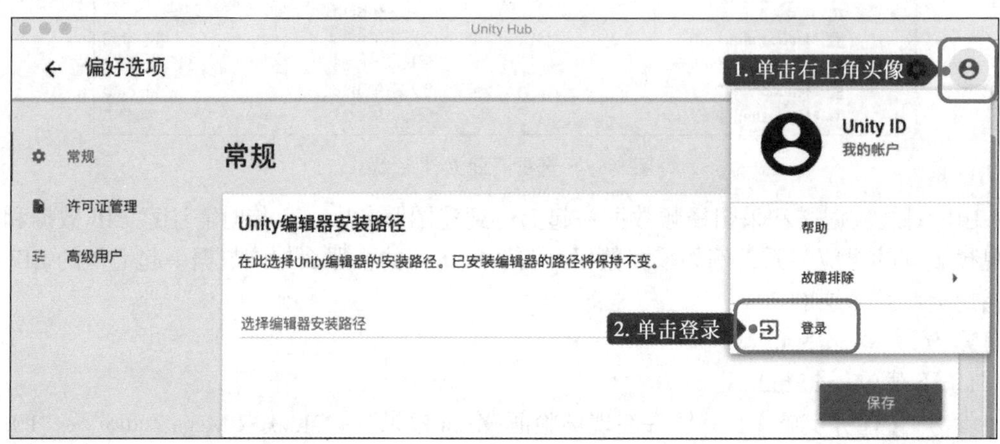

图 5-57　登录 Unity 账号（一）

图 5-58　登录 Unity 账号（二）

步骤 3：激活许可证。登录成功后，单击“设置”图标，选择“许可证管理”，激活新许可证。

若已有许可证且在有效期内，则无需激活新许可证；激活时根据个人情况选择版本即可，如图 5-59 所示。

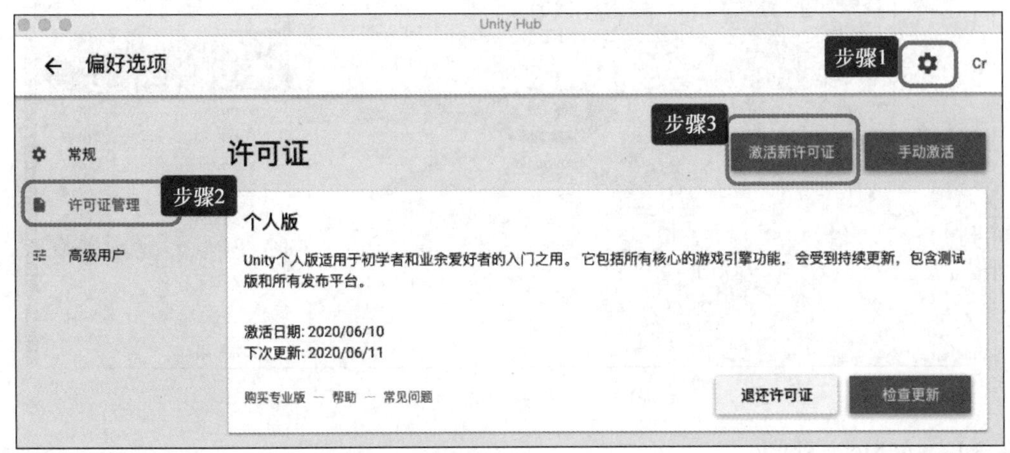

图 5-59　激活许可证

步骤 4：创建 Unity 项目。新建一个项目，如图 5-60 所示。

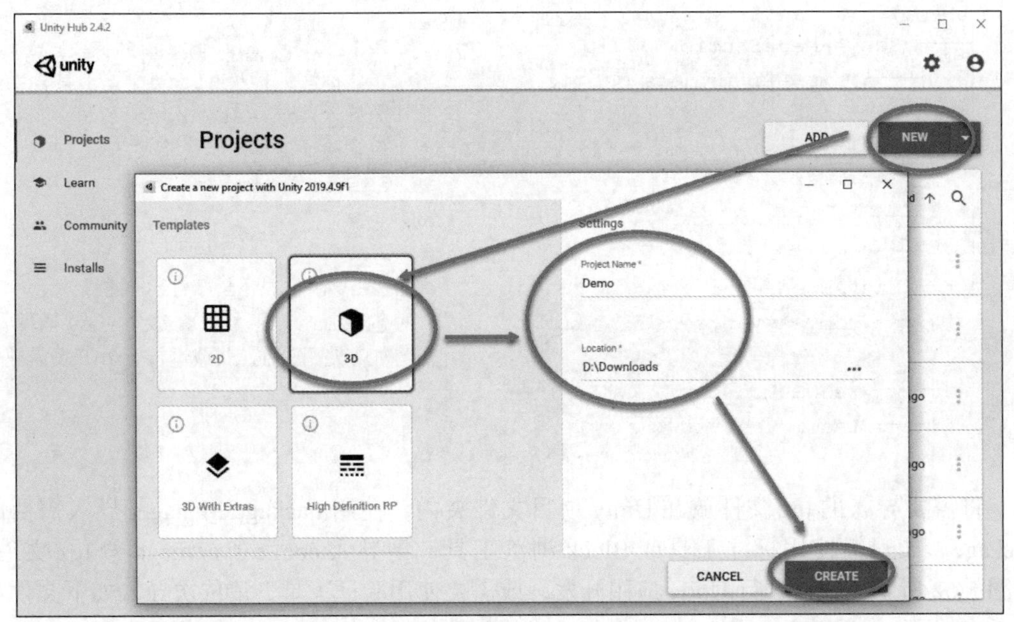

图 5-60　新建一个 Unity 项目

步骤 5：打开 Unity 的控制台（Console）。在打开的工程中，为了查看工具的执行情况和出错情况，建议通过菜单栏或快捷键（Ctrl + Shift + C）打开控制台，如图 5-61 所示。

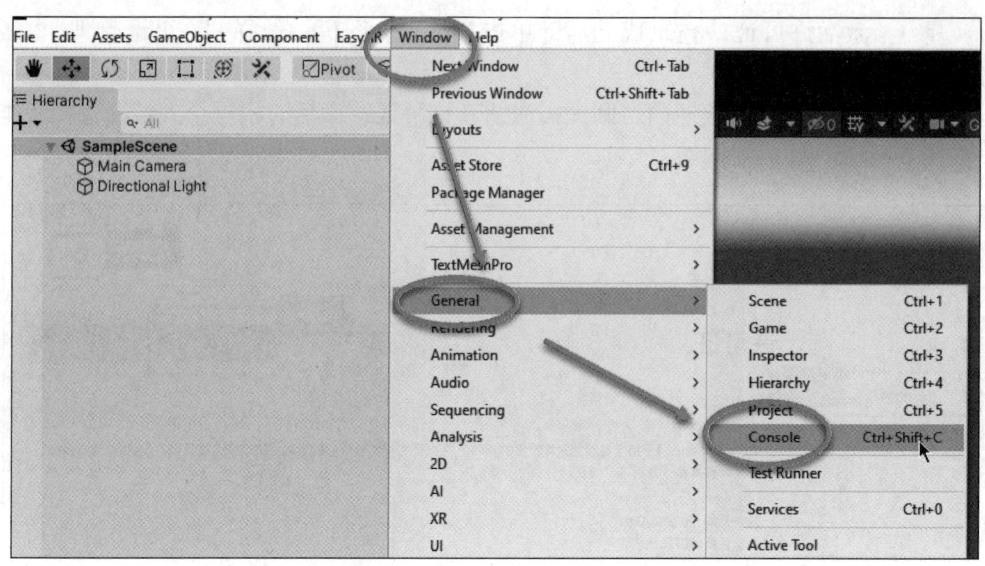

图 5-61　打开 Unity 控制台

3）导入 Mega Studio

解压下载的两个 zip 文件，解压后将获得一些 tgz 文件及 txt 格式的 readme 文件。注意，请勿解压 tgz 文件。

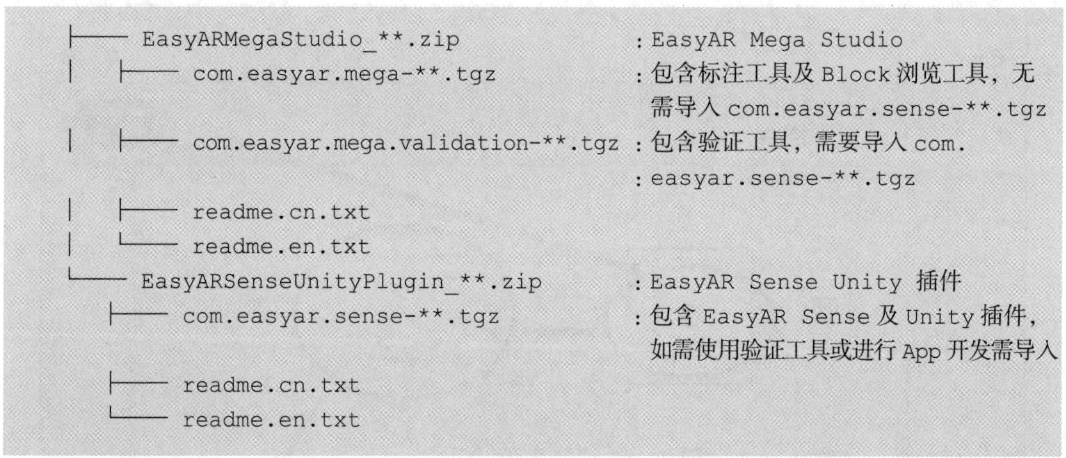

```
├── EasyARMegaStudio_**.zip                  : EasyAR Mega Studio
|   ├── com.easyar.mega-**.tgz               : 包含标注工具及 Block 浏览工具，无
                                               需导入 com.easyar.sense-**.tgz
|   ├── com.easyar.mega.validation-**.tgz    : 包含验证工具，需要导入 com.
                                             : easyar.sense-**.tgz
|   ├── readme.cn.txt
|   └── readme.en.txt
└── EasyARSenseUnityPlugin_**.zip            : EasyAR Sense Unity 插件
    ├── com.easyar.sense-**.tgz              : 包含 EasyAR Sense 及 Unity 插件，
                                               如需使用验证工具或进行 App 开发需导入
    ├── readme.cn.txt
    └── readme.en.txt
```

将需要导入的 tgz 文件放在 Unity 项目文件夹内，使用 Package Manager 导入需要的 package。如只需使用标注工具或 Block 浏览工具，请导入 com.easyar.mega-**.tgz 文件，如图 5-62 所示；如需进行 Unity 应用开发，或需要使用验证工具，请依次导入如下文件如图 5-63 所示。

com.easyar.mega.validation-**.tgz 需在其他两个包导入之后才能导入。

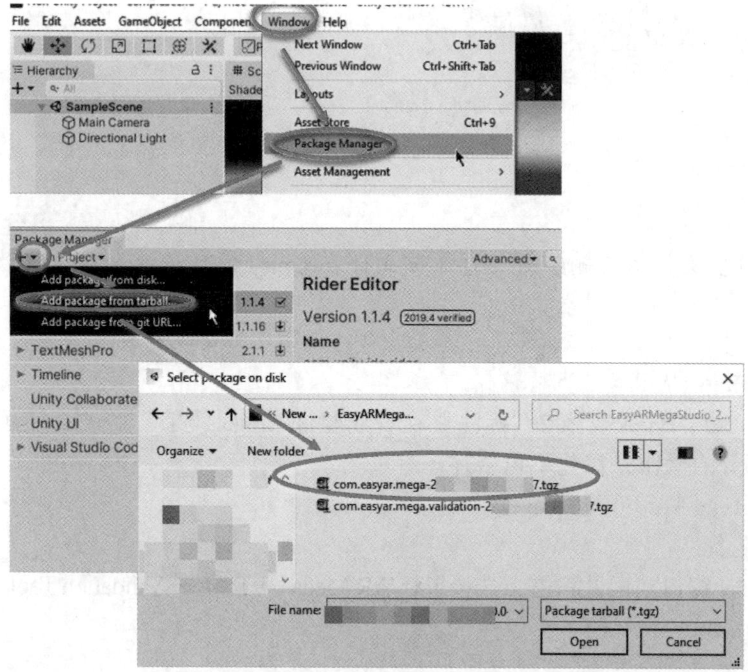

图 5-62　导入 com.easyar.mega-**.tgz 文件

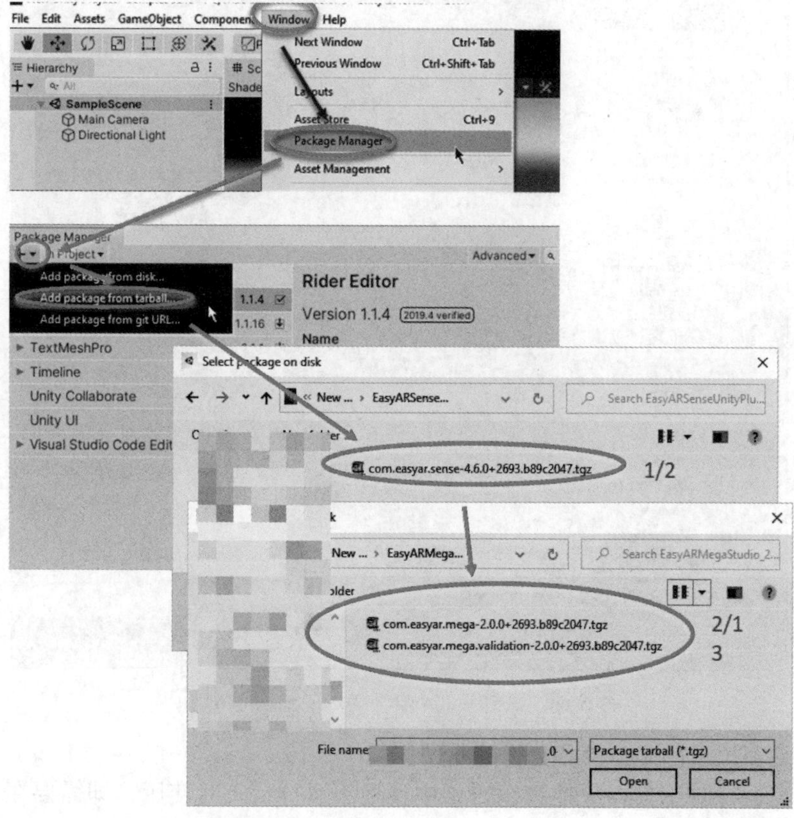

图 5-63　导入文件

```
com.easyar.sense-**.tgz
com.easyar.mega-**.tgz
com.easyar.mega.validation-**.tgz
```

注 意

导入后 tgz 文件不可删除或移动（如文件在 Unity 项目文件夹内，可以随 Unity 项目一起移动）。

4. 使用 Mega Studio 进行标注

参考任务 5.2 的任务实施 2 “标注并在现场验证 Mega 效果” → “2. 使用 Mega Studio 进行标注”部分的操作，在此不再赘述。

5. 使用 Mega Studio 进行远程验证

1）添加工具

在 Hierarchy 窗口空白处右击，选择 EasyAR Mega → Tool → Validation Tool（Play Mode），如图 5-64 所示。

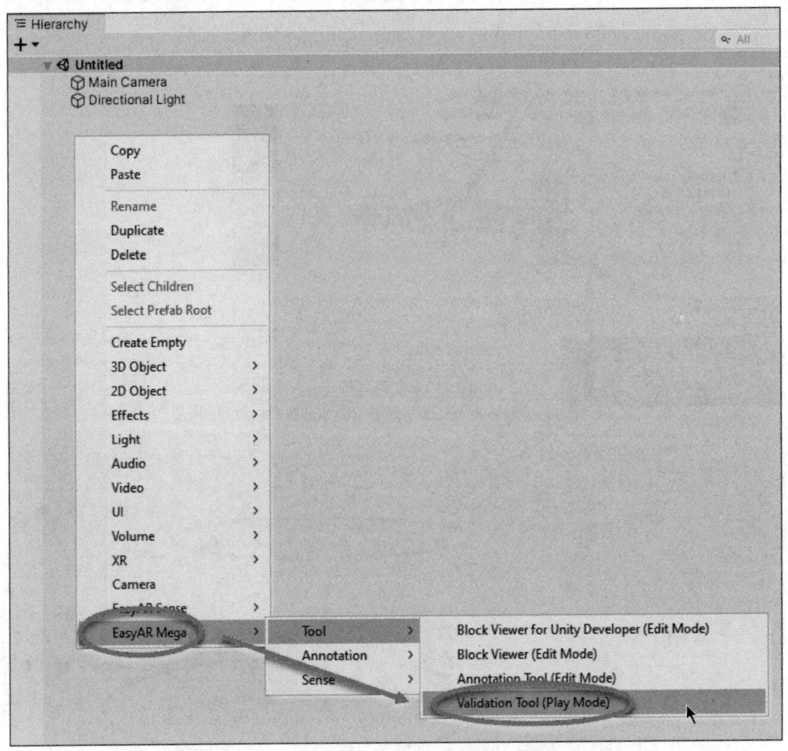

图 5-64　添加 Validation Tool（Play Mode）

添加后会多出来两个节点，如图 5-65 所示。

该工具是运行时工具，只能在编辑器中且处于运行状态时使用，即需要在下图中的按钮按下时使用，如图 5-66 所示。

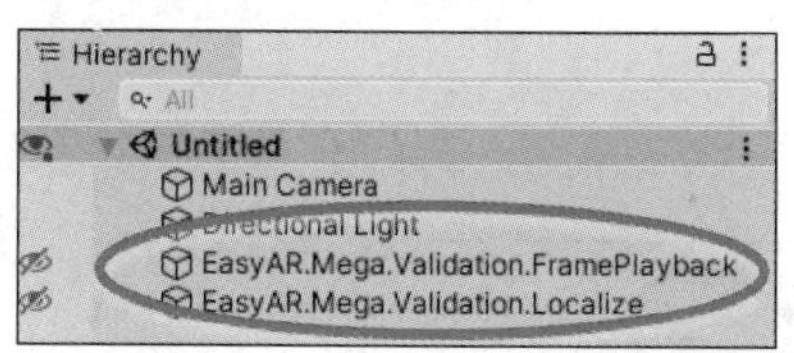

图 5-65　Hierarchy 层级结构

图 5-66　在编辑器中且处于运行状态时使用的运行工具

需要注意的是，做准备工作时（比如添加并使用标注工具），不能按下上述按钮，需要在准备工作完成之后才可按下使用。

2）填写 EasyAR Sense 的许可证密钥（License Key）

在网页上登录 EasyAR 开发中心，获取 EasyAR Sense 的许可证密钥，如图 5-67 所示。

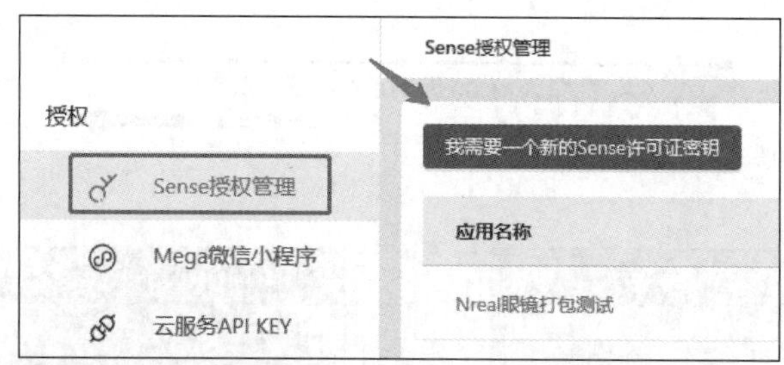

图 5-67　获取 EasyAR Sense 的许可证密钥

在 Unity 菜单中打开 EasyAR → Sense → Configuration，如图 5-68 所示。

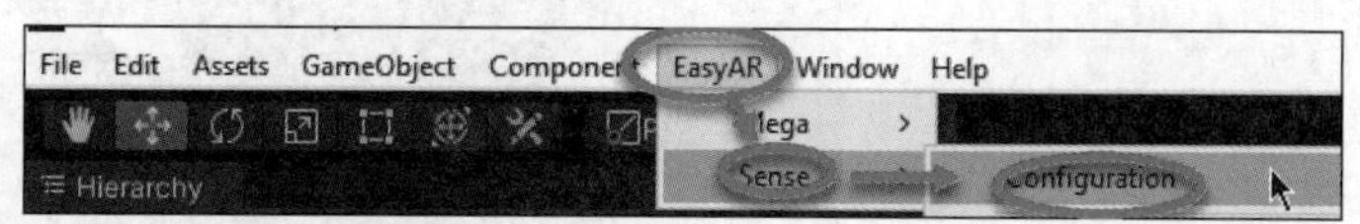

图 5-68　打开 Configuration

然后在打开的 Project Settings 窗口中填写从网站上复制的许可证密钥，如图 5-69 所示。

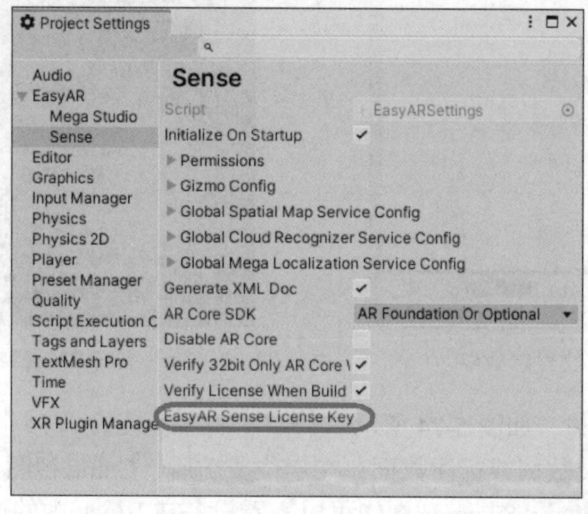

图 5-69　填写许可证密钥

3）运行场景

单击播放按钮运行当前场景，如图 5-70 所示。

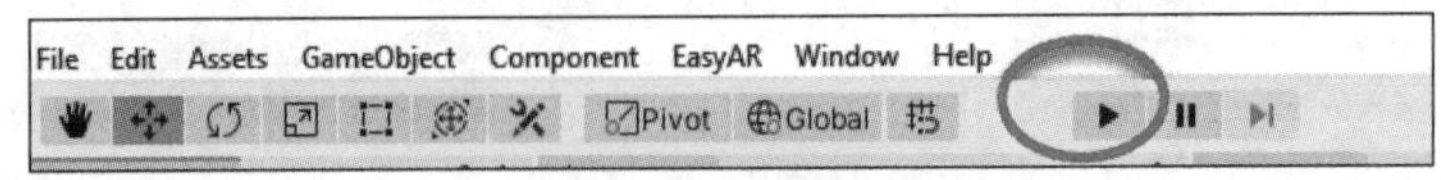

图 5-70　运行当前场景

4）打开 EIF 文件

使用图中按钮打开 EIF 文件。刚开始的时候部分数据加载可能需要几秒时间，加载过程中 EIF 不会播放，背景会显示黑色，如图 5-71 与图 5-72 所示。

加载完成后 EIF 文件开始播放，如图 5-73 所示。

图 5-71　打开 EIF 文件

图 5-72　EIF 文件加载中

图 5-73　EIF 文件播放

5）开始 / 停止定位，如图 5-74 所示。

如果加载了 Block 数据或标注数据，在定位成功后，Game 视图会叠加显示相机画面、Block 数据和标注数据。在 Scene 视图中可以查看设备在 Block 中的位置，如图 5-75 所示。

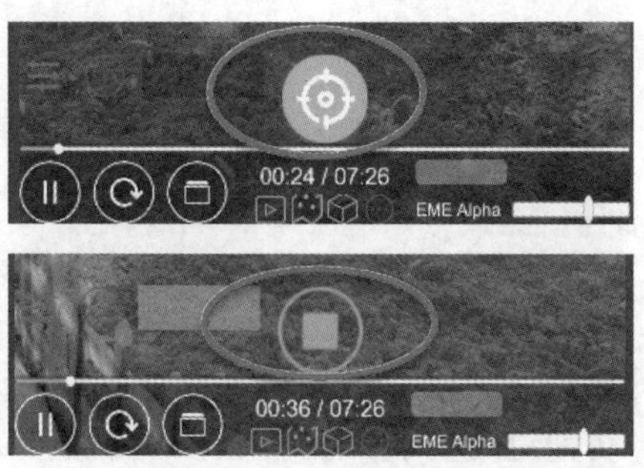

图 5-74 开始 / 停止定位

图 5-75 Game 视图和 Scene 视图显示信息

任务 5.3 Mega 应用开发

任务要求

本任务主要是对 EasyAR Mega 大空间应用开发技术进行探索，了解利用 EasyAR Mega 实现大空间应用开发一般流程，掌握 EasyAR Mega 的大空间增强现实应用开发。

建议学时

6 课时。

任务实施

任务实施 4：Mega 应用开发

1. 创建 EasyAR Mega 场景

1）创建含有 Camera 的场景

创建场景或使用工程自动创建的场景，确保场景中含有 Camera，如图 5-76 所示。

配置摄像机（如果在使用 AR Foundation、Nreal SDK，或其他 AR 眼镜的 SDK，那么这些配置数值通常会采用这些 SDK 包预设的值），如图 5-77 所示。

图 5-76 创建含有 Camera 的场景

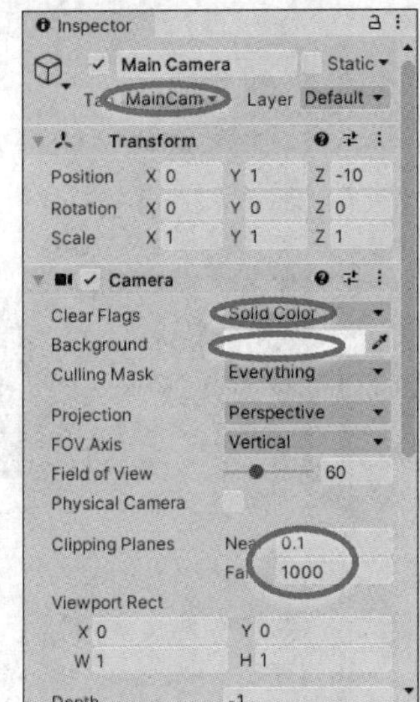

图 5-77 配置摄像机

Tag：如果 Camera 不是来自 AR Foundation、Nreal SDK，或其他 AR 眼镜的 SDK，则可以设置 Camera Tag 为 MainCamera，这样它会在 AR Session 启动时被 Frame Source 所选用。或者，也可以通过在 Inspector 窗口设置 FrameSource.Camera 来修改 Frame Source 的 Camera 为该 Camera。

Clear Flags：需要设置为 Solid Color 以确保 Camera 图像可以正常渲染。如果设置为 Skybox，则 Camera 图像将无法显示。

Background：这个属于非必需配置，考虑到使用体验，建议将背景颜色设为黑色以便在 Camera 设备打开前和切换时以黑色显示。

Clipping Planes：根据实际需要（物理空间中的实际长度）设置。这里设置 Near 为 0.1（m）以避免摄像机离物体较近时无法显示。

2）创建 EasyAR AR Session

可以使用预设来创建 AR Session，也可以逐节点创建 AR Session。

（1）使用预设创建 AR Session。使用 EasyAR Sense → Mega → AR Session（Mega Preset）（或 EasyAR Mega → Sense → AR Session（Mega Preset））来创建 AR Session，如

图 5-78 所示。

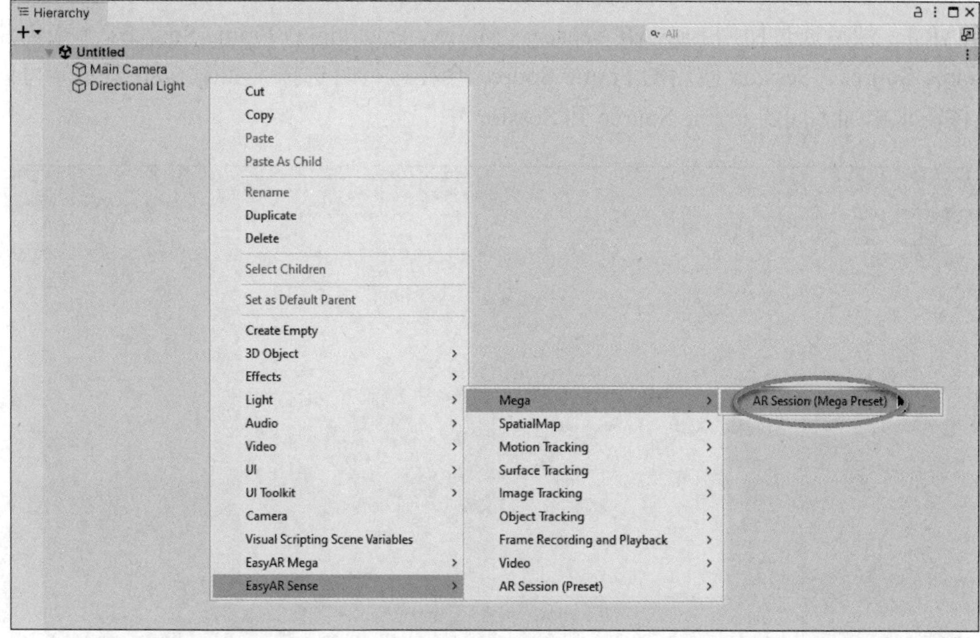

图 5-78　使用预设创建 AR Session

（2）逐节点创建 AR Session。如果 AR Session 预设不满足需求，也可以逐节点创建 AR Session，并根据情况选择合适的组件。

例如，如果要创建一个与上述预设相同的 AR Session，可以像下面这样操作。

首先使用 EasyAR Sense → AR Session（Preset）→ AR Session（Empty）创建一个空的 ARSession，如图 5-79 所示。

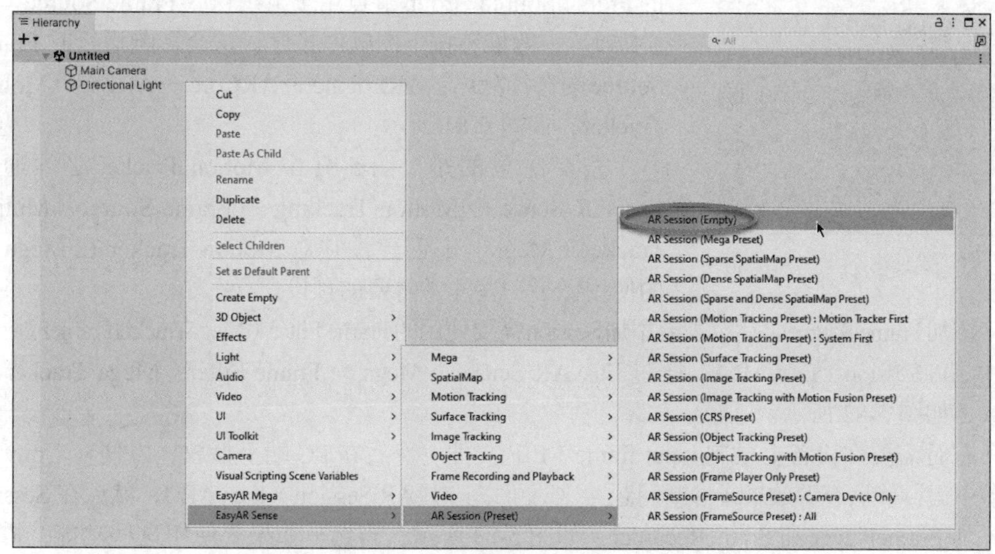

图 5-79　使用逐节点创建 AR Session

然后在 Session 中添加 Frame Source。为了使用 Mega，需要一个表示运动跟踪设备的 Frame Source，这通常在不同设备上会运行不同的 Frame Source。这里选中 AR Session（EasyAR），然后通过使用 EasyAR Sense → Motion Tracking → Frame Source：* 来创建一组 Frame Source，Session 使用的 Frame Source 会在运行时选择，如图 5-80 所示。可以根据具体需求添加不同的 Frame Source 到 Session 中。

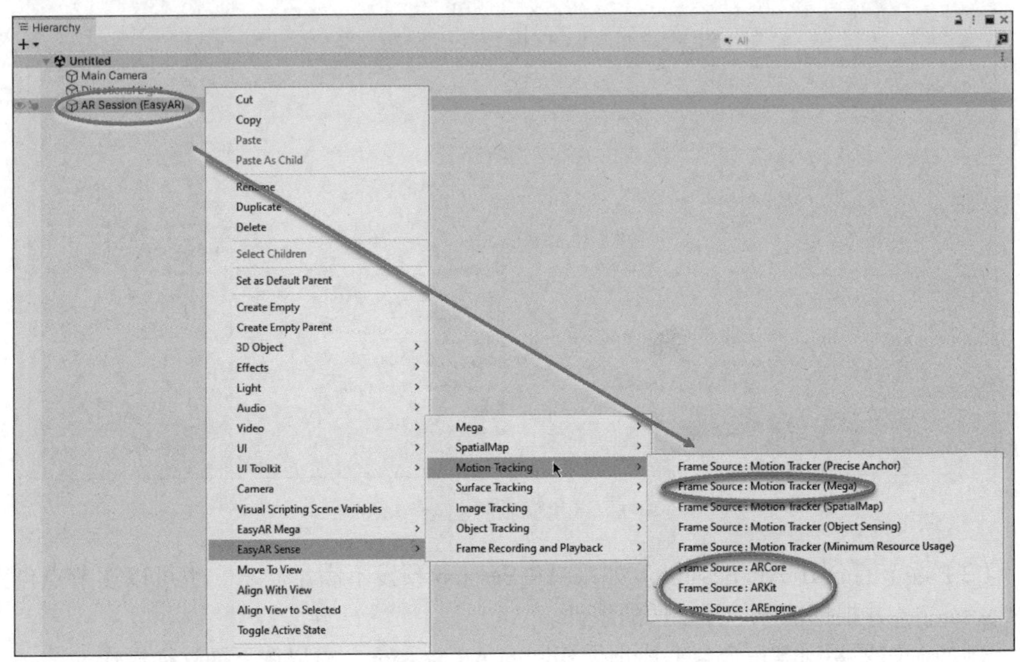

图 5-80　添加 Frame Source

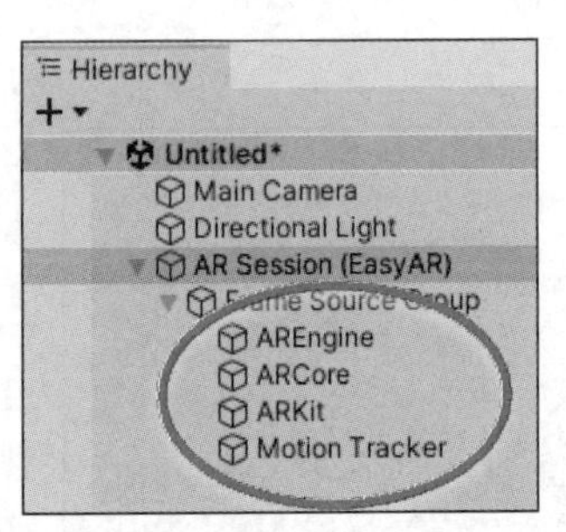

图 5-81　添加多个 Frame Source

通过上述菜单添加多个 Frame Source，并创建一个空的 Frame Source Group 节点用于组织这些 Frame Source（非必需）。一般推荐按下图顺序排序，这会影响运行时 Frame Source 的选择顺序：AREngine→ARCore→ARKit→Motion Tracker，如图 5-81 所示。

需要注意的是，图 5-81 中 Motion Tracker 必须通过 EasyAR Sense → Motion Tracking → Frame Source：Motion Tracker（Mega）来创建，它对 Motion Tracker 在 Mega 中的使用做了一些非常重要的预设。

添加 Frame Source 之后，需要添加 Session 需要使用的 Frame Filter（MegaTrackerFrameFilter）。选中 AR Session（EasyAR），通过 EasyAR Sense → Mega → Frame Filter：Mega Tracker 来完成，如图 5-82 所示。

有时需要在设备上录制 input frame（EIF 文件）然后在 PC 端上播放，以便在 Unity 编辑器中运行然后查看效果或诊断问题，这时可以选中 AR Session（EasyAR），然后在 Session 中添加 FramePlayer 和 FrameRecorder，如图 5-83 所示。当然，如果要使用这些功能，需要根据情况修改 ARComponentPicker.FramePlayer 和 ARComponentPicker.FrameRecorder。

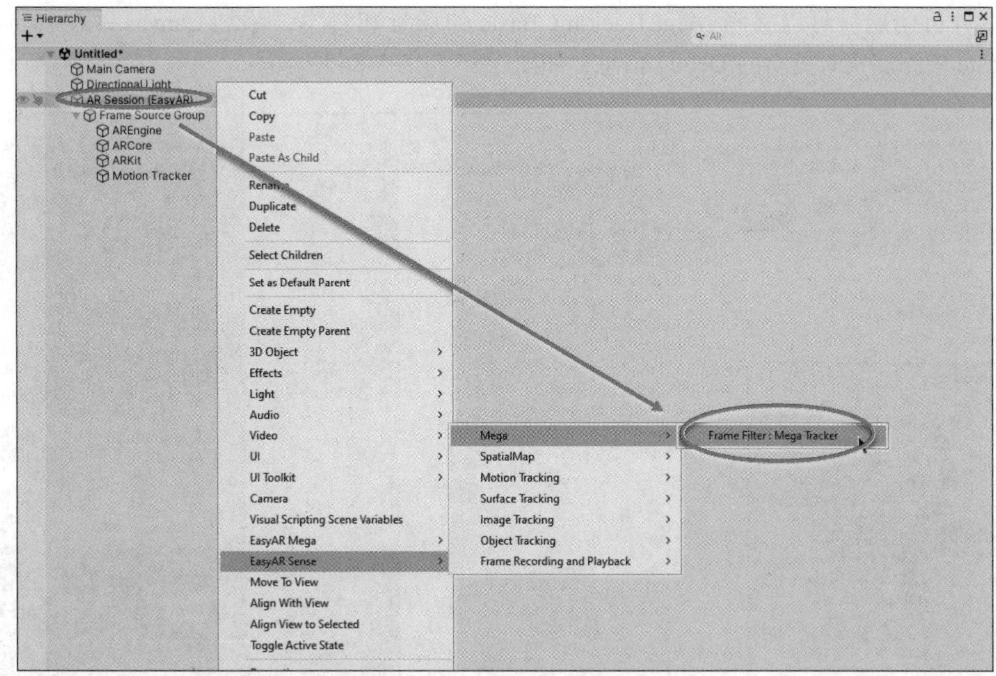

图 5-82　添加 Frame Filter

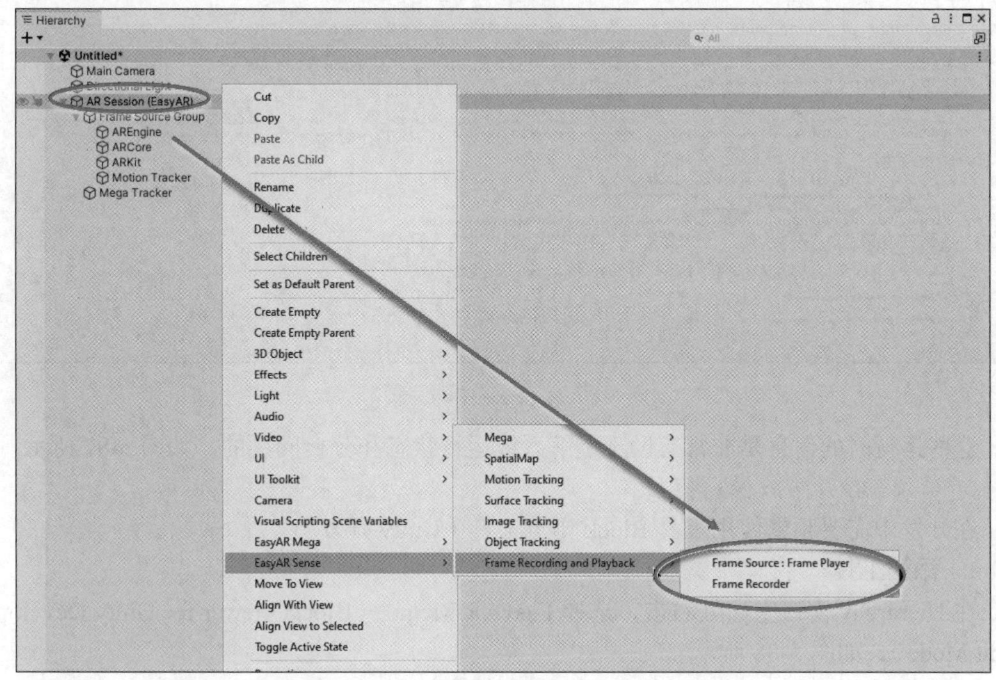

图 5-83　添加 FramePlayer 和 FrameRecorder

最后，AR Session 的层级结构如图 5-84 所示。

3）显示 Debug 信息（开发提示）

在开发过程中，经常需要将一些 Debug 信息打印到日志或显示在屏幕上，以便在开发中分析问题。可以参考 MegaTracking_Basic 的场景和脚本，添加 Canvas 并在脚本的 Update 中添加实时更新的 Debug 信息，如图 5-85 与图 5-86 所示。

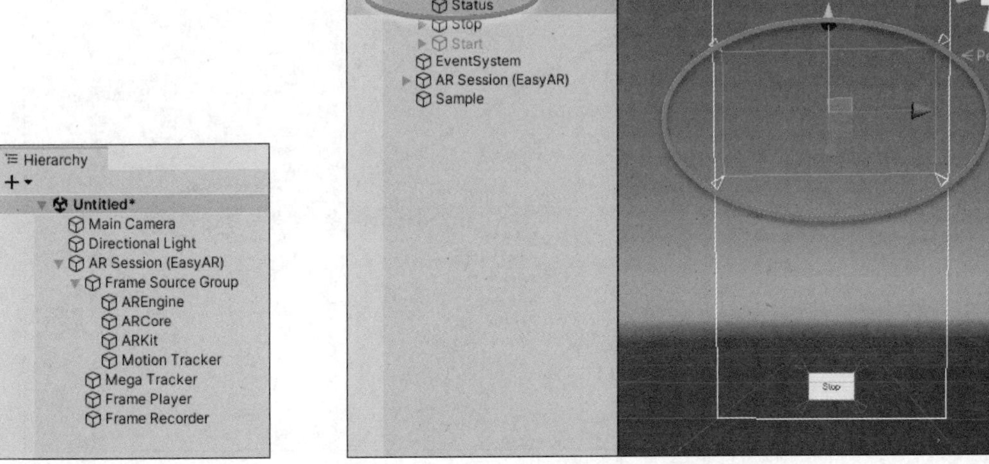

图 5-84　AR Session 层级结构　　图 5-85　添加 Canvas

```
private void Update()
{
    Status.text = $"Device Model: {SystemInfo.deviceModel} {deviceModel}" + Environment.NewLine +
        "Frame Source: " + ((Session.Assembly != null && Session.Assembly.FrameSource) ? Session.Assembly.FrameSource.GetType().ToString().Replace(oldValue: "easyar.", newValue:
         "").Replace(oldValue: "FrameSource", newValue: "") : "-") + Environment.NewLine +
        "Tracking Status: " + Session.TrackingStatus + Environment.NewLine +
        "Mega Tracker Parameters:" + Environment.NewLine +
        $"\tRequest: Timeout ({megaTracker.RequestTimeParameters.Timeout}), RequestInterval ({megaTracker.RequestTimeParameters.RequestInterval})" + Environment.NewLine +
        $"\tResultPose: Localization ({megaTracker.ResultPoseType.EnableLocalization}), Stabilization ({megaTracker.ResultPoseType.EnableStabilization})" + Environment.NewLine;

    if (debugInfo != null)
    {
        Status.text += "Localization Debug Info: " + Environment.NewLine +
            $"\tTimestamp: {debugInfo.Timestamp:F3}" + Environment.NewLine +
            "\tStatus: " + debugInfo.Status + Environment.NewLine +
            "\tServer Response Duration (s): " + debugInfo.ServerResponseDuration + Environment.NewLine +
            "\tServer Calculation Duration (s): " + debugInfo.ServerCalculationDuration + Environment.NewLine;
        foreach (var block in debugInfo.Blocks)
        {
            Status.text += $"\tBlock: {block.Info.Name} ({block.Info.ID})" + Environment.NewLine;
        }
        if (debugInfo.ErrorMessage.OnSome)
        {
            Status.text += "\tError Message: " + debugInfo.ErrorMessage + Environment.NewLine;
        }
    }
}
```

图 5-86　Update 中编写脚本

这些运行时的信息是非常有助于了解系统运行状态和分析问题的，如图 5-87 所示。

2. 导入工具并摆放 3D 内容

在开发中需要频繁使用工具 Block 浏览工具（Unity 开发）。

1）添加工具

在 Hierarchy 窗口空白处右击，选择 EasyAR Mega → Block Viewer for Unity Developer（Edit Mode），如图 5-88 所示。

添加后会多出来两个节点，如图 5-89 所示。

2）访问 Mega 定位服务

步骤 1：登录 EasyAR 账号。选中 EasyAR.Mega.BlockViewer（Dev）节点，在 Inspector 窗口中填写账号信息并登录，如图 5-90 所示。

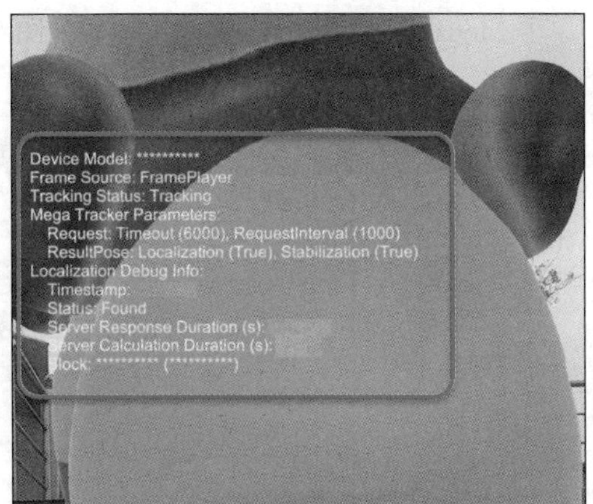

图 5-87 显示的 Debug 信息

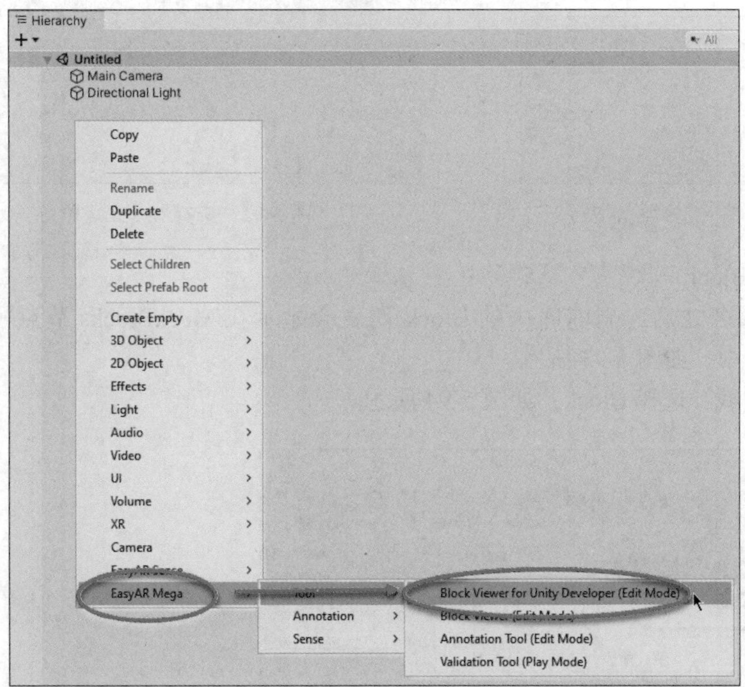

图 5-88 添加 Block Viewer for Unity Developer（Edit Mode）

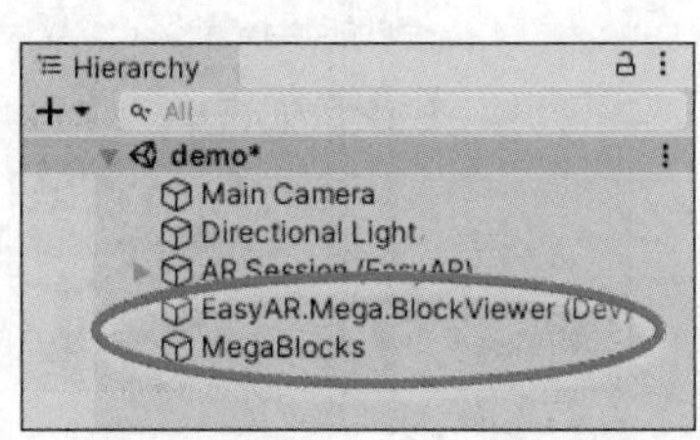

图 5-89 Hierarchy 窗口结构

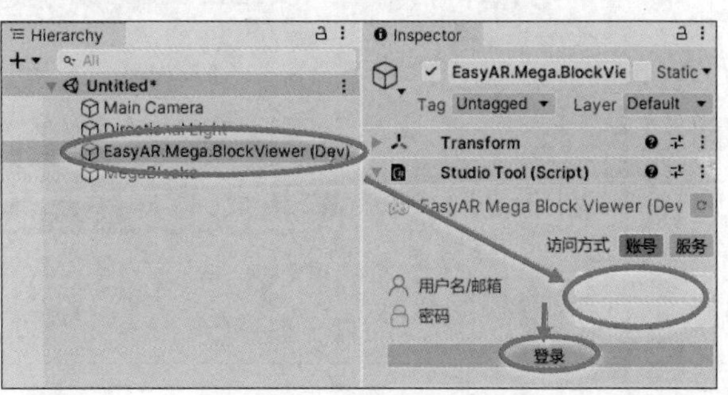

图 5-90 填写账号信息并登录

步骤 2：选择服务。单击 Mega Cloud Service 右侧按钮，如图 5-91 所示。

选择 Mega 定位服务，如图 5-92 所示。

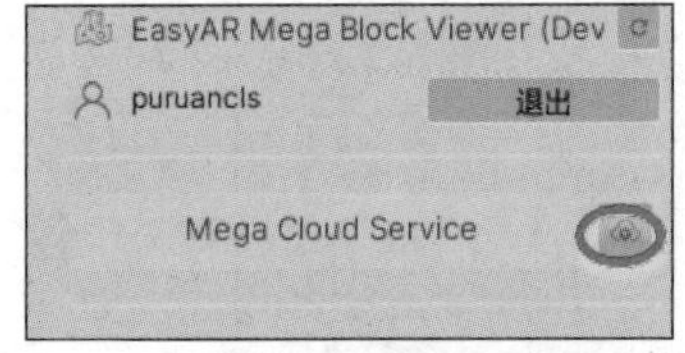

图 5-91　选择服务按钮

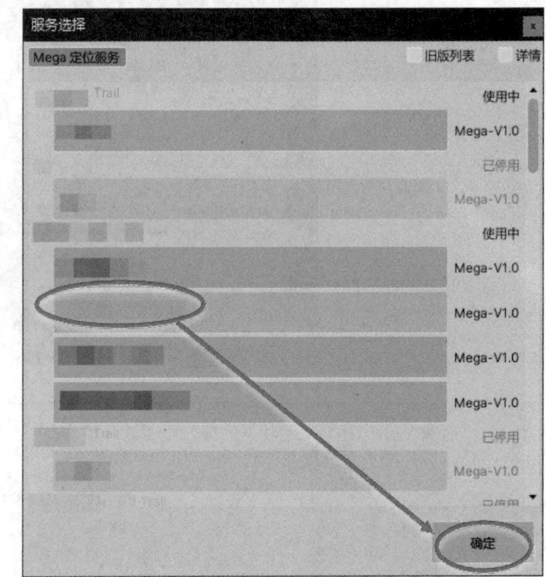

图 5-92　选择 Mega 定位服务

3）加载 Block

在选择服务之后，当前库中的 Block 列表会显示在 MegaBlocks 节点下，并显示在 Inspector 窗口中，如图 5-93 所示。

单击“加载”选择 Block，如图 5-94 所示。

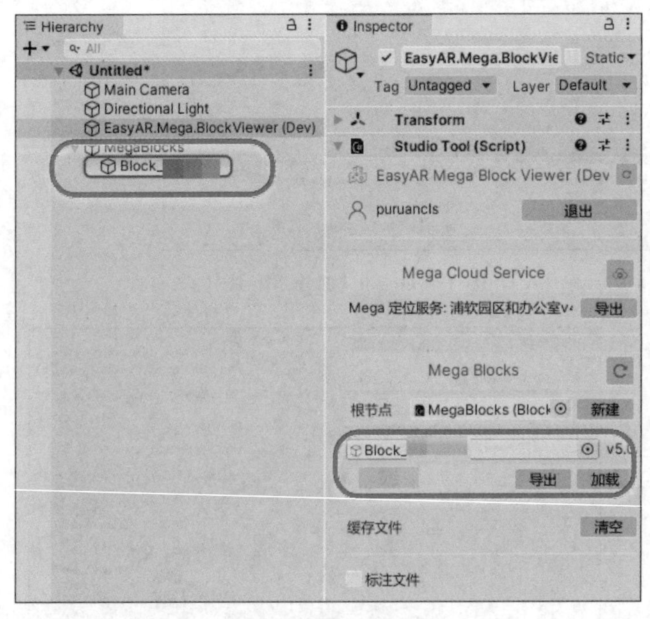

图 5-93　Inspector 窗口中的 Block 列表

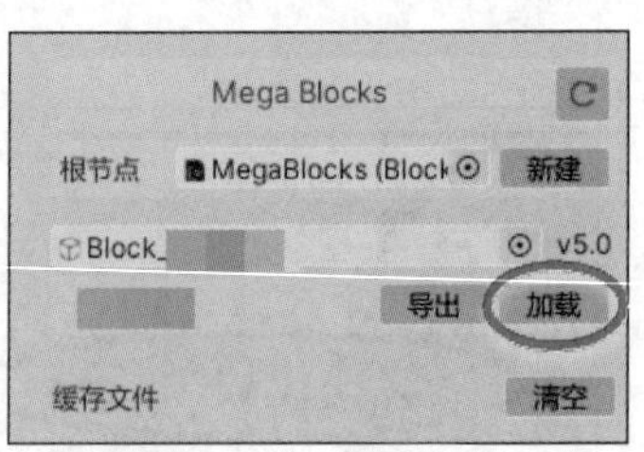

图 5-94　加载 Block

配置 AR Session（Easy AR）使用 Frame Player，选择 First Available Active Child，如图 5-99 所示。

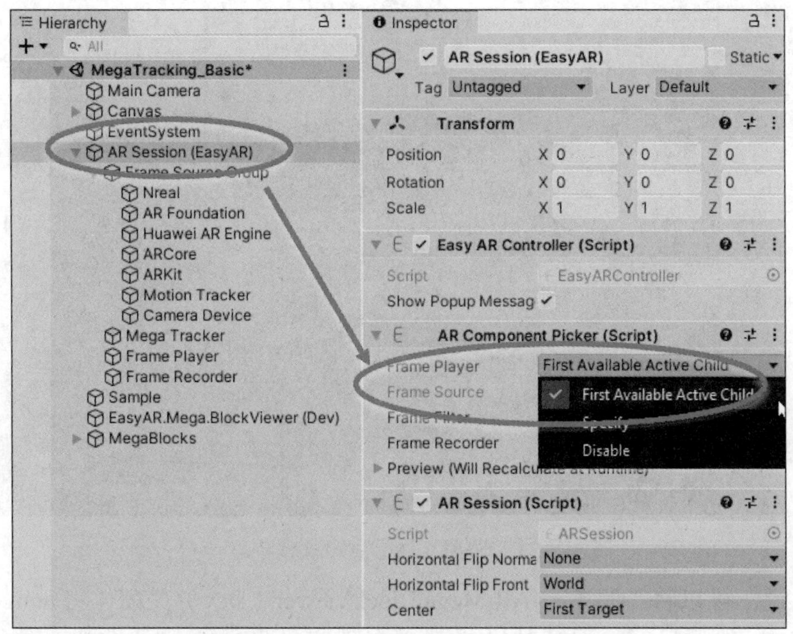

图 5-99　配置 AR Session 使用 Frame Player

配置 Frame Player 中 EIF 文件的路径，如图 5-100 所示。

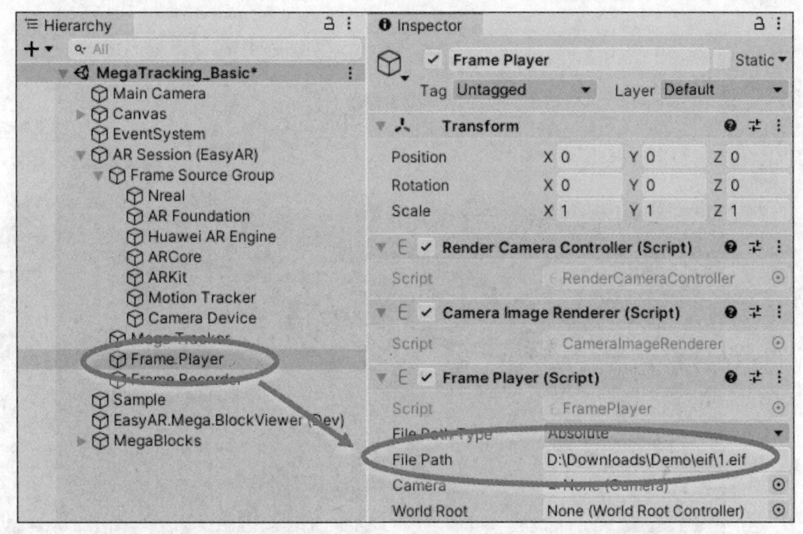

图 5-100　配置 Frame Player 中 EIF 文件的路径

配置好之后，直接运行可以看到这样的效果，由于在场景中加载了 Block 模型，Block 模型也会显示出来，如图 5-101 所示。这在进行位置比对或是未放置模型的地方查看定位效果的情况下，还是有用的。

图 5-101　运行后的效果

一般来说，可以将工具 EasyAR.Mega.BlockViewer（Dev）关闭（将 active 设成 false 或删除节点），然后运行，看到的结果就是在现实场景中叠加了虚拟对象的效果，如图 5-102 所示。

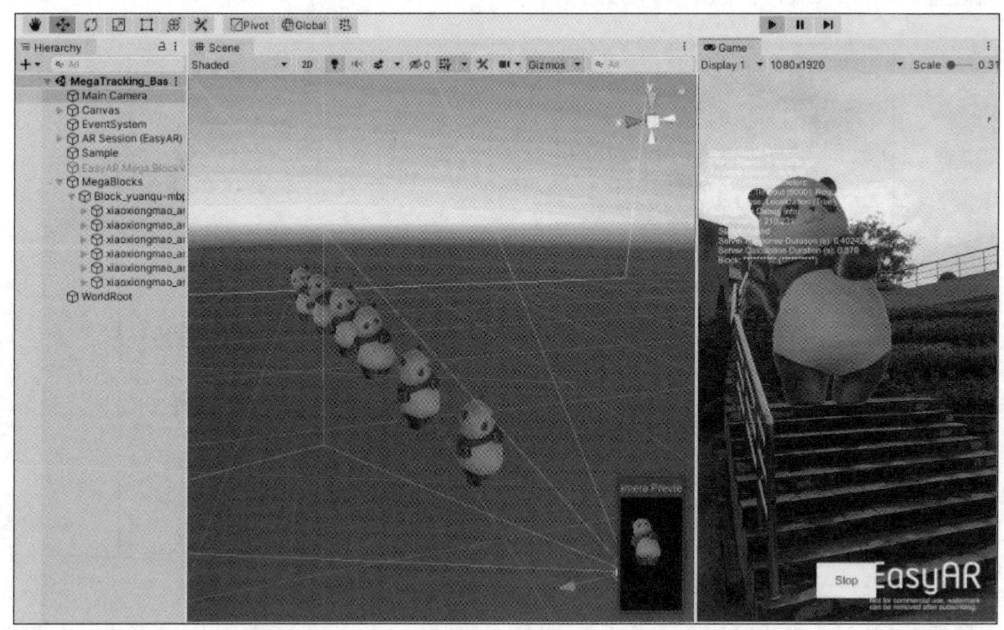

图 5-102　叠加了虚拟对象的效果

运行之后需要关注屏幕上显示的 Debug 信息，一般建议在应用开发初期在屏幕上显示这些信息，以便快速定位开发中遇到的问题，如图 5-103 所示。

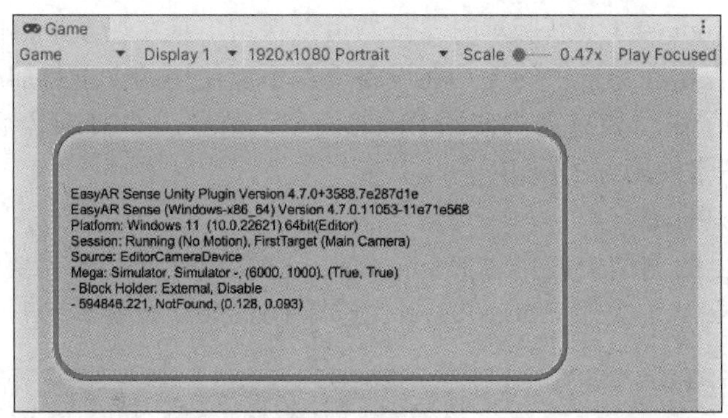

图 5-103　**Debug** 信息

默认设置下，启动后，在第一次定位到 Block 之前，整个 MegaBlocks 及其子节点的 active 都是 false，内容不会显示。

在定位到之后，上述节点的 active 会变成 true，内容会显示出来并不断更新位置，如图 5-104 所示。

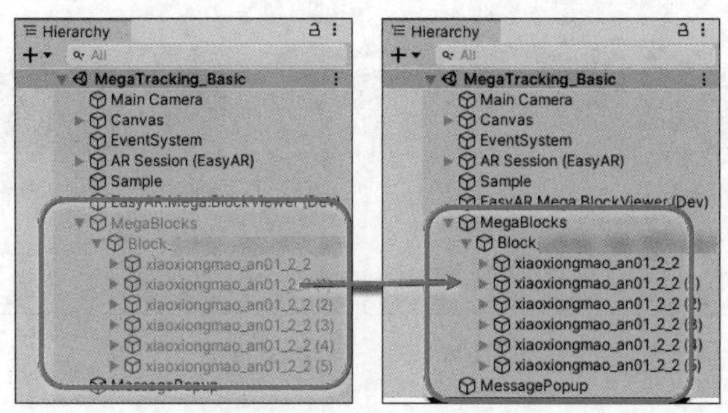

图 5-104　内容更新位置

5. 配置在手机等移动设备上运行

1）删除 Block 浏览工具（Unity 开发）

在使用 Mega Studio 2.3 及新版本时，可以跳过这个步骤。

在使用 Mega Studio 2.2 或更早版本时，必须要在打包前删除 Block 浏览工具（Unity 开发），如图 5-105 所示。

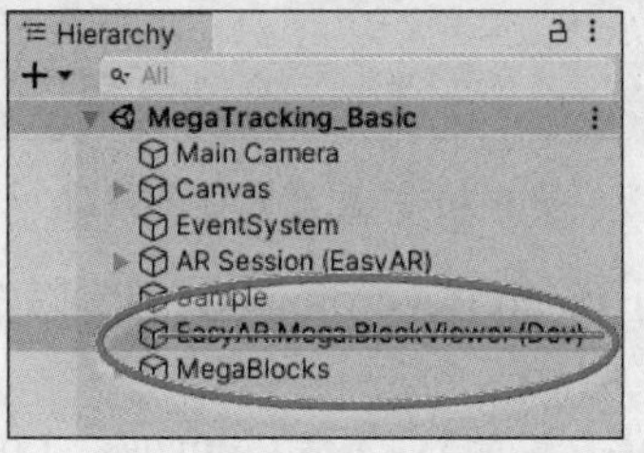

图 5-105　删除 **Block** 浏览工具

在使用 Mega Studio 2.3 及新版本时，虽然可以保留工具在场景中，但是通常仍建议在最终发布时删除。保留在场景中的工具在设备上是不能使用的。工具加载的 Block 模型数据不会被保留在场景中，如有需求使用 Block 模型，请导出 OBJ 对象后使用建模工具或 Unity 编辑器按其正常使用方式使用。

2）关闭 Frame Player

如果在 PC 端上的测试中使用过 Frame Player 播放 EIF 文件，需要确保 Frame Player 被关闭。配置 AR Session 关闭 Frame Player，选择 Disable，如图 5-106 所示。

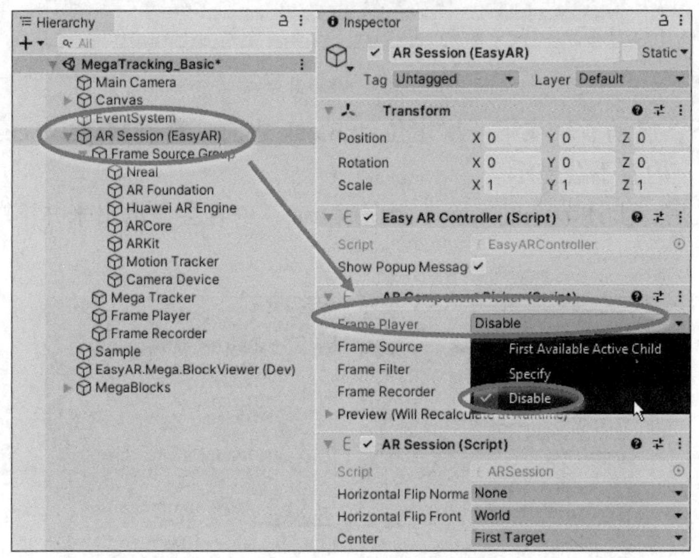

图 5-106　关闭 Frame Player

3）配置权限

从 Unity 菜单中选择 EasyAR→Sense→Configuration 打开配置页面，配置需要的权限，如图 5-107 所示。

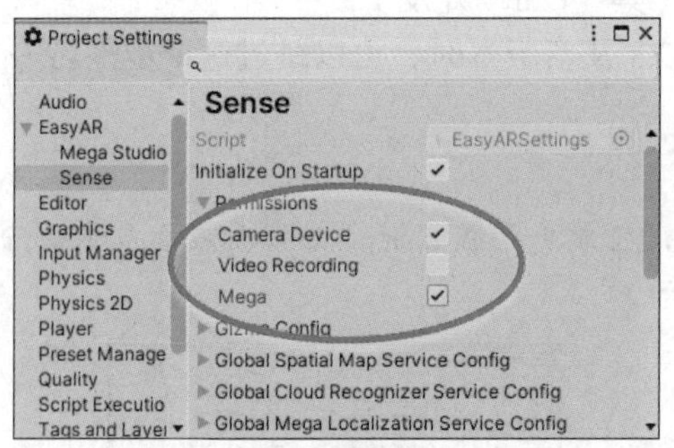

图 5-107　配置需要的权限

打开 Camera Device。关闭 Video Recording，除非确实需要使用。打开 Mega。

（1）Android 工程配置。

① API Level。EasyAR Sense 需要 Android API Level 21 或以上。在 Player Settings 窗口设置如图 5-108 所示。

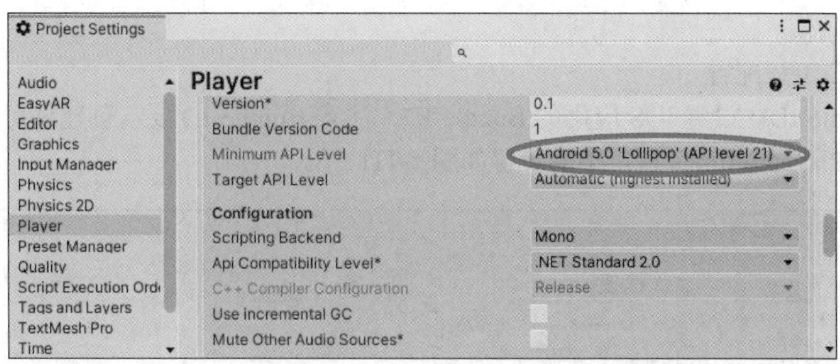

图 5-108　设置 Minimum API Level 参数

② Package Name。设置 Android 应用的 Package Name，注意 Package Name 要与创建许可证密钥时填写的内容一致。在 Player Settings 窗口设置如图 5-109 所示。

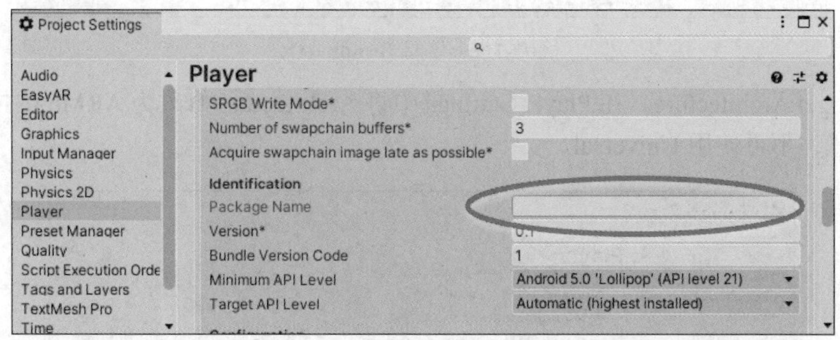

图 5-109　设置 Package Name

③ Target Architecture。选择 IL2CPP 编译并选择 ARM64 支持。在 Player Settings 窗口设置如图 5-110 所示。

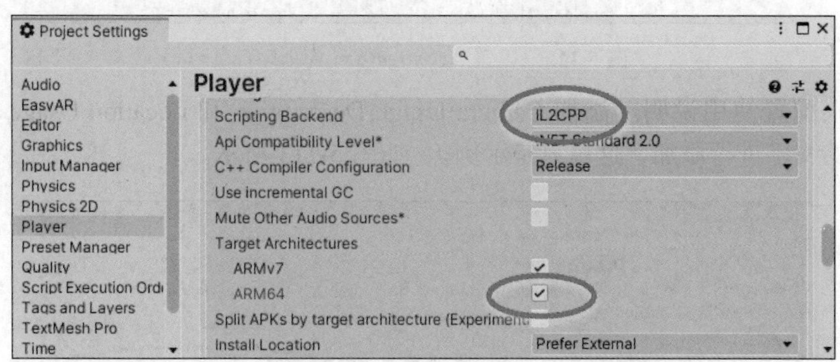

图 5-110　选择 IL2CPP 编译并选择 ARM64 支持

④ ARCore 配置。为了在支持 ARCore 的手机上使用 Mega，需要正确配置 ARCore。不需要单独安装 ARCore 或 AR Foundation 来使用 ARCore。

一般情况下，建议使用 EasyAR 的 ARCore SDK，如果工程中有 AR Foundation，而又不直接使用，建议删除 AR Foundation。如果确实需要使用 AR Foundation，请参考其文档正确配置。需要注意的是，使用 EasyAR 的 ARCore SDK 时并不需要将 Graphics API 配置为某个特殊的值。

（2）iOS 工程配置。

① Bundle ID。设置 iOS 应用的 Bundle ID，注意 Bundle ID 要与创建许可证密钥时填写的一致。Player Settings 窗口中的设置如图 5-111 所示。

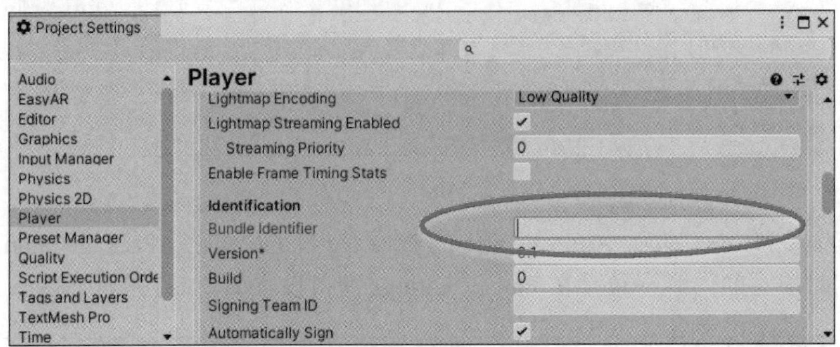

图 5-111　填写 Bundle ID

② Target Architecture。在 Player Settings 中将 Architecture 修改为 ARM64，如图 5-112 所示。注意，不可使用 Universal。

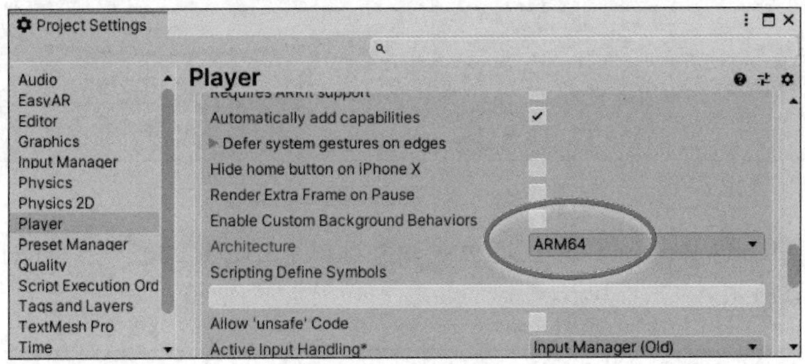

图 5-112　设置 Architecture 为 ARM64

③ 权限配置使用说明。添加 Camera Usage Description 和 Location Usage Description（请按需要的文字进行添加，这里只是示例），如图 5-113 所示。

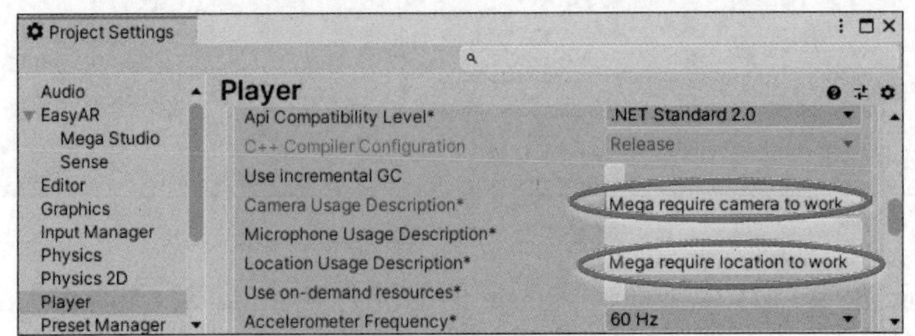

图 5-113　添加 Camera Usage Description 和 Location Usage Description

4）添加场景

打开 Build Settings，如图 5-114 所示。

将当前场景添加到 Build Settings 中，如图 5-115 所示。

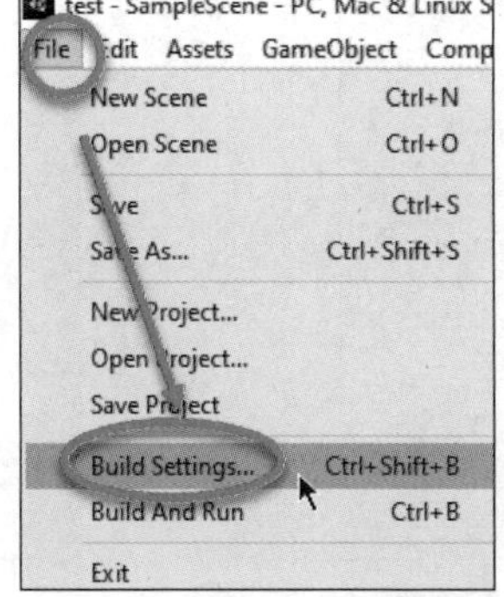

图 5-114　打开 Build Settings

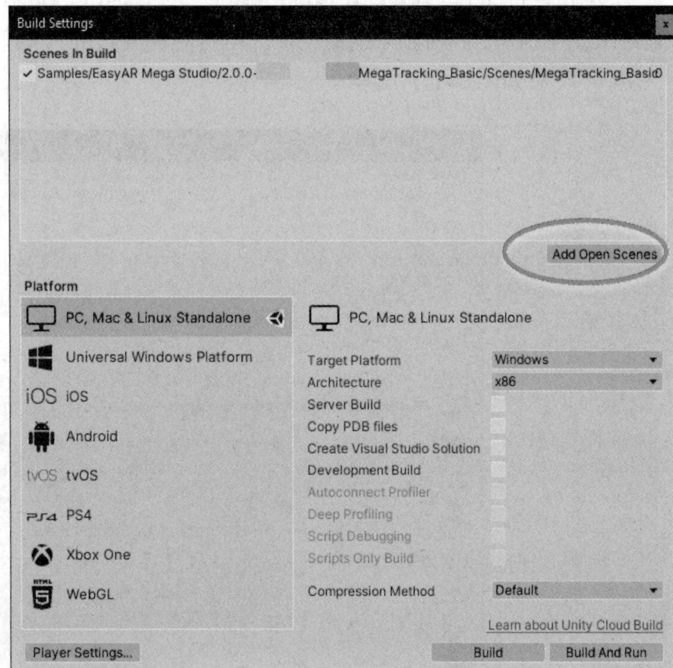

图 5-115　添加当前场景到 Build Settings

6. 在手机等移动设备上运行（在现场）

1）配置退化选项

关闭 Allow No Tracking，它用于使用 PC 相机运行或使用特殊设备运行，在手机等移动设备上运行需要关闭。关闭 Allow Non Eif Remote，用于在不使用 EIF 数据的时候进行远程测试，在现场运行需关闭，如图 5-116 所示。

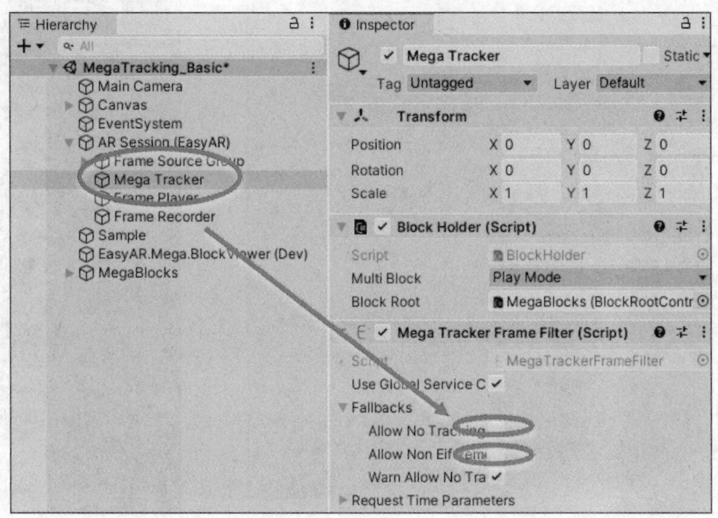

图 5-116　关闭 Allow No Tracking 和 Allow Non Eif Remote

2）运行

切换到目标平台然后单击 Build Settings 的 Build 或 Build And Run 按钮，或通过其他方式编译项目并在手机等移动设备上安装，运行时需允许相应的权限，如图 5-117 与图 5-118 所示。

运行效果如图 5-119 所示。

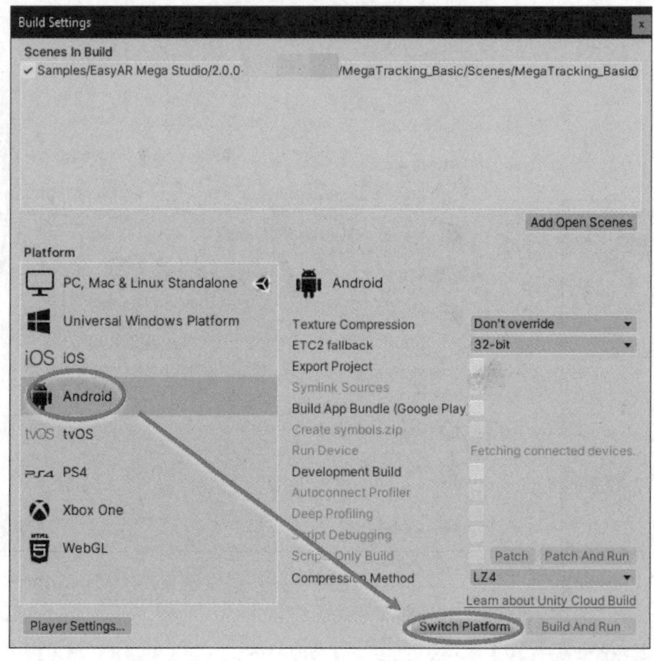

图 5-117　切换到目标平台

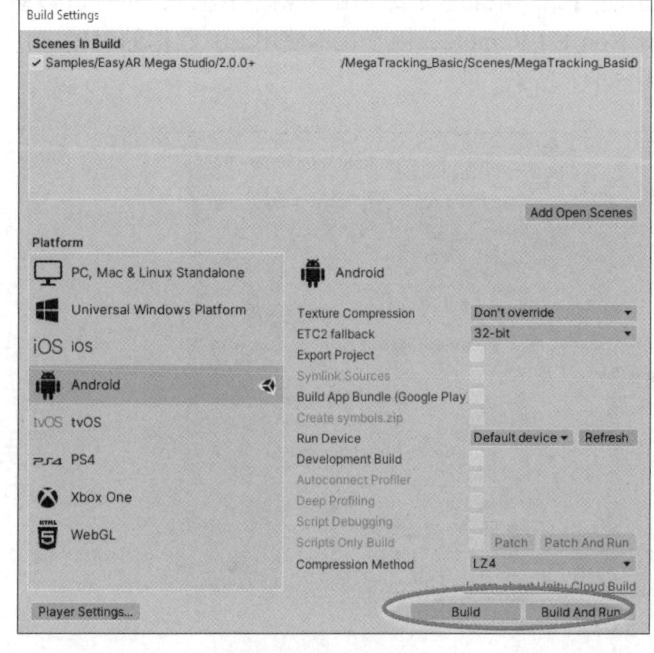

图 5-118　运行项目

图 5-119　项目运行效果

任务5.4 发布到AR眼镜

任务要求

本任务主要是熟悉EasyAR Mega项目发布流程，熟练掌握EasyAR Mega发布到Nreal眼镜、Rokid眼镜等主流AR眼镜。

建议学时

4课时。

任务实施

任务实施5：在Nreal设备上使用

1. 导入Nreal SDK

从Nreal官方获取Nreal SDK的unitypackage文件，通过菜单Assets→Import Package→Custom Package...导入Nreal SDK，如图5-120所示。

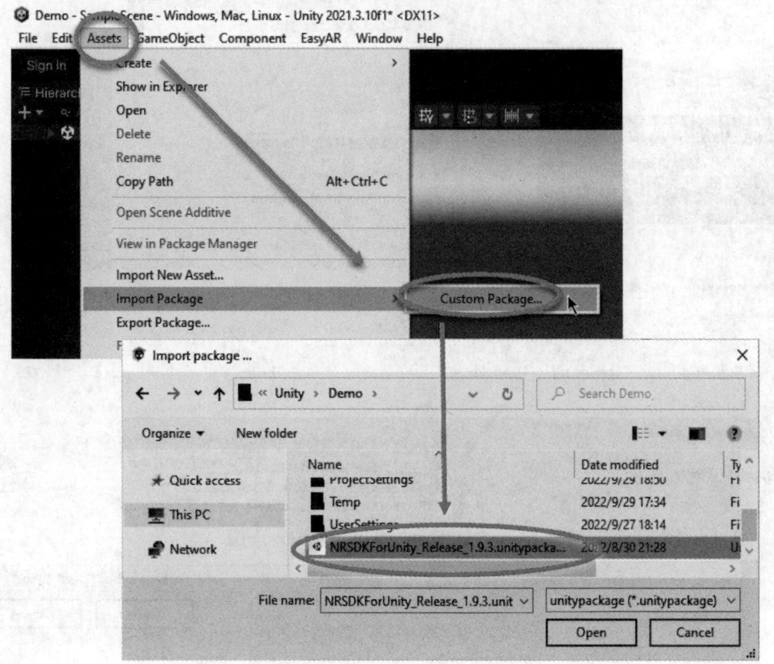

图5-120 导入Nreal SDK

2. 确保 Nreal Demo 可以使用

如果在当前工程中第一次使用 NrealSDK，请务必先在没有 EasyAR 的情况下使用 Nreal SDK 的 Demo。

在使用 EasyAR 之前，需确保 Nreal 的 RGBCamera 及相关几个 Demo 可以正常运行。

EasyAR 的 sample 在摄像机前放了一个 Canvas，如果 Nreal SDK 配置正确，它必然会显示出来。很多时候，使用 EasyAR 的 sample 看不到任何显示，都是因为 Nreal SDK 配置不正确，而其本身的 Demo 也无法合理运行。在一些版本中，需要先解决 Nreal 菜单 NRSDK → Project Tips 显示的所有错误。

3. 导入 EasyAR Sense Unity Plugin

通过 Unity 的 Package Manager 窗口使用本地的 tarball 文件安装插件，如图 5-121 所示。

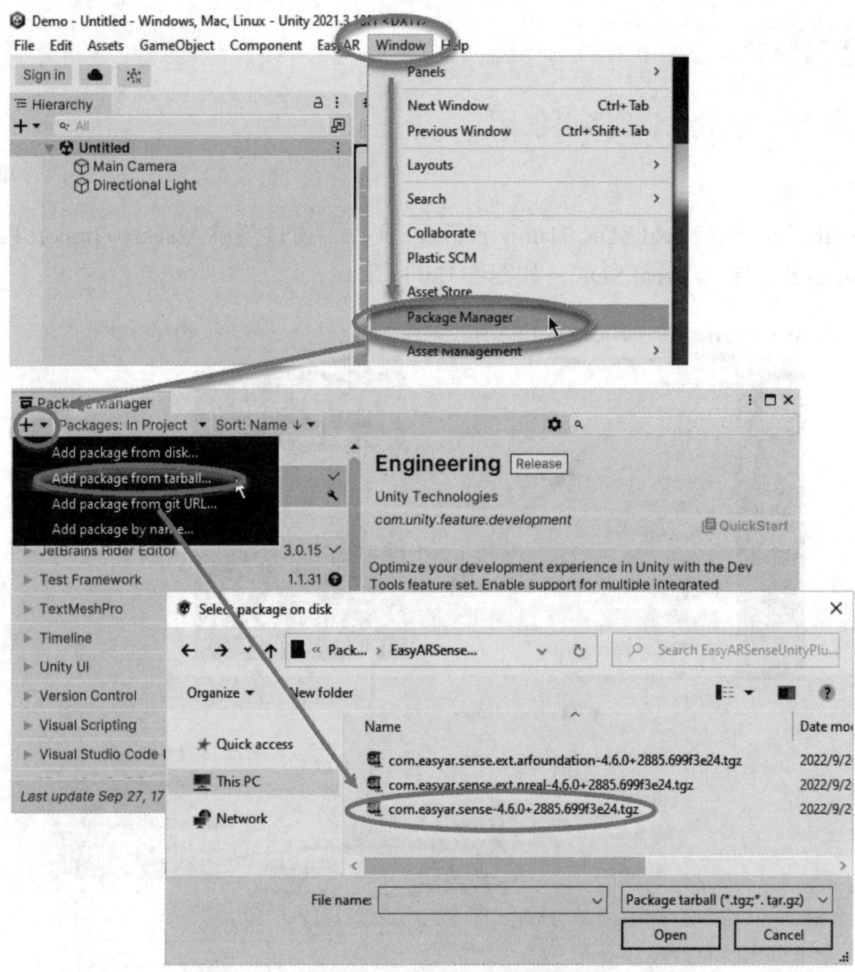

图 5-121 导入 EasyAR Sense Unity Plugin

在弹出的对话框中选择 com.easyar.sense-*.tgz 文件。

4. 导入 EasyAR Sense Unity Plugin Nreal Extension

通过 Unity 的 Package Manager 窗口使用本地的 tarball 文件安装插件，如图 5-122 所示。

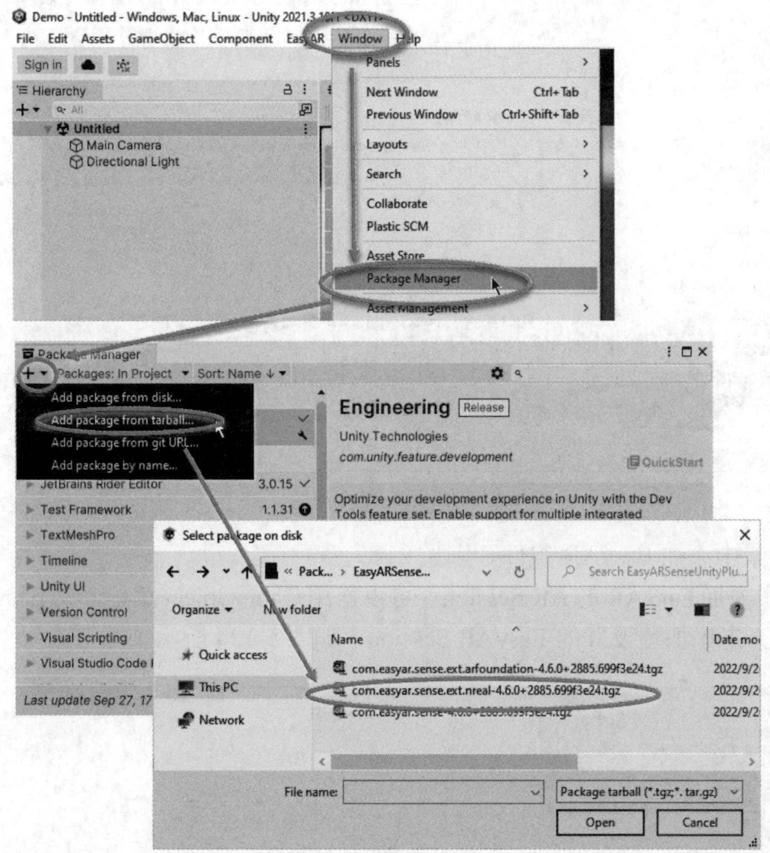

图 5-122　导入 EasyAR Sense Unity Plugin Nreal Extension

在弹出的对话框中选择 com.easyar.sense.ext.nreal-*.tgz 文件。

5. 导入和使用 sample

样例随插件包一起分发，可以使用 Unity 的 Package Manager 窗口将示例导入工程，如图 5-123 所示。

这些样例不在 EasyAR Sense Unity Plugin 里面，而在 EasyAR Sense Unity Plugin Nreal Extension 内。

在使用样例之前建议先参考 Nreal 官方说明来确保 Nreal 可以正常工作。

6. 在 Nreal 场景中添加 EasyAR 支持

1）准备可运行 Nreal 的场景

根据 Nreal 官方文档或 Demo，创建一个可以在 Nreal 设备上运行的场景，也可以使用现有 Demo。

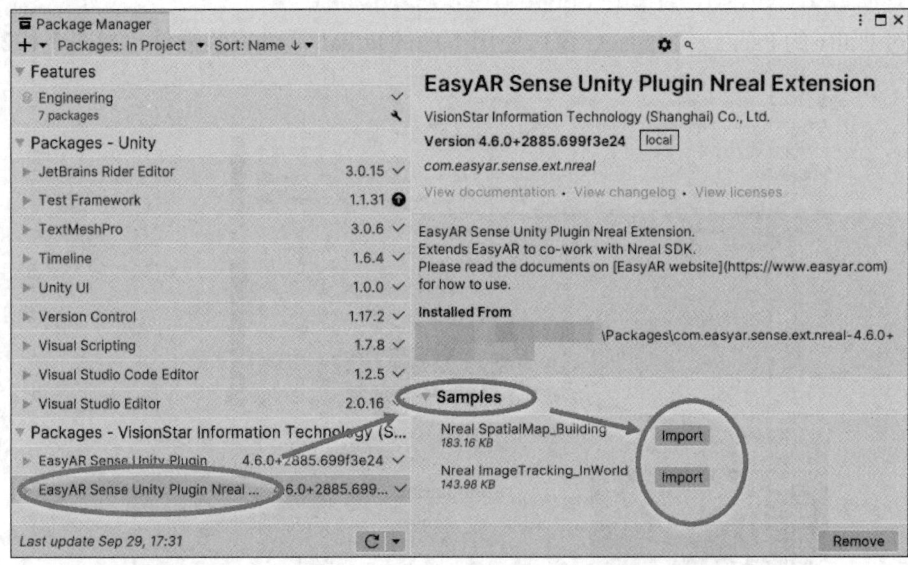

图 5-123　导入样例

2）在场景中添加 EasyAR 组件

在场景中添加 EasyAR 的 AR Session。可以使用 GameObject 菜单中的 EasyAR Sense→Ext: Nreal→* 来添加预设好的 EasyAR Session，如图 5-124 所示。

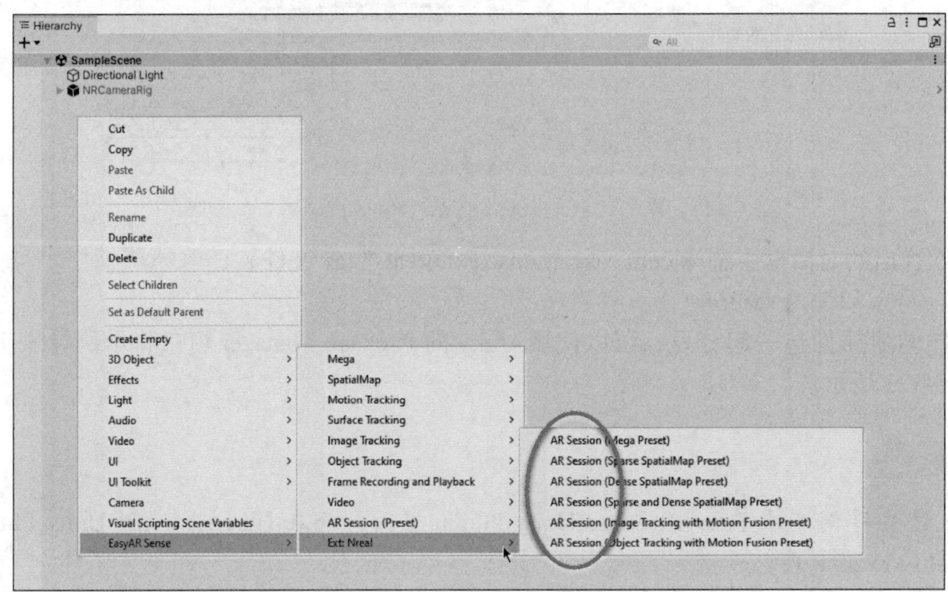

图 5-124　添加 EasyAR 组件

如有必要也可以自己组装 AR Session，需要注意在 AR Session 中包含 NrealFrameSource。

对于在 Nreal 设备上的使用，需要注意在 AR Session 启动后，可以将 NrealFrameSource 设置为 Session 的 Frame Source。

通常可以设置 ARComponentPicker.FrameSource 为 First Available Active Child 并确保 NrealFrameSource 的 Transform 顺序是所有 Frame Source 的第一个，如图 5-125 所示。

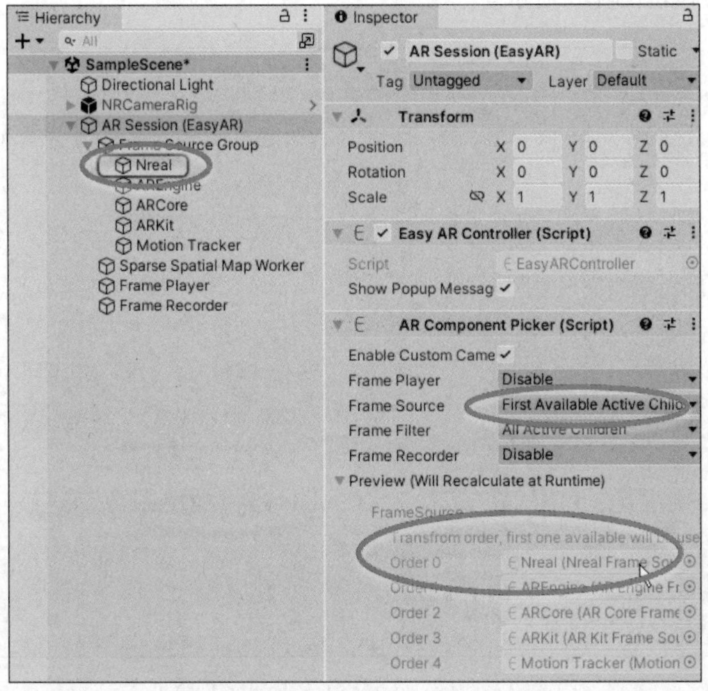

图 5-125 设置 ARComponentPicker.FrameSource 为 First Available Active Child

或者也可以设置 ARComponentPicker.FrameSource 为 Specify 并手动指定为 NrealFrameSource，如图 5-126 所示。

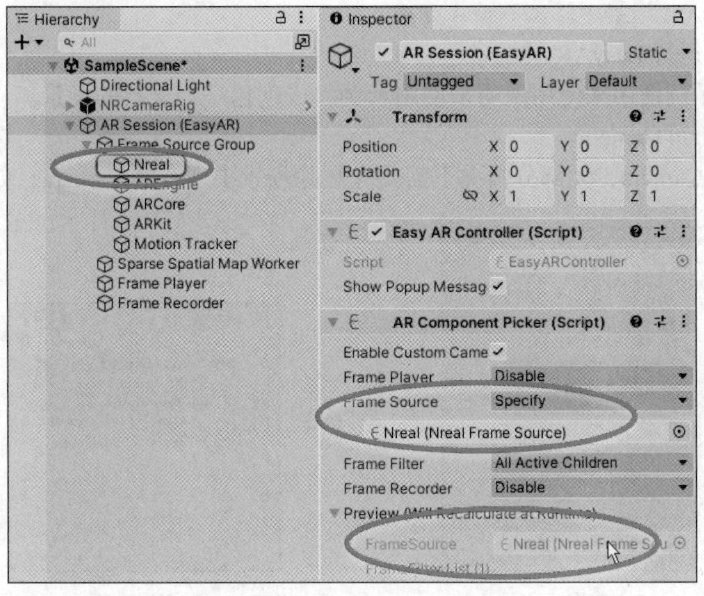

图 5-126 设置 ARComponentPicker.FrameSource 为 Specify

然后，需要在场景中创建 Target 或 Map，比如，如果需要使用稀疏空间地图建图功能，需要使用 EasyAR Sense → SpatialMap → Map：Sparse SpatialMap 创建 Sparse Spatial Map Controller，如图 5-127 所示。

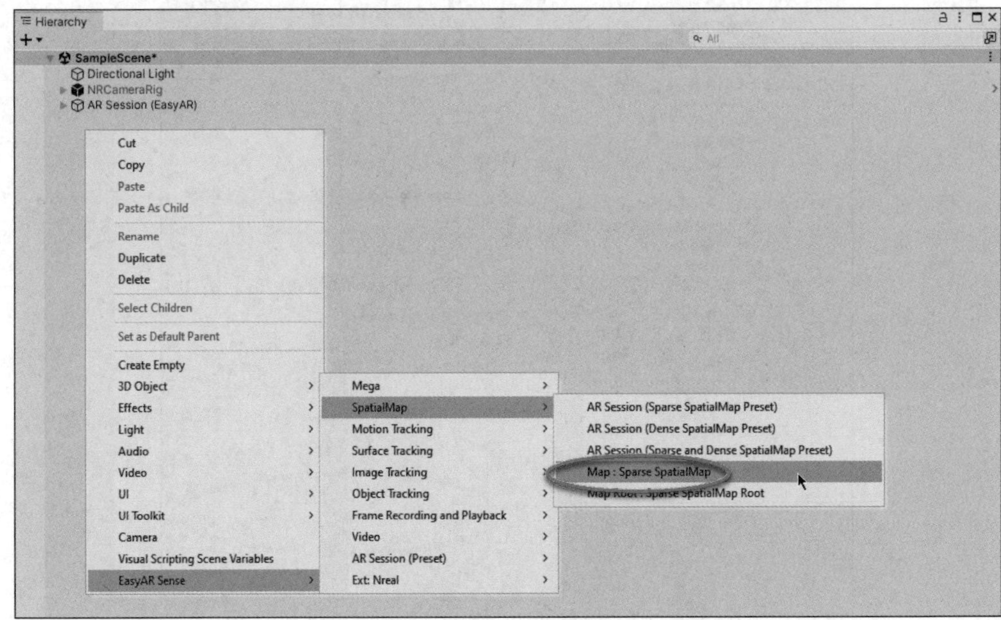

图 5-127　创建 SparseSpatialMapController

最后，一个简单使用 Nreal 运行稀疏空间地图建图功能的场景层级结构如图 5-128 所示。

所用场景可能会根据使用的 Nreal SDK 或 EasyAR Sense Unity Plugin 功能不同而不同。

7. 在 EasyAR 场景中添加 Nreal 支持

1）准备可运行 EasyAR 的场景

可以参考示例使用来使用说明来使用示例，或创建一个全新的场景。

2）删除 Main Camera

Nreal 内有 Camera，大部分情况下需要先删除场景中现有的 Camera，如图 5-129 所示。

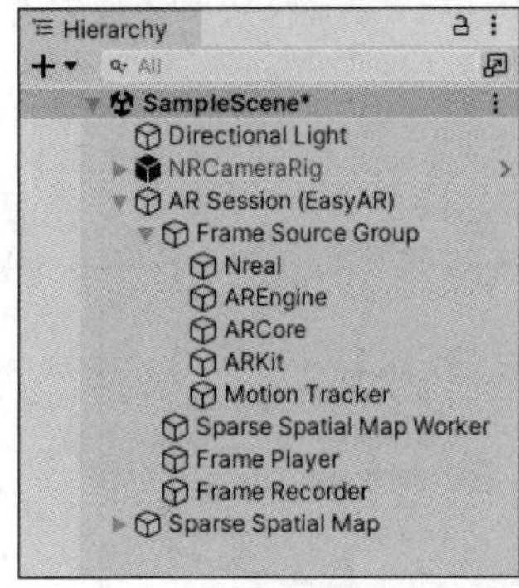

图 5-128　场景层级结构

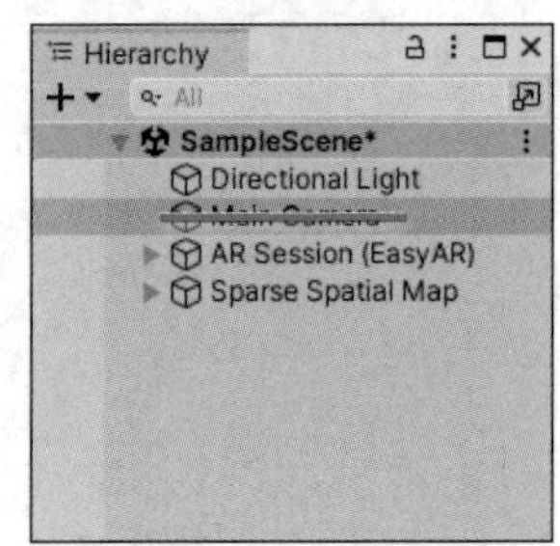

图 5-129　删除场景中现有的 Camera

在一些高级的用法中，可以根据需要判断是否删除。

3）在场景中添加 EasyAR Nreal 支持组件

在 AR Session 中添加 NrealFrameSource，选中 AR Session（EasyAR）或 Frame Source Group，然后通过菜单 EasyAR Sense→Ext：Nreal→Frame Source：Nreal 添加，如图 5-130 所示。

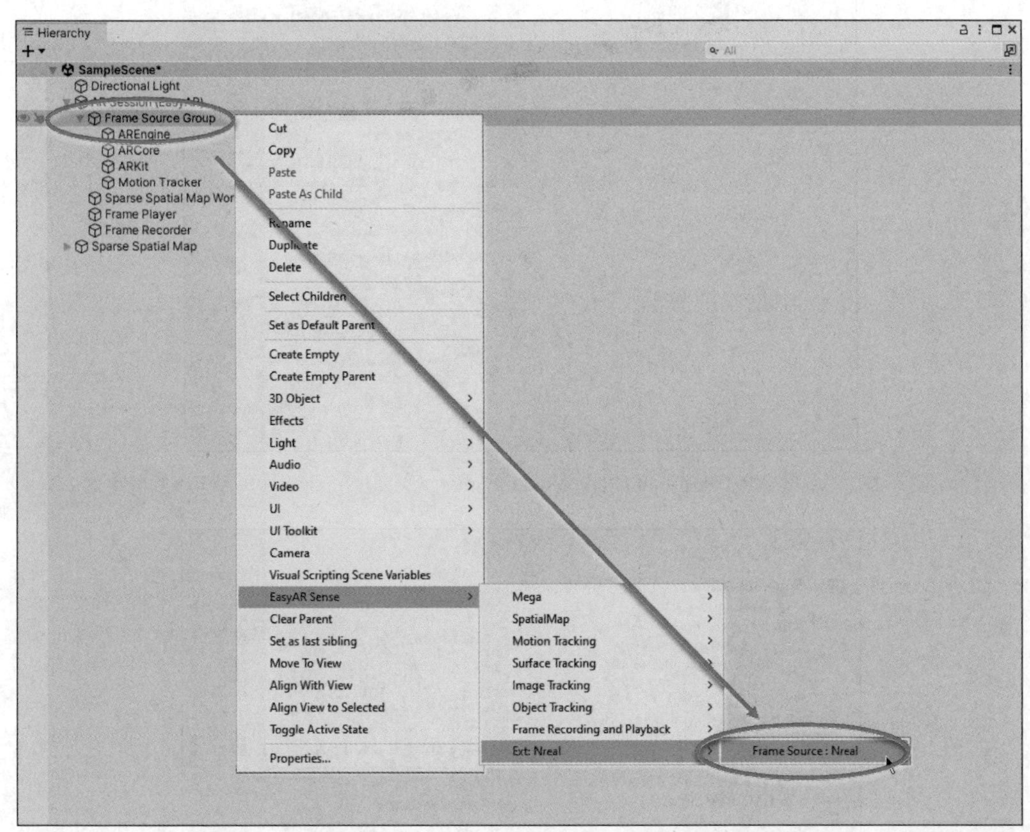

图 5-130　添加 EasyAR Nreal 支持组件

将 NrealFrameSource 移动到第一个，如图 5-131 所示。

在一些高级的用法中，可以根据自己需要判断它的位置，也可以在代码中修改。

对于在 Nreal 设备上的使用，需要注意，在 AR Session 启动后，可以将 NrealFrameSource 设置为 Session 的 Frame Source。

通常可以设置 ARComponentPicker.FrameSource 为 First Available Active Child 并确保 NrealFrameSource 的 Transform 顺序是所有 Frame Source 的第一个，如图 5-132 所示。

或者也可以设置 ARComponentPicker.FrameSource 为 Specify 并手动指定为 NrealFrameSource，如图 5-133 所示。

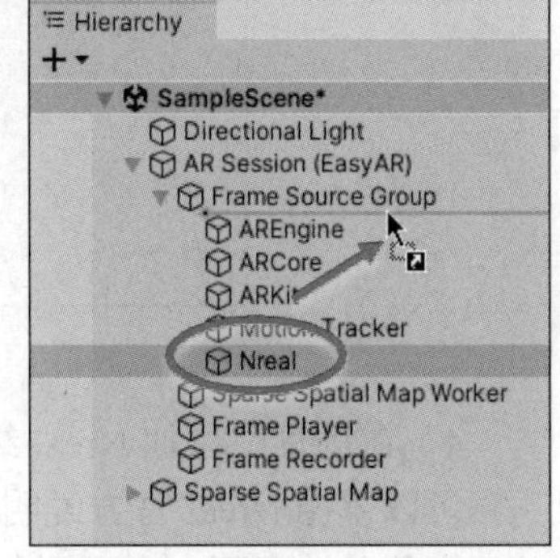

图 5-131　将 NrealFrameSource 移动到第一个

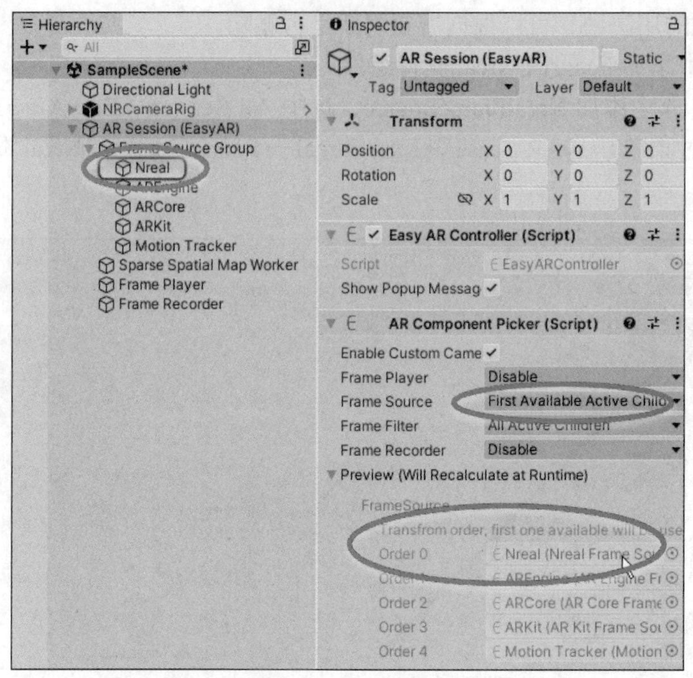

图 5-132　设置 ARComponentPicker.FrameSource 为 First Available Active Child

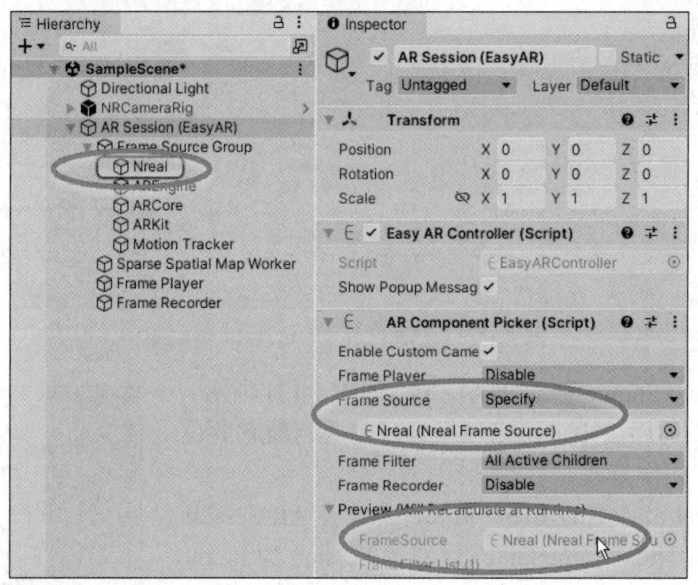

图 5-133　设置 ARComponentPicker.FrameSource 为 Specify

4）在场景中添加 Nreal 组件

可以遵循 Nreal 官方说明来添加 Nreal 的组件。

大部分情况下，需要添加一个 NRCameraRig 的 prefab，如图 5-134 所示。

最后，一个简单的可以使用 Nreal 运行稀疏空间地图建图功能的场景层级结构如图 5-135 所示。

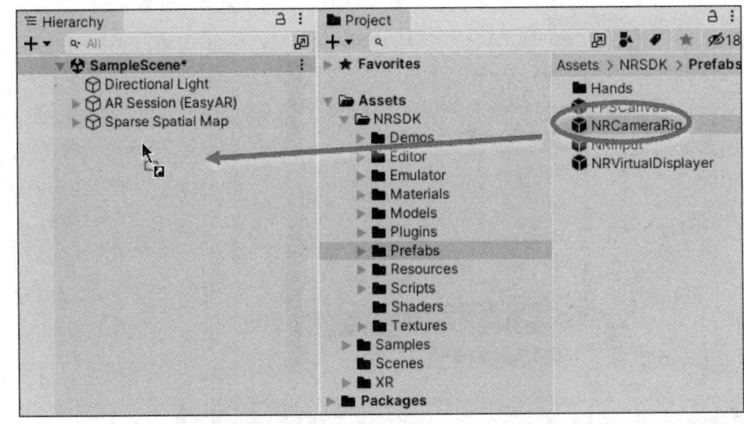

图 5-134　添加 NRCameraRig

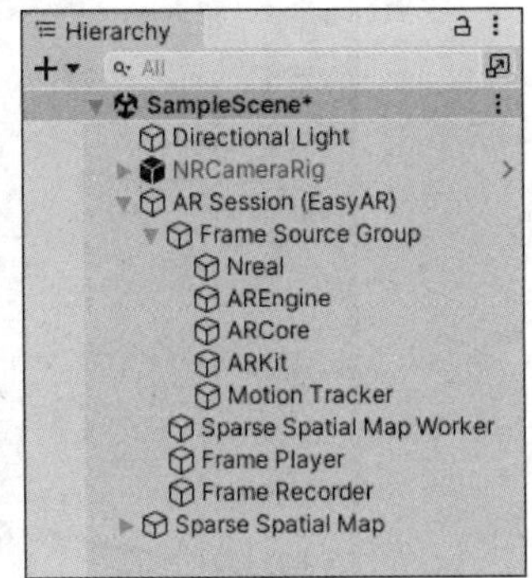

图 5-135　场景层级结构

所使用的场景可能会根据使用的 Nreal SDK 或 EasyAR Sense Unity Plugin 功能不同而不同。

在运行之前，请确保阅读 Nreal 官方说明来了解一个有 Nreal SDK 的场景应该如何进行配置和运行。

任务实施

任务实施 6：在 Rokid 设备上使用

1. 导入 Rokid UMR SDK

从 Rokid 官方获取 Rokid SDK 的 unitypackage 文件，按照 Rokid 文档的说明来使用 Rokid 支持的 Unity 版本导入 Rokid SDK。

2. 确保 Rokid demo 可以使用

如果在当前工程中第一次使用 Rokid SDK，请务必先在没有 EasyAR 的情况下使用 Rokid SDK 的 Demo。

在使用 EasyAR 之前，需确保 Rokid 的 RKCameraPreview 及相关几个 Demo 可以正常运行。

3. 导入 EasyAR Sense Unity Plugin

通过 Unity 的 Package Manager 窗口使用本地的 tarball 文件安装插件，如图 5-136 所示。在弹出的对话框中选择 com.easyar.sense-*.tgz 文件。

4. 导入 EasyAR Sense Unity Plugin Rokid Extension

获取 EasyARSenseUnityPluginRokidExtension_*.zip 文件。解压这个 zip 包，会看到两个压缩文件：com.easyar.sense.ext.rokid-*.tgz 和 assets.zip。

这两个压缩包不可同时使用。以下是两种使用方式，请根据 Rokid 的支持情况进行选择。

1）assets.zip（Rokid UMR 1.1.0 需要使用）

解压 assets.zip 到 Unity 工程的 Assets 文件夹内，如图 5-137 所示。

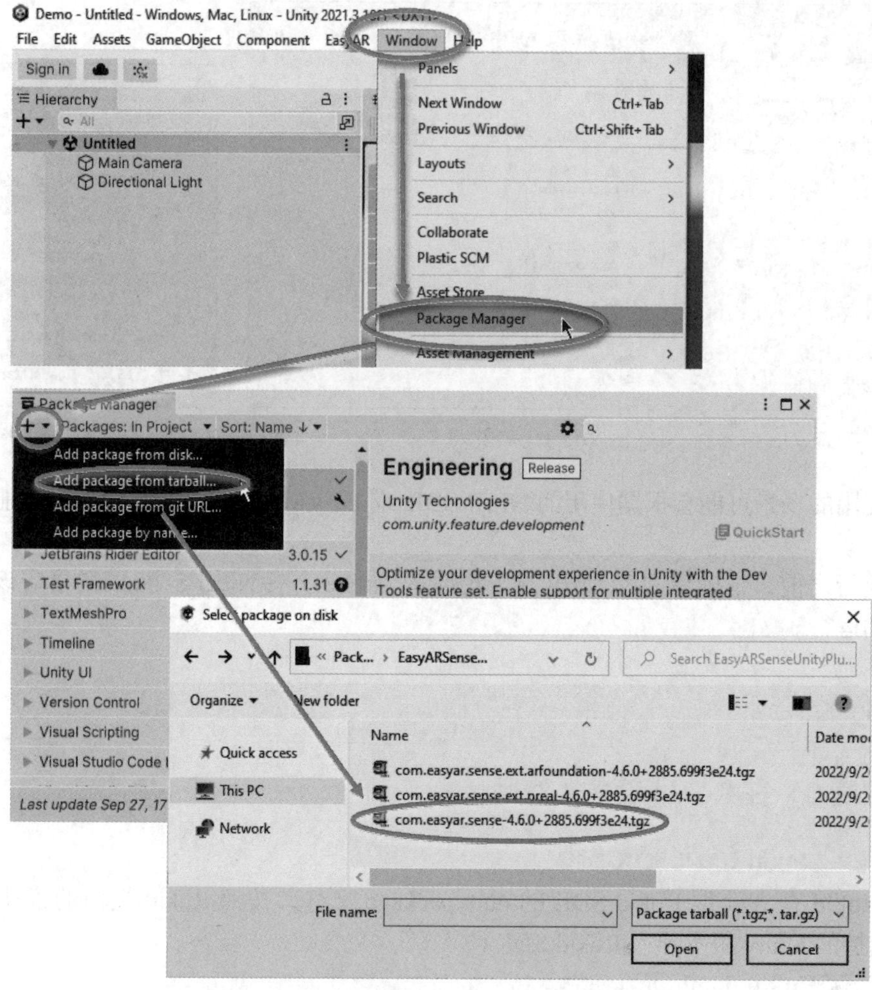

图 5-136 导入 EasyAR Sense Unity Plugin

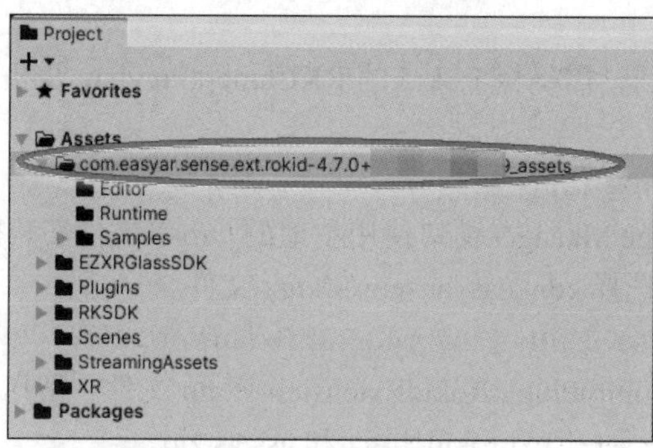

图 5-137 Assets 结构

2）com.easyar.sense.ext.rokid-*.tgz（Rokid UMR 1.1.0 目前不支持）

通过 Unity 的 Package Manager 窗口使用本地的 tarball 文件安装插件，如图 5-138 所示。在弹出的对话框中选择 com.easyar.sense.ext.rokid-*.tgz 文件。

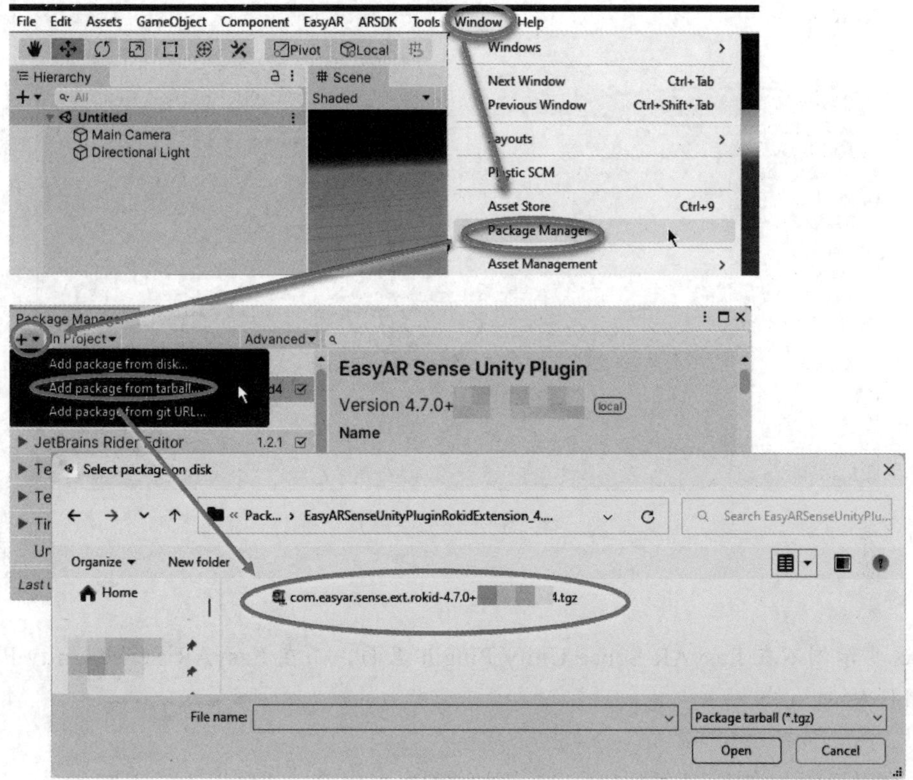

图 5-138　添加 com.easyar.sense.ext.rokid-*.tgz

5. 导入和使用示例

同样，对两种使用方式分开说明。

1）assets.zip（Rokid UMR 1.1.0 需要使用）

样例位于 Samples 文件夹内，如图 5-139 所示。

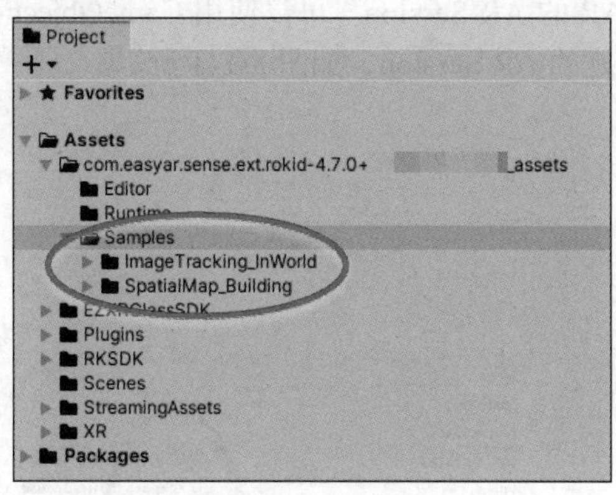

图 5-139　导入样例

2）com.easyar.sense.ext.rokid-*.tgz（Rokid UMR 1.1.0 目前不支持）

样例随插件包一起分发。可以使用 Unity 的 Package Manager 窗口将样例导入工程中，如图 5-140 所示。

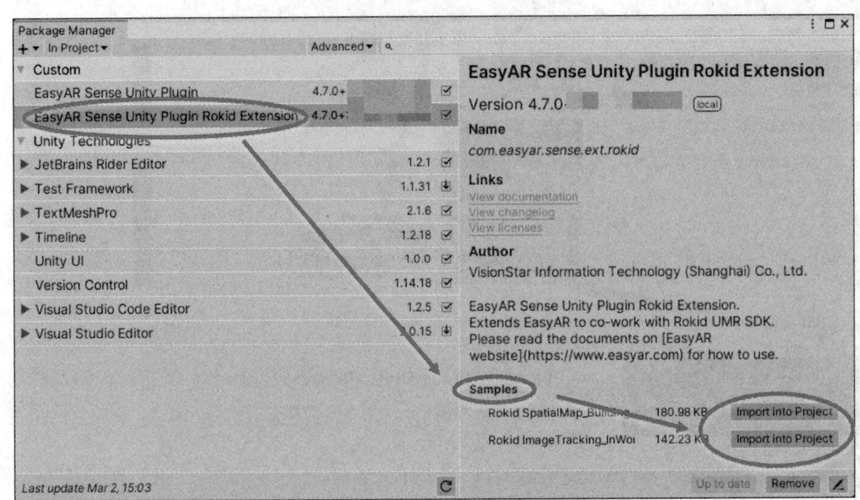

图 5-140　导入样例

这些示例不在 EasyAR Sense Unity Plugin 里面，而在 EasyAR Sense Unity Plugin Rokid Extension 内。

在使用示例之前建议先参考 Rokid 官方说明来确保 Rokid 可以正常工作。

6. 在 Rokid 场景中添加 EasyAR 支持

1）准备可运行 Rokid 的场景

根据 Rokid 官方文档或 Demo，创建一个可以在 Rokid 设备上运行的场景，也可以使用现有 Demo。

2）在场景中添加 EasyAR 组件

在场景中添加 EasyAR 的 AR Session。可以使用 GameObject 菜单中 EasyAR Sense → Ext: Rokid → * 添加预设好的 AR Session，如图 5-141 所示。

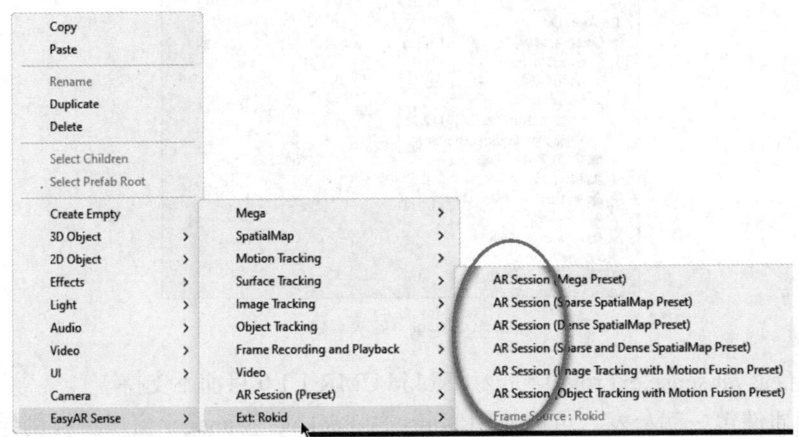

图 5-141　添加 EasyAR 组件

如有必要，也可以自己组装 AR Session，需要注意在 AR Session 中包含 RokidFrameSource。

对于在 Rokid 设备上的使用，需要注意，在 AR Session 启动后，可以将 RokidFrameSource 设置为 Session 的 Frame Source。

通常可以设置 ARComponentPicker.FrameSource 为 First Available Active Child 并确保 RokidFrameSource 的 Transform 顺序是所有 Frame Source 的第一个，如图 5-142 所示。

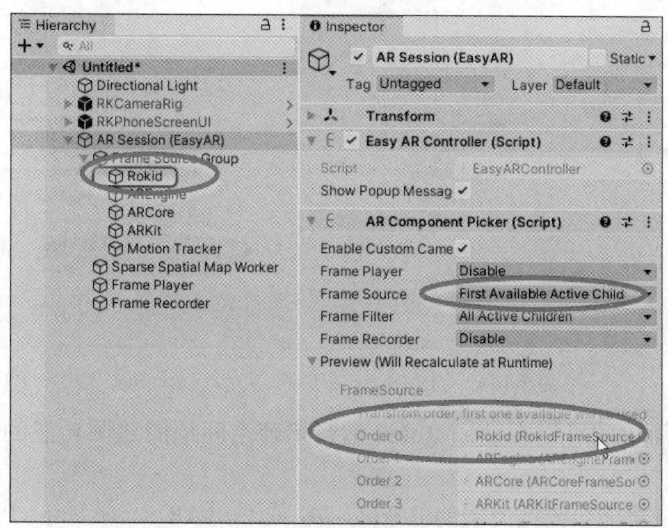

图 5-142　设置 ARComponentPicker.FrameSource 为 First Available Active Child

或者也可以设置 ARComponentPicker.FrameSource 为 Specify 并手动指定为 RokidFrameSource，如图 5-143 所示。

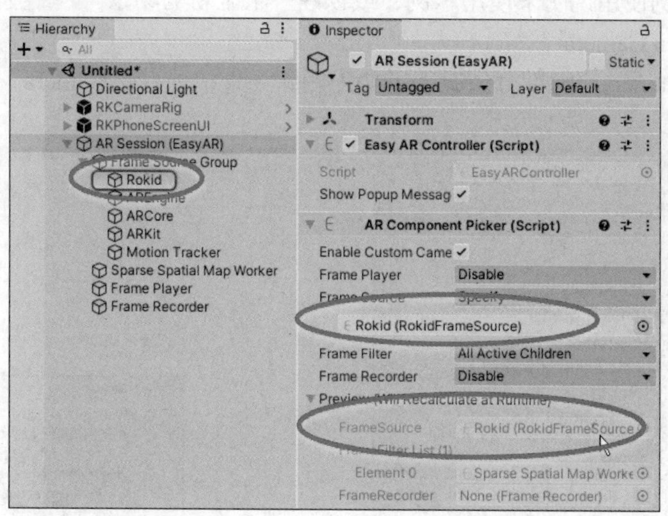

图 5-143　设置 ARComponentPicker.FrameSource 为 Specify

然后需要在场景中创建 Target 或 Map，如果需要使用稀疏空间地图建图功能，需要使用 EasyAR Sense → SpatialMap → Map：Sparse SpatialMap 创建 SparseSpatialMapController，如图 5-144 所示。

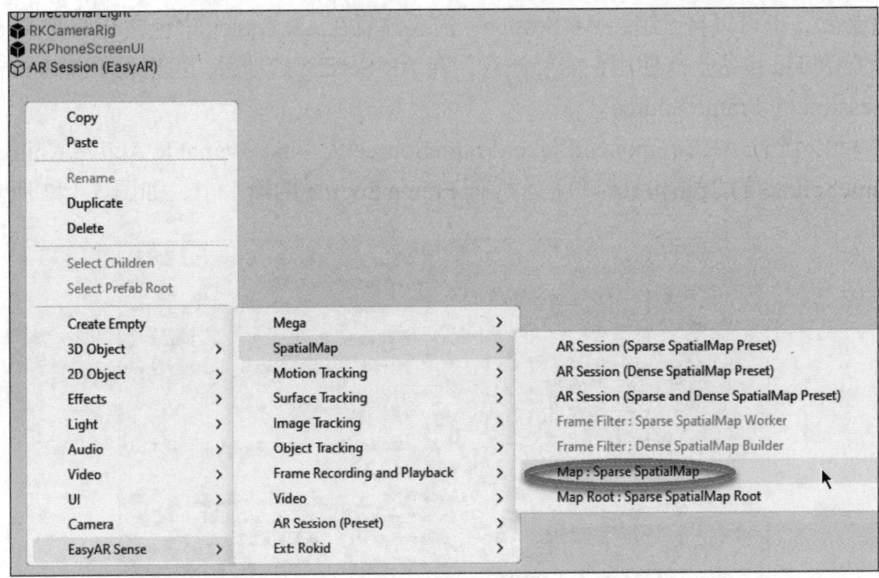

图 5-144　创建 SparseSpatialMapController

最后，一个简单的可以在使用 Rokid 运行稀疏空间地图建图功能的场景层级结构如图 5-145 所示。

所使用的场景可能会根据使用的 Rokid SDK 或 EasyAR Sense Unity Plugin 功能不同而不同。

7. 在 EasyAR 场景中添加 Rokid 支持

1）准备可运行 EasyAR 的场景

可以参考样例使用说明来使用示例，或创建一个全新的场景。

2）删除 Main Camera

Rokid 内有 Camera，大部分情况下需要先删除场景中现有的 Camera，如图 5-146 所示。

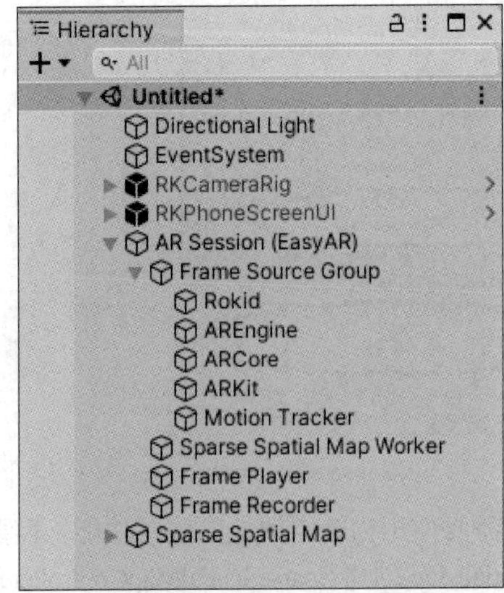

图 5-145　场景层级结构

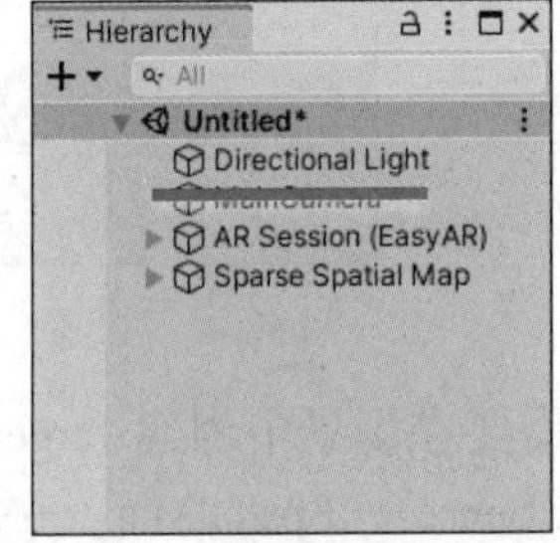

图 5-146　删除场景中现有的 Camera

在一些高级的用法中，可以根据需要判断是否删除。

3）在场景中添加 EasyAR Rokid 支持组件

在 AR Session 中添加 RokidFrameSource，选中 AR Session（EasyAR）或 Frame Source Group，然后通过菜单 EasyAR Sense→Ext: Rokid→Frame Source: Rokid 添加，如图 5-147 所示。

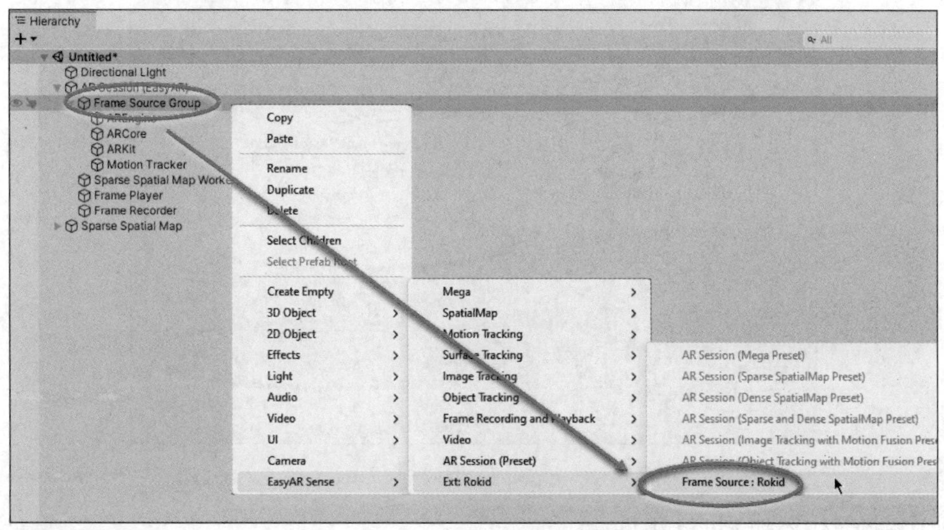

图 5-147　添加 EasyAR Rokid 支持组件

将 RokidFrameSource 移动到第一个，如图 5-148 所示。

在一些高级的用法中，你可以根据需要判断它的位置，也可以在代码中修改。

对于在 Rokid 设备上的使用，需要注意，在 AR Session 启动后，可以将 RokidFrameSource 可以设置为 Session 的 Frame Source。

通常可以设置 ARComponentPicker.FrameSource 为 First Available Active Child 并确保 RokidFrameSource 的 Transform 顺序是所有 Frame Source 的第一个，如图 5-149 所示。

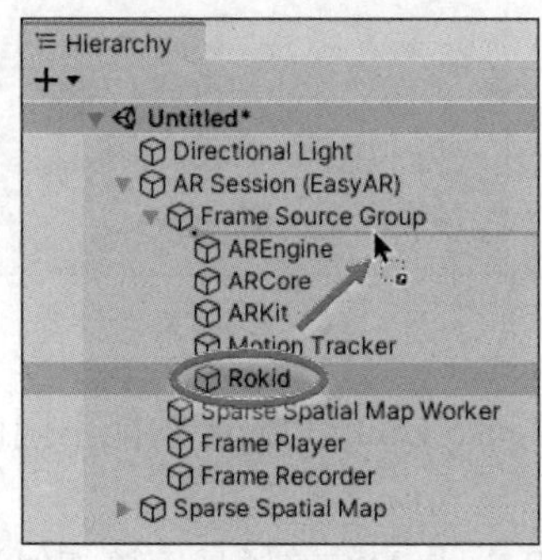

图 5-148　将 RokidFrameSource 移动到第一个

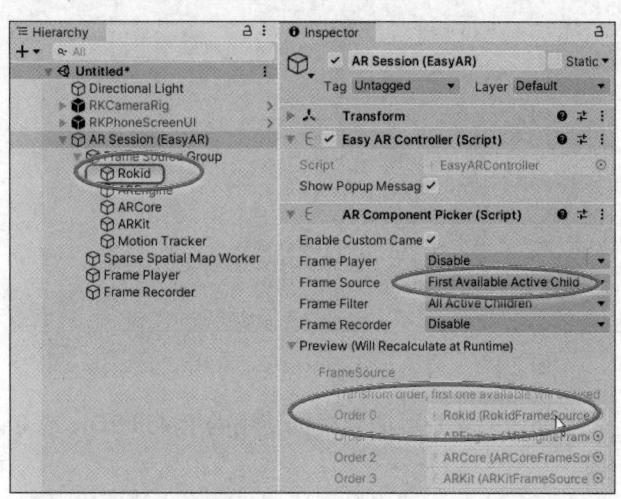

图 5-149　设置 ARComponentPicker.FrameSource 为 First Available Active Child

或者也可以设置 ARComponentPicker.FrameSource 为 Specify 并手动指定为 RokidFrameSource，如图 5-150 所示。

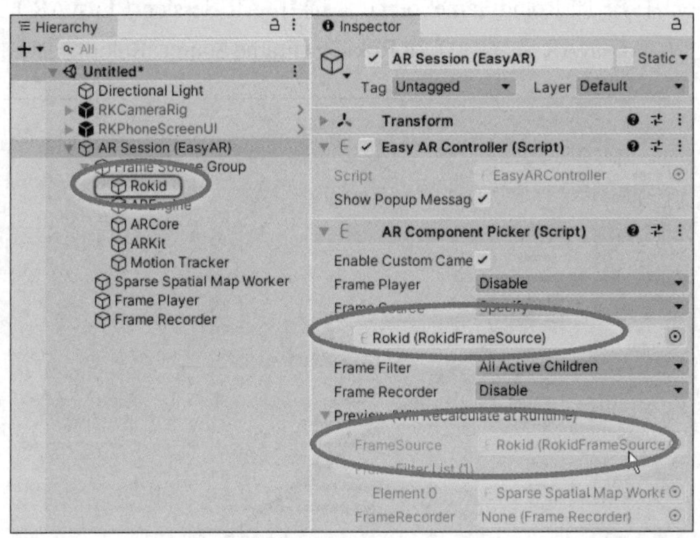

图 5-150　设置 ARComponentPicker.FrameSource 为 Specify

4）在场景中添加 Rokid 组件

可以遵循 Rokid 官方说明来添加 Rokid 的组件。

在大部分情况下，需要添加一个 RKCameraRig 和一个 RKPhoneScreenUI 的 Prefab，如图 5-151 所示。

最后，一个简单的可以使用 Rokid 运行稀疏空间地图建图功能的场景层级结构如图 5-152 所示。

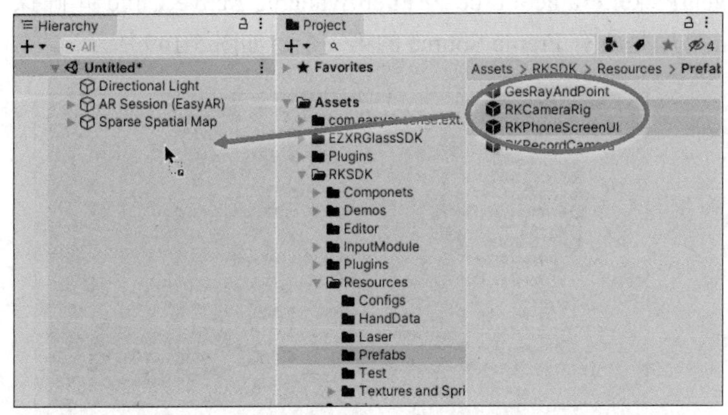

图 5-151　添加 RKCameraRig 和 RKPhoneScreenUI

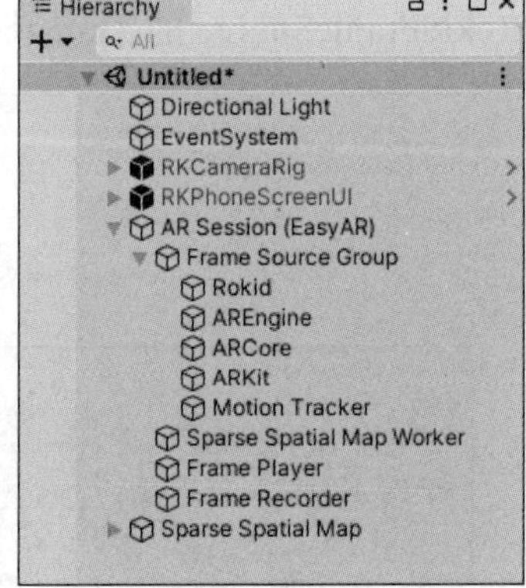

图 5-152　场景层级结构

所使用的场景可能会根据使用的 Rokid SDK 或 EasyAR Sense Unity Plugin 功能不同而不同。

在运行之前，请确保阅读 Rokid 官方说明来了解一个有 Rokid SDK 的场景应该如何进行配置和运行。

项目总结

本项目介绍了 EasyAR 引擎的高级应用开发，利用 EasyAR Mega 实现大空间 AR 应用开发，通过学习，读者能掌握 EasyAR Mega 云服务和开发工具使用，熟悉 Mega 大空间开发的基本流程，掌握大空间应用开发的技术，并能发布到 AR 眼镜中。

巩固与提升

1. 简述 EasyAR Mege 云服务使用的流程。
2. EasyAR Mege 开发工具的配置。
3. 利用 EasyAR Mege 开发校园 AR 大空间应用项目。
4. 将大空间项目发布到主流 AR 眼镜中并测试效果。

参 考 文 献

[1] 鲍虎军，章国锋，秦学英 . 增强现实：原理、算法与应用 [M]. 北京：科学出版社，2019.

[2] 胡钦太，战荫伟，杨卓 . 增强现实技术与应用 [M]. 北京：清华大学出版社，2023.

[3] 赵罡，等 . 虚拟现实与增强现实技术 [M]. 北京：清华大学出版社，2022.

[4] 何汉武，吴悦明，陈和恩 . 增强现实交互方法与实现 [M]. 武汉：华中科技大学出版社，2019.

[5] 喻春阳 . Unity＋EasyAR 增强现实开发实践 [M]. 北京：电子工业出版社，2023.